THE JESUIT & THE SKULL

TEILHARD DE CHARDIN, EVOLUTION, AND THE SEARCH FOR PEKING MAN

神父と頭蓋骨

北京原人を発見した「異端者」と進化論の発展

アミール・D・アクゼル
Amir D. Aczel
林 大 訳

早川書房

神父と頭蓋骨

——北京原人を発見した「異端者」と進化論の発展

THE JESUIT AND THE SKULL

Teilhard de Chardin, Evolution, and the Search for Peking Man

by

Amir D. Aczel

Translated by

Masaru Hayashi

First published 2010 in Japan by

Hayakawa Publishing, Inc.

This book is published in Japan by

arrangement with

Baror International, Inc.

Armonk, New York, U.S.A.

through Japan Uni Agency, Inc., Tokyo.

装丁：柴田 淳デザイン室

デブラへ、愛をこめて

目次

プロローグ　9
第1章　晩餐会《ばんさんかい》　19
第2章　進化のプレリュード　33
第3章　ダーウィンの飛躍的前進　44
第4章　石器と洞窟芸術　56
第5章　ジャワ原人　77
第6章　テイヤール　85
第7章　内モンゴルでの発見　106

第8章　アウストラロピテクスとスコープス裁判　124
第9章　流　刑　141
第10章　北京原人の発見　159
第11章　テイヤール、ルシール・スワンと出会う　175
第12章　黄の遠征とモンゴルの王女　186
第13章　ルシール・スワン、北京原人を復元する　202
第14章　北京原人、姿を消す　218
第15章　ローマ　234
第16章　余　波　254

第17章　化石の発見はつづく　264
第18章　北京原人はどうなったのか？　275
謝　辞　291
付　録　1　294
付　録　2　295
訳者あとがき　297
ただならぬ知性と人間性　佐野眞一　301
参考文献　323
アミール・D・アクゼルの世界　326

プロローグ

中国の首都北京から南西におよそ五〇キロのところに広がる、丘の連なる田園地帯に周口店《チョウコウティエン》はある。二〇〇五年八月の蒸し暑い日、私は北京から周口店に旅した。かつてあるフランス人イエズス会司祭がおこなった旅の道筋をたどっていたのだ。その人物は、科学と信仰の関係を探究したために、また、教会とのかかわりで不幸な立場に置かれていたために、八〇年以上前に、丘の連なる北京西山の人里離れた場所にやってきた。

一九二三年、ピエール・テイヤール・ド・シャルダン神父は、ローマにあるイエズス会本部の命により、いわば流刑の身となって中国に到着した。テイヤールの罪には、原罪の教義に疑問を投げかけ、ダーウィンの進化論を支持したことが含まれていた。テイヤールは哲学者、神学者、地質学者、きわめて才能ある古生物学者で、生涯にわたり、人類の進化の理論に目覚ましい貢献をした。だが、大きな業績を成し遂げるために高い代償を払った。非正統的な見解のために、一生を通じてカトリック教会から執拗な攻撃を受けつづけ、何十年も、愛するパリから遠く離れて暮らさなければならなかった。そしてときおりのフランスへの旅と、ヨーロッパでおこなった講演は、いつもイエズス会とバチカンに厳しく監視されたのだ。テイヤールは、本を出版する許しをずっと得ることができず、哲学と宗教への貢献として大きな影響力をもつこうした仕事が活字になり、そして絶大な歓呼の声で迎えられたのは、テイヤールの死後のことだった。

テイヤールは、並外れて厳しい譴責《けんせき》を受け、知性面、心理面で極度の困難にぶつかった。それでも科学と宗教を統合しようとする奮闘をやめることはなかったし、イエズス会を去ることを本気で考えることもなかった。あらゆる懲戒《ちょうかい》、あらゆる罰、あらゆる侮辱に耐え、検閲や自分の見解に対する宗教的権威の不寛容、何年にもわたる流刑生活を、教会に完全に服従して冷静に耐え抜いた。

そして、進化についての見解を広めるのを抑圧すべく、イエズス会によって遠い国に追放されていたテイヤールに転機が訪れる。チャールズ・ダーウィンが進化論を出版したちょうど七〇年後の一九二九年、運命によって、まさにその国、中国で、その進化論の貴重な証拠をもたらし、現代人類学でとりわけ重要な一つに数えられる発見で決定的な役割を演じることになったのだ。その大発見とは、北京原人の頭蓋骨を掘り出したことだ。教会は、進化論を広める力をそぐどころか、図らずもヒトの血統の証明に最大の貢献ができるところに、テイヤールを送ってしまったのである。

その日、私が向かっていたのは、北京原人の発見というこの重大な事件が起こった現場だった。ただ一人の道連れである運転手は英語を話さず、意思疎通をはかろうと私が悪戦苦闘しているのを、同情しながら見つめていた。「何でこんなに動かないのですか。事故があったのですか」と、車の衝突を表現するため、片手をもう一方の手に打ちつけながら私はたずねた。運転手は笑ったが、何も言わず、目を前方の道に向けていた。北京の暑さと混雑の中で、私は、何十年も前、マルセイユからひと月にわたる航海の末に中国に到着したときに、テイヤールはどんな気持ちだったろうと考えた。それは、現代の中国人が首都のローマ字つづりをPekingからBeijingに変えるずっと前、現在この都市のまわりをめぐっている二本の巨大ハイウェーが建設される前、伝統的な人力車と自転車に自動車がおおむね取って代わる前、産業活動によって生じるもやと汚染で空がくすむ前のことだ。

テイヤールは高度な教育を受けていた。宗教教育に加えてソルボンヌ大学から古生物学の博士号を授与されていた。そして、生気にあふれ、世慣れていて都会的だった。中国に行く前にフランスで哲学、文学、科学を学び、エジプトで物理を教えていた。イエズス会が一九〇一年の反教権主義的な法律でフランスを去ることを強いられたため、イギリスのヘイスティングスで司祭に叙階されていた。さらに第一次世界大戦を生き延び、とりわけ恐ろしい戦闘で看護兵および担架兵として塹壕で多くの命を救い、戦争が終わるとフランス政府から、勇敢さを称える勲章を授けられた。

そんなテイヤールでも、一九二三年に、中国というはるかかなたの孤立した国に一人で到着したときは、ちょっとしたショックを受けた。中国で西洋人の顔に慣れていたのは沿岸部の住民だけだった。テイヤールは、自分の知る世界と中国との大きな文化的違いにどう対処したのだろう。前に見た、テイヤールの写っている黄ばんだ写真のなかの一枚を思い出した。それは、一九二〇年代の終わりごろに撮られたもので、テイヤールは、中国人も西洋人も含む同僚の一団に混じって立っていた。アジアではイエズス会の黒い法衣《カソック》はときおり着ただけで、その写真の中では、きれいにプレスされたカーキ色の野外用ジャケットを着て、こざっぱりとした格好をしていた。そして、満足し、自信に満ちているように見えた。ヨーロッパではどこに行っても論争のただ中に置かれていたテイヤールは、そんな場所から遠ざかることができて、ほっとしてさえいたのかもしれない。

じりじりと進んでやっと北京から抜け出した私たちは、二車線の田舎の幹線道路を南西に走りはじめた。広い耕作地と、渦巻く煙を吐き出す工場を通り過ぎた。これが現代の中国だ。少しの土地も無駄にせず古いものと新しいものがとなりあっているのだ。運転手はアクセルを踏み、前の車のうしろにぴったりつけた。やがて向こうは車線を変えた。動いたり止まったりの進み具合に背中が痛くなり、手探りでシートベルトを探したが無駄だった。そんなものは中国のタクシーには存在しなかったのだ。

一時間後、私たちは幹線道路を降りて、でこぼこの泥道に入った。目もくらむほど近代化した北京とは別世界だった。進むにつれて、通りすぎる村はひなびていき、目に入る車は減り、目に入るのは、自転車に乗って質素な服を着た人ばかりになった。道が途切れると運転手は車を止め、ドアを開けて「周口店《チョウコウティエン》」と言った。そして、私が出てくるのを待ちながらタバコに火を点けた。私は、ホテルに残った通訳から、運転手はここで待っていてくれると言われていた。

車から出ると緑の丘が見えた。高さ六〇メートルほどで、切り立っていて、草木が鬱蒼《うっそう》と茂っていた。これが伝説の龍骨山《ロングーシャン》だった。そう名づけられたのは、動物の化石が豊富に出るからだった。それは中国の農村の住民にとって「龍骨」だったのだ。このあたりの丘は石灰石と白亜でできており、これは、先史時代の動物の骨、それにヒトの祖先の残存物を保存するのにとくに好都合な累層だ。にもかかわらず、土地の人々は今もここを、龍が死ぬ神秘的な場所だと信じている。迷信深い人のなかには、夜この丘に登るのを拒む者もいるほどだ。

しかし昼間は、何十年か前に政府が禁止するまで、人々は丘をシャベルやつるはしで掘り返して、薬品市場で売れる骨を探した。中国文化では龍は昔から強さと生命力の象徴で、その骨は、大きな治癒力を備えていると言われ、価値のある商品だった。中国の薬屋は、しばしば大金をつぎこんでこうした「龍骨」を買い取り、そのあと龍骨は粉にされ、吹き出物から不眠症、さらには性的不能までさまざまな病気の治療薬として売られた。

龍骨山は今では地味な場所だ。近年は、思い切ってここまでくる旅行者は少ないのだろう。マツのにおいがするすがすがしい森の空気を吸うと爽快な気分になり、私は深く息を吸って、あたりを見回した。私が向き合っていた丘は周口店の村の北西に位置し、そのときいたところから見て川の向こうだった。しかし、ここはあまりに静かで、また緑豊かで、文明から何キロも離れているように思えた。もう午後も遅く、丘に向き合っていると日がゆっくりと傾いていくのが見えた。私はバックパックを背負って駐車場を出発し、低木の林の中の道をまっすぐ登って行った。気味悪いくらい静かだった。人っ子一人見えなかった。運転手さえ姿を消していた。高く登っていくとコオロギと鳥の合唱に迎えられ、木々が迫ってきた。

　丘を半分登ったところで中国語と英語の古い標識に出会い、〝Peking Man Site〟（北京原人発掘現場）の方向を教えられた。私は向きを変え、倒れた木の幹や密に茂ったやぶ、シダをまたいで下っていった。コオロギの鳴き声は今や耳をつんざくようだった。するとにわかに、洞窟に行き着いた。壊れた階段が奥にのびていた。用心し、転ばないよう石灰岩の壁をつかみながら横向きにじりじりと階段を降りていった。私は丘の中腹に位置する洞窟の中にいた。洞窟の天井は二方向が開いていて、そこから日光が入り、ものが見えるだけの自然光がもたらされていた。自分が置かれている状況をつかむまでしばらくかかった。そして私は、それを目にしたのだ。岩肌から生えているように見えるシダと若木の間に、漢字によるかすかな標識がついているのを見分けることができた。もってきた見取り図と古い写真から洞窟の壁のその場所の岩肌を識別した。そのとき、わたしはまさにその現場に立っていたのだ。雪の降る一九二九年一二月二日、ちょうど、沈む夕日の最後の光線が、ほとんど凍りついた土をかろうじて温めていたときのことだった。中国の若い古生物学者、裴文中《ペイウェンチョン》率いる発掘作業員の一団が、洞窟のいちばん奥の石の山の中から、ホモ・エレクトゥスの最初の頭蓋骨を取り出したのだ。それこそ、厚い粘土の中におさまっていた北京原人の頭蓋骨の化石だった。

　その数年前から、著名な人類学者、地質学者、古生物学者、解剖学者が加わる強力な国際科学者チームが、ヒトの祖先の化石を探す目的で龍骨山に集まってきていた。このグループにはスウェーデンの地質学者ヨハン・グンナル・アンデション（アンダーソン）、高名なドイツ系ユダヤ人の医師にして人類学者のフランツ・ワイデンライヒ、疲れ知らずの才能あるカナダの解剖学者デイヴィッドソン・ブラック、それにフランスの聖職者ピエール・テイヤール・ド・シャルダンが最終的に加わった。

集中的におこなわれた作業は、時として思わしい成果をもたらさないこともあったが、八年以上にわたる作業の末に最初の頭蓋骨が見つかった。一九二〇年代に龍骨山を撮った写真に、のたくってのびる、ほこりっぽい発掘現場が写っている。草木がなく、太古の化石を見つけるべく徹底的に掘り返されている（化石とは、何千年もの間に骨の内側の有機物質が岩のような物質に取って代わられてできるものだ）。

この大規模な事業の成果の頂点が、この最初の頭蓋骨だった。この発見から一年たたないうちにテイヤールと同僚たちは、ヒトの祖先がここに住んでいたこと、そして、この洞窟の住人が道具をつくり、火を起こしていたことを証明した。要するに、ここの住人は、ヒトとサルをつなぐ存在であり、岩から道具を製作し、そうした道具で狩りをし、料理をし、火で熱を得て生活環境を支配することができたようなのだ。その後、さらに多くの頭蓋骨、そのほかの骨、道具が発見され、共同体をなしていた先史時代人四〇体分の残存物の断片が集められて調査された。この一群の化石は、ヒト科（ヒト、つまり現生人類とその祖先からなる科、*Hominidae*）に属するもの、北京原人の遺骨だとされ、科学にとってはかりしれない価値をもつ大成果となった。これを分析することによって進化の確かな証拠がもたらされ、北京原人はホモ・エレクトゥス（*Homo erectus*、直立歩行するヒト）として、すなわち進化の鎖の中の、ヒトとサルをつなぐ環、「失われた環《ミッシング・リンク》」の重要な実例として浮上した。

ところがイエズス会は、人間の創造という聖書の物語を棄てる覚悟ができていなかった。一六世紀に聖イグナティウス・デ・ロヨラ（一四九一‐一五五六）によって創設され、半ば軍隊的な宗教組織として運営され、歴史上強大な力をふるってきたカトリックの修道会（その長は「総長」と称される）。そのイエズス会が、北京原人の発見にテイヤールが関与していることを知ると、この修道会の忠実な一員である彼に対する攻撃はさらに強烈に、さらに激しくなっていった。テイヤールが書いたり言ったりした一言一言が注意深く吟味された。公に述べたものばかりか、私生活の中で述べたものさえ例外ではなかった。

テイヤールは、信仰、物理学、人類学の要素を組み込んで自らの進化論を提案した。それは、科学と宗教の間にある溝に橋を架けるためでもあった。その進化論は科学と宗教的信念の融合したもので、この二つの領域を論理的で合理的な形で統一しようと試みるものだった。テイヤールの考えでは、人類の進化は、科学的に証明されている現象で、聖書と矛盾せず、これによって私たちは、種としてさらに進化し、神に近づくのだった。テイヤールは、イエズス会がこの進化観を容認してくれるよう、そして、これについて講演をしたり、本を出版したりするのを許してくれるよう望んでいた。ところがテイヤールの本はイエズス会によって検閲され、本の出版許可は繰り返し拒否された。

北京原人についてテイヤールがおこなった仕事は、科学上の最高の仕事の実例となった。一九世紀にはネアンデルタール人が発見されていた。ネアンデルタール人は三〇万年前より前に現れ、およそ三万年前、クロマニョン人が登場するとともに突然姿を消した（クロマニョン人は、残存している骨格が私たちのものと区別がつかないため、「解剖学的現生人類（解剖学的現代人）」と呼ばれる）。そして一八九一年にインドネシアでオランダの解剖学者ウジェーヌ・デュボアが、ネアンデルタール人よりずっと昔、七〇万年前にさかのぼるヒト科生物であるジャワ原人の残存物の化石を見つけた。およそ五〇万年前に生きていたヒト科生物である北京原人が発見されるまで、自分たちの進化論を裏づけるものとして人類学者が手にしていたものと言えば、これらしかなかった。ジャワ原人は初め、ヒトとサルをつなぐミッシング・リンクと呼ばれた。ところが、火を起こした証拠がなかったし、ジャワで見つかったものの質は北京原人よりむらがあり、化石は北京原人ほど保存状態がよくなく、個体数は、やがて北京原人の発掘現場で見つかることになる数よりはるかに少なかった。

そのため、龍骨山で見つかったものは、ただちに世界中で興奮を巻き起こし、新聞の見出しとラジオ番組を独占した。人類の起源がダーウィンの進化論と矛盾しないことを裏づけるものとして、それまでのところ、もっとも決定的な証拠であるこの発見に、しばらくの間、世界の人々の関心が集まった。

それから何もかもが失われた。一夜にしてそうなったかのようだった。一九三七年に日中戦争がはじまってから中国の一部を支配していた日本は、一九三九年に第二次世界大戦が勃発すると支配を固め、中国北部にその勢力を広げた。そこで、敵の手から守ろうと北京原人の化石は北京協和医学院の封印された部屋に置かれた。ところが二年後、一九四一年に日本との紛争が激化して米国がまさに第二次世界大戦に参戦しようとしていたとき、中国当局は、貴重な化石を日本軍に見つけられ、日本に持ち去られてしまわないかと恐れるようになった。

中国当局は米国大使館の職員たちとともに、北京原人の残存物をすべて米国に避難させる手はずを整えた。北京原人の遺物は人目を忍んで木枠箱二つに詰められ、戦争が終わるまでニューヨークの自然史博物館で保管すべく、船で送る用意が整った。ところが木枠箱は、米国行きの船に運ばれるべく北京協和医学院を離れると、跡形もなく消えてしまった。それ以来今にいたるまで、この一組の化石に実際に何が起こったのかを示す証拠はひとかけらも浮かんでいない。北京原人の化石の運命は謎のまま今日にいたっており、これらが消え去ったことは、科学にとってはかりしれない損失だ。

次章から、北京原人の発見というすばらしい出来事について語る。人類学者、地質学者、解剖学者など、固い意志をもった世界最高の科学者の一団が、ヒトとサルをつなぐミッシング・リンクを、逆境をものともせず見つけようと決意した次第を述べる。それは、この研究者たちがダーウィンの進化論に、最高に重要な証拠をもたらすまでの物語だ。この飛躍的前進が人類学上の大発見の時代の幕開けとなり、私たちは一〇年ごとに人類の祖先の完全な物語に近づいていったのである。そして、これはピエール・テイヤール・ド・シャルダンの物語でもある。一九二〇年代の北京に集結した専門家の国際グループの中で、影響力のある一員だったテイヤールは、自らが属する教会に深く根を下していた考えや教義と勇敢に闘い、科学と聖書を調和させようとした。そして、私たちは何者なのか、どこからきて、どこに行こうとしているのかについての理解を提示しようとした。しかし、八〇年以上前にテイヤールがはじめた闘いは、勢いを取り戻して今日もつづいている。

テイヤールの死から半世紀が過ぎた今なお、教会との対立が、どれほど激しく、敵意を帯びたものなのかを、この本のための調査をしにローマに行くまで、私は認識していなかった。二〇〇六年六月二七日、バチカンのすぐ外にあるボルゴ・サント・スピリト地区のイエズス会ローマ文書館の館長トーマス・K・レディー神父と、神父の執務室で会った。この訪問は何カ月も前に決まっていて、私はテイヤールについての文書なら、見たいと望めばどんなものも見ることを許されると信じていた。

会見の終わりにレディー神父が、自分はテイヤールについて特別な情報をもっていると言うので、見せてもらっていいかとたずねた。

「いえ。極秘なのです」と神父は答えた。私が驚いて息をのむと、こう付け加えた。「けれども、そのほかなら、見ていただけるものもあります」

自分がたった今耳にしたことについて考えながら、文書館の閲覧室に行き、目録に載っているテイヤールの最初の項目を請求した。しばらくして、色あせたひもでしばられた、ほこりっぽい文書の山がテーブルに置かれた。結び目をほどいた。明らかに何年もの間だれもこの一群の文書を見ていなかった。私は内容を調べはじめた。それはテイヤールの原稿だった。一九三〇年代に中国で、テイヤールの親しい友人だった米国の女性彫刻家ルシール・スワンがタイプし、テイヤールが出版の許可をイエズス会から与えられるのではないかという望みをいだいて、ローマに送ったものであることを私は知っていた。原稿の山を持ち上げると、数ページからなる折りたたまれた手紙のようなものが落ちた。

それを拾いあげて開き、黄ばんだ紙切れを調べた。私が手にもっていたのは、一〇ページからなる興味深い文書だった。注意深くラテン語で手書きされ、日付は一九四四年三月二三日となっていた。見夢中になってそれを読んでいたところ、突然、だれかがテーブルの前に立っているのに気づいた。見上げるとレディー神父だった。「それは何ですか」と神父はたずねてきた。「日付は、いつですか」

私は答えた。

神父は青ざめて言った。「それこそ、まさしくあなたに見せたくなかったものです」

レディー神父は、私がこの文書を目にしてしまったことに苛立ちながら、ただちにイエズス会総長ペーター・ハンス・コルヴェンバッハと会って、このことについて何ができるか意見を交わすことにした。イエズス会の本部クリア・ジェネラリツィアはとなりにあり、レディーは急いで部屋を出るとき、私のほうを振り向いて言った。「あなたは物書きでいらっしゃる。気をつけてお書きになるよう。私どもがバチカンとの間で問題を抱えるようなことはなさらぬよう」

第１章　晩《ばん》餐《さん》会《かい》

科学の歩みは謎めいている。科学者は思いがけず発見を成し遂げる。実験をおこなったら、あるいは、分析を完了したら何が起こるかを前もって知らず、しばしば見当をつけることもできずに。一六一〇年一月七日の星の輝く夜に、ガリレオが初めて木星に望遠鏡を向けたとき、自分の月、すなわち、この巨大惑星のまわりで軌道を描くガリレオ衛星を発見するとは思ってもいなかっただろう。地球は宇宙の中心ではないという最初の天文学上の証拠をもたらそうとしているとは、想像もしていなかったのだ。一八九五年一一月八日、ウィルヘルム・コンラート・レントゲンは、自分がテストしているガラスの放電管が数十センチ先でかすかな光を生じさせ、自分がX線を発見して医学の新時代を開くことになるのを知らなかった。また、一八六二年四月に細菌の実験をおこなっていたとき、ルイ・パストゥールは、自分が発見しようとしている作用で、今日私たちが飲んでいるミルクの大半が低温殺《パスチャ》菌《ライズ》処理されることになるとは想像していなかった。

一九二六年一〇月二二日、大理石づくりの簡素なファサードを備えた北京のスウェーデン大使館の荘厳な建物で、きわめて異例な科学者の集まりが開かれた。彼らが出席した行事は、スウェーデンの皇太子グスタフ・アドルフとその妃マルガレータに敬意を表して催された宴会だった。二人は世界歴訪の旅の一環として北京を訪れていた。そこに集まった科学者たちはみな、自分たちの研究プロジェクトからやがて何か生まれるかわかっているという自信をいだいていた。すでに、見出すはずのものに名前をつけていた。それどころか、予想される結果について、権威ある雑誌《ネイチャー》に載せる論文を書きはじめてさえいた。この科学者たちは、自分たちが発見すると予期するものをシナントロプス・ペキネンシス（*Sinanthropus pekinensis*）、つまり北京の中国人と名づけていた。そして、それまでのところ、何が前途に待ち構えているのかを示唆するものと言えば、小さな歯が一対あるだけだった。これは疑いなく、科学者の自信過剰な行動のなかでも歴史上とりわけ大胆なものの一つだった。

この科学者たちは、何年か前より数カ国から集まってきていて、野心的な目標をもって固く団結した集団を形づくっていた。その目標とは、人類の祖先を発見することにほかならなかった。今やこの人々は、その目標を達成するためにどうすべきかを自分たちは知っていると感じていた。必要なのは、さらに資金を得ることだけだった。充分な金銭面の援助があれば、シナントロプスを発見するという夢を現実にすることができる。そのために王子さまの懐《ふところ》が必要だったのだ。

化石を発掘するのは込み入った仕事だ。おおぜいの発掘作業員を雇い、岩をどけるために爆発物を調達し、岩の破片をかき分け、ふるい分ける機械を買う必要がある。また、多くの分野の専門知識が必要になる。化石を見分け、分類するための古生物学、人間の活動のさまざまな要素を分析するための人類学と考古学、骨格の中で骨どうしがどう関係しあっているかを見極めるための解剖学、その化石を残した生物を理解するための生物学、岩石の層を識別し、それがどの時代のものかを特定して化石の年代を見積もるための地質学の知識。中国に集まっていた国際科学者チームには、すでにこれらのうち数分野の専門知識の持ち主が含まれていた。が、まだいくつかの分野の専門家を引き入れなければならず、この重要なプロジェクトに引き続き取り組むことができるよう、全員が金銭面で支援を受ける必要があった。

そしてグスタフ皇太子は、よくいるのんびりとした王族ではなかった。人類学と考古学に強い関心をいだく熱心なアマチュア科学者でもあった。この凝った宴会の主催者たちはそれを知っていて、自分たちの科学上の事業に力を貸してくれるよう、中国を訪れたこの王族に訴えかける用意ができていた。

晩餐につづいておこなわれたお祝いの催しで、皇太子と妃は磁器の像のように立って、大理石の階段のいちばん上で客たちにあいさつしてから、彼らといっしょに軍楽隊の演奏に合わせてダンスをしたり、白いローブを着て金色の飾り帯をつけた、召使いの中国人たちが運んでくるバラの香りのするワインで乾杯したりした。この訪問を取り巻く状況はとても込み入っており、混沌としていた。それは、あとにも先にも見られることのなかった中国の姿だった。

一九二〇年代初めごろ、すでに中国は共和国になっていた。そして、少年だった皇帝溥儀《プーイー》は権力がなく、紫禁城《ツーチンチョン》で事実上囚われの身となっていた。各地域の軍閥が政治的支配権を争って国中で戦闘を繰り広げていた。このころの中国の西洋への態度は変わりつつあり、開かれてもいたし、敵対的でもあった。内戦の影が忍び寄り、皇帝が紫禁城から逃げ出すと、反乱者孫逸仙《スンイーシェン》（孫文《スンウェン》）が中国の支配権を目指しはじめた。この混乱の最中、一九二五年に孫文は死に、中国はさらに深い混迷の中に放りこまれた。今や五〇〇〇万人を超える中国人が武装していた。この広大な国の支配権を求めて闘っている組織された軍隊に属する者もいれば、傭兵からなる無法集団に属し、頻繁に提携の相手を変え、農村部を襲撃し、略奪をはたらく者もいた。この国がこんな混迷の中にあったにもかかわらず、北京は意外なほど静かだった。

ここでは多くの西洋人が暮らし、一種の白日夢の中で日々を過ごしていた。この人々は、紫禁城の南側に集中する豪邸に住み、ばかばかしいほど安い家賃しか払わず、召使いや世話係を抱えて想像を超える安楽な生活を楽しんでいた。彼らは、娯楽、社交行事、うわさ話にふけって時を過ごした。しかし、スウェーデン大使館に集まった人々は、北京で暮していた西洋人の典型ではなかった。科学者だったのだ。地質学者、古生物学者、生物学者、解剖学者だ。北京を訪れていた皇太子は、スウェーデン国外でおこなわれる化石調査への資金供給をすべて統轄する組織であるスウェーデン調査委員会の後援者だった。グスタフ皇太子は、太古の化石を発掘する仕事に理解があったので、大きな古生物学調査プロジェクトへの資金提供を頼む相手としてうってつけの人だった。それは、我々自身、我々の過去、宇宙の中で我々が占めている位置についての見方を変えることになると、歴史が判断することになるプロジェクトだったのだ。

ヒトの祖先の探究は、科学の新しい分野、古人類学の登場につづいてはじまった。人類学の中でヒト科の動物化石を扱う分野である古人類学は、一九世紀にヨーロッパで最初のヒト科の化石が発見されたことによって推し進められた。それらはネアンデルタール人とクロマニョン人の残存物だった。ネアンデルタール人は氷河時代のヒト科生物で、クロマニョン人は、現生人類と解剖学的構造がまったく同じであると化石から推測されるヒト科生物で、いっときネアンデルタール人と共存していた。すでに、一九世紀にウジェーヌ・デュボアがジャワ原人を発見し、その化石はネアンデルタール人やクロマニョン人のものよりずっと古かった。だがそのときは、北京の南西にある何の変哲もない丘に何が埋まっているか、だれにも見当がつかなかっただろう。

中国で古人類学の歴史がはじまったのは、一八九九年のことだ。この年、ドイツの若い医師にして博物学者のK・A・ハーベラーが、北京の近郊にある石灰岩の洞窟で何十年も前から奇妙な骨が出てきているという話を耳にした。そうした太古の骨の化石は中国の伝説では龍の遺物だとされ、薬品市場で相当高値で売れたが、とくに周口店という村の近くにある丘が、そうした太古の骨の化石のとりわけ大きな宝庫の一つとうわさされていた。

一九〇〇年秋、ハーベラーは、その龍骨を自分の目で見ようと決意して北京に旅した。首都の近郊の丘の連なる地域に向かい、骨探しをする中国人の一団に合流した。そのころは、外国人にとって、中国にいることが危険な時代だった。一八九九年と一九〇〇年の義和団の乱で、中国人は、日本、ロシア、ドイツ、イギリス、米国、イタリア、フランス、オーストリア・ハンガリーを含む、自分たちのことにちょっかいを出す外国の勢力に対して反乱を起こした。暴力的な蜂起が度重なり、ハーベラーは調査を北京周辺に限らざるをえなかった。にもかかわらず、ほんの数カ月のうちに、さまざまな種類の骨一〇〇点以上という見事な収獲があった。ハーベラーの興味をもっともそそったのは、一本の小さな歯だった。気味が悪いくらい人間の歯に似ているように見えた。

一九〇三年、ハーベラーはドイツに帰り、自分の収集したものを動物学者のマックス・シュロッサーに見せた。骨の大半は、絶滅したさまざまな哺乳類、すなわち巨大なブタ、巨大なヘラジカ、ホラアナグマ（ドウクツグマ）のものだとシュロッサーは判断した。そして、ただ一つ、特別に関心を引いたのは、またしてもあの小さな歯だった。この歯はたいへん古く、人類の祖先のものだとシュロッサーは推測した。そして、自分の結論をバイエルン科学アカデミーの雑誌に発表し、はるかかなたの洞窟で、ほかにどんな重要なものが発見を待っているのかをめぐって、科学界の好奇心がかきたてられた。しかし、中国では政治的に不安定な状況がつづいていたため、調査はそれから一〇年以上止まったままだった。

一九一四年の夏、ヨハン・グンナル・アンデションが中国政府に雇われて、金属の鉱石、石油やガスなどの貴重な天然資源の新しい埋蔵地を発見する仕事を引き受けた。アンデションは、少し前に古人類学という歴史の浅い分野に興味をいだくようになり、一〇年ほど前に発表されたシュロッサーの論文に出会って、ハーベラーの「龍骨」の正確なありかを見つけようと決意していた。そして、数年にわたって農村地域を調査した末に龍骨山にたどりついた。そここそ、ハーベラーの歯が発見されたところだった。

アンデションは、ハーベラーがやり残した仕事を引き受けようと意気込み、スウェーデン王室から資金を得て、周口店の洞窟の中を掘りはじめた。また、野心的なオーストリア人科学者オットー・ズダンスキーを助手として雇った。ズダンスキーは、スウェーデンの大学から古生物学の博士号を授与されたばかりで、先史時代の動物についての研究をつづけたいと意気込んでいた。

この二人の協力関係は、初めから不幸なものだった。アンデションは、自分はヒト科生物の残存物にしか興味がないとはっきり述べていた。だが、ズダンスキーは探索の焦点を、ヒト科ではない動物の化石に合わせていた。動物の化石が見つかれば自分の研究で使うことができたのだ。そして、大成功を収めた。何年かのち、別の発掘現場で発見された恐竜には、ズダンスキーにちなんだ名前がつけられた。しかし龍骨山では、この二人の間で緊張が高まっていった。アンデションは、強情でわがままな見習いに圧力をかけたり、おだてたりした。ある日など、まさに何年かのちに北京原人が見つかる洞窟の壁を指差して、「きみは、ここで化石を見つけるんだ!」と叫んだことさえあった。だがズダンスキーは無視した。

発掘事業の資金がつきかけていたある日、ズダンスキーがヒトのもののような歯を一本見つけた。さらに、そのあと歯をもう一本見つけた。このような発見が、パトロンに資金の追加を求めるためにアンデションが必要としていた証拠となったのは疑いない。ところが、先史時代の動物についての調査を終えようと決意していたズダンスキーは、アンデションに発見を知らせなかった。今では、先史時代の道具だとわかっている石英の鋭い薄片をいくつか発見しながら、それらを捨ててしまいさえした。それからまもなくアンデションの金は底をつき、ズダンスキーは自分の研究を終えてスウェーデンに帰った。見つけたものを、あの二本の歯を含め、だれにも告げないで持っていった。

それから何年かの間、アンデションの学者人生は低空飛行をつづけ、ズダンスキーのほうは上向きだった。アンデションは、ヒト科生物の化石を見つけるという目標を達成できなかった。一方、その目的のためにアンデションが雇ったズダンスキーは、中国で成し遂げた発見に基づいて重要な学術論文を書くことができた。だが、歯のことを黙っていたやましさが心に重くのしかかっていたのかもしれない。周口店での調査の成果を発表して喝采を浴びてから四年後の一九二五年に、ズダンスキーはかつてストックホルムで教わった教授の一人にこの話を打ち明けた。その教授は即座にアンデションあての手紙を書き、ズダンスキーが撮った二本の歯の写真を同封した。

その手紙を読んだとき、アンデションがどんな気持ちだったかは想像にかたくない。だが、アンデションは、自分の努力が無駄ではなかったと知って意気揚々とし、ズダンスキーのところに怒鳴り込むことはついになかったらしい。今や、周口店での発掘を再開するのに必要な資金を手に入れることができると確信していた。アンデションに関するかぎり、ことをおこなうのに遅すぎるということはなかったのだ。

北京で自らの故国の皇太子を迎えて集まりを開くことを思いついたのは、ヨハン・グンナル・アンデションだった。アンデションは何年か前から、自分の仕事に関連する分野の専門家を、一人また一人と集めていた。自分のおこなっている調査は、はかり知れないほど重要なものだと考え、実際には何も見つかっていないにもかかわらず、これに興味を引こうと努め、乞い願いさえして、このプロジェクトに参加するよう誘ったのだ。超人的だが、まだ実を結んでいなかったアンデションの努力と、少なくともゆるやかにはつながっていたこうした科学者たちは、晩餐会に出席し、皇太子夫妻に会った。

その科学者のなかにデイヴィッドソン・ブラックがいた。ブラックはトロント大学から医学博士号を授けられ、一九一九年に北京協和医学院の教授に任命されていた。米国人から資金を受ける大学で、おもな支援はロックフェラー財団からきていた。ブラックは、中国に行く前に、イギリスのマンチェスターにある研究所で進化について研究し、ピルトダウン人の化石を分析していた。これは四〇年後に、でっちあげだったことがわかる。それでも、この「発見」をめぐって、また、人類の起源の探索をめぐって大きな興奮が巻き起こったため、ブラックは化石探しに熱中するようになり、自分自身のミッシング・リンクを見つけたいと思った。そして、中国こそ、そのような調査をおこなうべき場所だと考え、北京で職に就く機会が訪れると、それに飛びついたのだ。

ブラックは、この大学で熱心に仕事をし、人体の解剖学的構造を教え、研究した。中国という国とその文化を高く評価し、同僚の中国人たちに好感をいだき、その多くと親しい友人になった。また、ほかの外国人科学者たちともたいへん親しかった。彼らは古人類学上の世紀の大発見となる仕事のために、呼び出されたかのように北京に集まっていた。ブラックは、解剖学を教え、学部を切り盛りするのに忙しかったが、夜、ほかのだれもが眠っている間に、自分が情熱を傾けるものに取り組んだ。古人類学を勉強したのだ。

この職を得るためにブラックは、ロックフェラー財団に研究奨励金を申請していた。それは、北京に移り、こちらで仕事をすることを可能にするものだった。この職と奨励金は解剖学の分野に厳密に限られていたので、化石の調査を勤務時間外に限らなければならなかったのだ。

　ブラックは研究のために北京警察から死体を調達した。そうした死体は、おもに、さまざまな犯罪で処刑された人々のものだった。警察が定期的に、処刑された犯罪者の遺体をトラックに満載して送りとどけていたのだ。中国では処刑は斬首だったので、ブラックが受け取った死体は頭がなく、首から切断されていた。しばらくしてブラックは警察に、研究用にもっとましな死体、つまり無傷の死体が手に入らないかとたずねた。すると次の日、鎖でひとつなぎにされた、有罪判決を受けた者たちを送りつけられた。お好みのやり方で殺してくださいという警察からの手紙とともに。ぞっとしたブラックは囚人たちを警察に送りかえし、それからは遺体はすべて市の死体置き場から入手した。

　ブラックは解剖学で並外れた仕事をし、学科はうまくいっていた。だが夜には、中国東部で発見された太古の骨の化石を詳しく調べた。研究者として二つの道を追求していたが、家族や友人と過ごす時間もつくるようにしていた。人付き合いのいい人間で、妻とともに北京の西洋人社会で多くの社会活動にかかわっていた。そして、親しい友人で古生物学の仕事をしていた人たちのなかに、中国地質調査所の翁《ウォン》文《ウエン》灝《ハオ》がいた。ブラックは翁《ウォン》との友達付き合いを通じて、真剣にヒト科の化石生物を探しはじめた。それこそ、ブラックの情熱の対象であり、そもそも中国にきた個人的理由だったのだ。

　ブラックは化石についての研究を深夜の研究室に限っていた。そして極度の過労でゆっくりと燃え尽きていき、その代償を命で支払うことになる。しかし、それでもロックフェラー財団の人々は激怒した。ブラックに与えられた任務は、財団が支援している大学に立派な解剖学科をつくることであって、人類の祖先を探求することではなかった。財団の代表が中国を訪れたあと、ブラックあての手紙にこう書いたと伝えられている。「この先少なくとも二年は、解剖学のみに関心をそそぐように。そのころには、幼い息子さんともども、神話上の洞窟への調査旅行より大事に思われる関心事をもつようになっておられるかもしれません」

財団の人々は、スミソニアン研究所の人類学者による化石についての連続講演を依頼したのが、ブラックと同僚たちだと知って、その講演への資金提供をやめることまででした。その講演によって、財団が定めた目標からブラックがさらにそれてしまうのではないかと懸念したのだ。

だがブラックは根っからの化石ハンターで、すぐに、中国人も西洋人も含め、自分と同じく人類の起源に熱中している者と友人どうしになった。そして、その一人が、まさに繰り広げられようとしていたドラマで主要な役割を演じることになる若き古生物学者、裴文中《ペイウエンチヨン》だった。そして、同じくブラックが出会った一人に、スウェーデンの地質学者で貪欲な化石ハンターのヨハン・グンナル・アンデションがいたのだ。一九二一年にブラックは、満州の新石器時代の洞窟で見つかったばかりの遺物をアンデションと共同で研究しはじめた。

二人は、およそ一万年前の四五体分のヒトの化石を発見した。この発見は、クロマニョン人に似た初期の解剖学的現生人類が、同時代の中国にも住み着いていたことを示していた。この重要な発見は、初期の人類が、ヨーロッパだけでなく中国にも住んでいたことを示すものだった。これにより、ブラックとアンデションおよび研究助手たちは、さらに太古の化石を見つけようとする気力を与えられた。そうした化石は、動物の化石がもっともたくさん出る場所である周口店で発見されるかもしれないとブラックたちは感じていた。そのような化石を探す本格的な試みに乗り出すには資金が必要だった。社交の才能と人なつこい性格の持ち主であるブラックは、アンデションにとって、スウェーデンの王子に取り入るうえで貴重な財産だった。

そのため、アンデションはブラックに、北京を訪問中の王子に向けて、しっかりしたプレゼンテーションを準備するよう頼んだ。何しろ、それまでに見つかっていたのは、周口店の二本の歯だけだったのだ。デイヴィッドソン・ブラックは、解剖学と進化について深い知識をもつとともに、周囲がつりこまれるようなほほえみを浮かべ、ユーモアのセンスをもち、効果的な話ができる人物だった。彼はたいへん説得力のある報告を書き上げることができ、それをグスタフ王子の前で発表した。ブラックが言うには、この二本の歯の発見は、「これに先立つジャワでの発見と並び、更新世［一六〇万年前から一万一五〇〇年前にまで及ぶ地質学上の年代］の人類の証拠を世界に示すべき場所は、ここ中国であるというドラマチックな確証」だった。ブラックは発表を楽観的な予測で締めくくった。「したがって、周口店で成し遂げられた発見は、ヒト科生物の中央アジア起源仮説を裏づける、すでに強力な証拠の鎖に、環をもう一つもたらすものです」アンデションは熱意に満ちたブラックのスピーチにつづいて、だめ押しをするように、周口店で見つかるものは、スウェーデン考古学が中国で成し遂げるもっとも重要な業績となると確信していると付け加えた。

スウェーデン大使館でこうした発表がおこなわれてからまもなく、人目を引く人物がホールに入ってきた。全員の目がその人物に向けられた。人々は、それがフランスの名高い古生物学者にしてイエズス会司祭であるピエール・テイヤール・ド・シャルダンであることに気づいた。テイヤールも、皇太子を迎えての集まりに招かれていたのだ。背が高く男前で、一分《いちぶ》のすきもない仕立ての聖職者の服に身を包み、自信と世慣れた雰囲気をにじませたテイヤールは、アンデションに歩み寄り、手を差し出した。アンデションはテイヤールを王子に紹介した。米国自然史博物館のハリー・シャピロは、こう思ったと回想している。「嘴《くちばし》のような鼻をした、その細くて骨ばった顔は、古いフランスの教会に置かれた石棺に見られる中世の騎士の彫刻のようだ。物腰にさえ並外れた魅力がある」

グスタフ王子は、この有名なイエズス会士の古生物学上の仕事に親しんでいて、この人がその場にいたことで、提案された事業を有望に感じた。テイヤールはフランスの抜きん出た科学者の一人、パリの自然史博物館のマルスラン・ブールのもとで古生物学を学んでいた。そして多くの哺乳類の化石を調べて重要な発見を成し遂げて論文を発表し、広く講演をおこなっていた。しかしアンデションにとって、テイヤールの協力をとりつけることは、たやすくはなかった。テイヤールは、ズダンスキーが見つけた二本の歯の重要性について懐疑的で、デイヴィッドソン・ブラックあての手紙で、その由来について疑いをあらわにしていた。ヒトに似た生物ではなく、それ以外の動物のものである見込みが大きいと考えたのだ。しかし、歯の写真をさらに詳しく調べ、サルやほかの動物の歯とくらべ、その形態についてアンデションおよびブラックと議論をした末に、ヒトの祖先のものかもしれないという考えを受け入れた。そして、このプロジェクトに熱意を示すようになった。

龍骨山で人類の祖先の化石が見つかるかも知れないという、わくわくするような可能性についてテイヤールが見解を語るのに、皇太子は注意深く耳を傾けた。テイヤールによる支持もあって、皇太子は、その夜、アンデションのプロジェクトに資金を提供することを決めた。次の日、北京の新聞がこの歓迎会について記事を載せ、謎の二本の歯のまだ発見されていない持ち主を指して初めて〝Peking Man〟という名前を用いた。

資金を確保したアンデションは引き続きチームのメンバーを集め、周口店でヒト科の化石を探す作業を再開する準備をした。今のところチームには、テイヤール、ブラックのほか、アンデションがスウェーデンから連れてきた古生物学者ビルイェル・ボーリンが入っていた。また、地元中国の科学者も何人かいた。のちにはドイツの医師フランツ・ワイデンライヒとスコットランドの地質学者ジョージ・バーバーがチームに加わることになる。

ほかの西洋人メンバーが大発見の期待に誘われて中国に来た一方、テイヤールは、秀でた古生物学者だったが、自分の自由な意思で中国に来たのではないということを知る者は少なかった。彼は、フランスにとどまり、強い愛着をいだいていた自らの大家族の近くにいて、ヨーロッパで発見された化石を研究していてもよかったのだ。ところが、テイヤールはのけ者だった。科学に関して、教会の教義に反することを述べてバチカンの反感を買っていた。原罪についての伝統的な理解や、アダムが「最初の人間」だったという聖書の字義どおりの解釈を信じず、ダーウィンの進化論を受け入れていたのだ。とくに、一九二二年にベルギーの聖職者のグループに送り、パリでさらに発展させた未公表の論文の中で、カトリック教会の原罪の教義に疑問を投げかけていた。これがローマに届いて、イエズス会の権威者たちの怒りを買い、中国に送られたのだ。こうしてテイヤールは今、古生物学という天職にいそしみ、人類の進化に関するとりわけ大きな発見の一つに足跡を残すのにちょうどいい場所に、ちょうどいいときにいた。

テイヤールは司祭で、カトリック教会の伝統と教えにしたがっていたが、多分に時代の子でもあった。自分が生まれてから、また、それより前に科学、とりわけ古生物学、生物学、人類の進化の研究で、どんな大きな前進が成し遂げられたかを知っていた。物理学にも無縁ではなく、熱力学と相対性理論を学んでいた。フランス人としてとくに、ダーウィン以前にフランスでジョルジュ・キュヴィエとジャン・バティスト・ド・ラマルクが進化についておこなった仕事について知っていた。ダーウィンの理論と業績を、また、ダーウィンの仕事が現れたあと、進化をめぐっておこなわれた大きな論争に精通していた。そしてパリでテイヤールを指導したブールは、ネアンデルタール人の化石を詳しく調べた最初の人で、この「穴居人」がどんな姿をしていたかを再構成して、ネアンデルタール人という名前をおなじみの言葉にした人だった。

テイヤールはカリスマ性を備え、謎めいた人物だった。司祭でありながら生涯にわたって世俗の世界と親しく交わり、忠実なイエズス会士でありながら、科学に情熱をいだき、フランス人でありながら、流刑の身で人生の大半を過ごした国に深く根を下ろした。生涯を通じて、科学と信仰を統一するという目標を粘り強く追求し、三〇〇年前のガリレオと同じく、恐ろしい逆境に抗って科学のために闘ったのだ。

第2章　進化のプレリュード

テイヤールが進化について成し遂げた仕事は、それより二〇〇年前にカール・リンネが築き、その一〇〇年後にチャールズ・ダーウィンが大幅に拡張した分類学の土台に基づいていた。自らを取り巻く世界、すなわち生命、自然、変化についてのテイヤールの考えは、一八世紀と一九世紀、それに同時代に生きたフランスの知識人や科学者の仕事とともにこの二人の仕事に深い影響を受けていた。

ダーウィンの進化論にいたる道は、一八世紀にスウェーデンの医師、植物学者、動物学者カール・リンネ（一七〇七‐一七七八）の仕事によって開かれた。リンネの名前の呼び方にはカール・フォン・リンネ（国王アドルフ・フレドリックによって貴族とされたときに与えられた名前）、カロルス・リンネウス（ラテン式の名前）もある。リンネは、スウェーデン南部のステンボフルトという教区にある農場に生まれ、父ニルスや母方の祖父と同じく牧師としての人生を歩むものと期待された。ところが自然科学に興味をいだき、科学者になりたいと望んだ。ヴェクシェーという町の学校に通ったが、成績優秀ではなかったので、靴職人になるよう父親から迫られた。だがそのとき、一家の友人がリンネを救った。カール少年に植物学の才能があるのに気づいて、大学に進ませることを父親に勧めたのだ。リンネはルンド大学に行かされ、一年後ウプサラ大学に転学した。そのころのスカンディナヴィアで最高の大学である。

学生のとき、リンネは花のおしべとめしべについて論文を書いて注目され、ウプサラ植物園の非常勤の職を提示された。そして、大学で植物学を研究して優秀な成果を上げ、一七三二年にスウェーデン王立科学アカデミーから、かねてから望んでいたラップランドの植生研究旅行の資金を出そうとの申し出を受けた。

五年後、リンネはラップランドの植物についての研究に基づいて論考『ラップランド植物誌』(*Flora Lapponica*)を発表した。二〇代のリンネは研究をつづけ、種《しゅ》の理解で重要な前進を遂げた。その野心的な目標は、すべての生き物を分類することだった。一七三五年、リンネはオランダに移り、ハルデルウェイク大学で医学の学位を得た。そして同じ年、天才的な仕事を発表した。地球上のあらゆる生物を名づけ、分類するための体系を構築したのだ。リンネは、この仕事を『自然の体系』(*Systema Naturae*)と名づけた。

二〇年後、自然界についてリンネが書いた手引書の第一〇版が出るころまでに、リンネは七七〇〇種の植物と四四〇〇種の動物を分類していた。この仕事で二名法が普及し、またうまく利用された。この方式は、それより一〇〇年以上前にスイスの植物学者ガスパール・ボーアンによって発明されていたが、広く適用されてはいなかった。リンネの手引書が出版されるまで生物学者は長い名前を用い、単語を四つ以上重ねて一つ一つの動物や植物の呼び名にしていた。二名法は属名と種小名のみを用い、驚くほど実用的で、前例のない数の種に名前をつけることができた。リンネの方式は、生物を注意深く観察して、その特徴に応じてさまざまな区分に分類するというやり方に基づいていた。種は、交配して生殖力のある子供をつくることができるほど似通っている個体の集団と定義された。

この体系には大きな区分が七種類あった。大きさの順に並べると界、門、綱、目、科、属、種となる。この体系によれば、さまざまな種が属に、属が科に、科が目に、目が綱に、綱が門に、門が界に分類される。たとえばオオカミは動物界、脊椎動物門、哺乳綱、食肉目、イヌ科、イヌ（*Canis*）属、カニス・ルプス（*Canis lupus*）種に属する。この最後のラテン語の対カニス・ルプスが、二名法によるオオカミの学名をなす。イヌはカニス・ファミリアリス（*Canis familiaris*）だ。この体系には、亜種や亜科といった下位カテゴリーもある。標準的なトウブハコガメは*Terrapene carolina*で、*Terrapene carolina triungui* はその亜種だ。亜種の呼称である*triungui* は、この種では普通四本ある後ろ足の指の数が、三本であることを意味している。人類が属する科はヒト科（*Hominidae*）、私たちの属はヒト属（*Homo*）、私たちの種はホモ・サピエンス（*Homo sapiens*）だ。

リンネは、一般的特徴は共通しているが、細かい点は多様である集団に動植物が属していることを示して、自然界についての私たちの考え方を変えた。その分類法によって、すべての生物の間にある差異と関係の両方を理解することが可能になった。

リンネの体系の独創的な長所は、その単純さにある。かつて生物学者が用いた込み入った名前は消え去った。リンネによる簡潔な命名法によって、私たちは生き物の世界を理解できる。どの生き物も、この分類体系を通じてほかの生き物に関係しているのだ。リンネの体系は科学者にも素人《しろうと》にも示唆を与えた。今や科学者はこの世界を新たな観点から見ることができ、ヨーロッパ中の教育を受けた人々が前よりも自然界に興味をいだくようになった。

この体系が用いられ、ますます適用されるなかで、教育を受けた人々の間で新たな集団が現れた。アマチュア自然科学者だ。この人々は野山を駆けめぐって新たな種の標本を探した。そのなかには、新種が自分にちなんで名づけられることを期待する者もいた。アマチュア自然科学者たちは標本をリンネに送った。一方、大きな問題が浮かび上がった。

人間が生物界の一部であることは、ずっと昔からはっきりしていた。だが、私たちは自分たち自身をどう分類したらいいのか。どのグループに属しているのか。言い換えれば、同じグループに分類できるほどホモ・サピエンスに近いのはどの動物なのか。そのような生物が発見されるのは、ずっと後のことだったが、リンネは仮説上の初期の人類に名前をつけていた。リンネの分類体系には人類の種が二つあった。ホモ・サピエンス（*Homo sapiens*、考える人間）とホモ・トログロディテス（*Homo troglodytes*、洞窟に住む人間）だ。

リンネは人類を霊長目に入れ、たちまち宗教的権威と衝突した。すでに一六九八年にイングランドの解剖学者エドワード・タイソンがチンパンジーを解剖して、類人猿（霊長目のなかで、最もヒトに近いもの。ゴリラ、チンパンジーなど）とヒトに共通する属性が、類人猿と尾の長いサルに共通する属性より、とくに脳の構造において多いことを示す本を翌九九年に出版していた。にもかかわらず、一八世紀のヨーロッパでこういうことが起こったのだ。ヒトに、サルと似たところがあるという観察結果を述べただけで、不満と論争に火がついたのである。

ローマ教皇から普通の人まで、人々は自分たちとサルに共通する特徴があるという話を聞きたくなかった。とくにカトリック教徒はリンネの考えに心をかき乱され、教皇は、リンネの著作をバチカンに持ち込むことを禁じた。リンネの考えをローマで教えることが合法になるまで、長い年月がかかった。

ウプサラのルター派教会の大司教も怒り、リンネを不信心だと非難した。このように、ダーウィン以前の科学思想さえ、宗教的権威にはいとわしかった。それは科学と信仰の間で、度を強め、今日までつづくことになる対立の前兆だった。また、この分類体系にはほかにも問題があった。リンネが、ヒトについて設けたもっとも低いレベルの区分は人種だった。リンネはアフリカ人種、アメリカ人種、アジア人種、ヨーロッパ人種があるとした。この分類から、人種に関連する差異が人々の間にあるという考えが生まれた。

この世界について、深く根を下ろしていた考えと対立する新しい見方をしたにもかかわらず、リンネは成功を収めた。一七四一年にはウプサラ大学の医学部長に任命され、のちにこの大学の植物学科長になった。一七六一年には国王アドルフ・フレドリクによって、科学への重要な貢献が認められて貴族の身分を授けられた。リンネは強い情熱をもって仕事をつづけた。自分が新しい科学を発展させていること、そして、生物の間に発見した関連と差異を通じて、生物界についての理解を広げていることを知っていた。

リンネによる発見のあと、知識人の世界を席巻していた分類についてのこうした考えは、次の世紀にチャールズ・ダーウィンに示唆を与え、新しい考え方の土台を築くことになる。それは、生物界はヒトとほかのすべての生物に分かれる、変化しないものであるという伝統的な考えに逆らうものだった。聖書によって植えつけられたこの考えには、ヨーロッパの経済上の階級は互いに本質的に異なっているという理解が結びついていた。金持ちが金持ちなのは、そうあるべきだと神と自然が考えているからであり、貧しい者は下層階級に属し、いつまでもそこにとどまらなければならない。王侯も貧民も、神によってそう定められているのだ。リンネによるすべての生き物の単純な分類体系は、文化と経済が発展していくなかで、このような中世的な考え方が地に堕ちたことを反映していた。

もちろん、普及していた偽りの社会的分類からもっとも利益を得ていた人々は、自分たちがおびやかされていると感じた。しかし、歴史は前へと動いていくのであり、時は啓蒙の時代で、科学と理性が古くからの考えに対して優勢になりつつあった。

リンネの体系は、進化については何も語らなかった。それは、生き物を分類する体系だった。ある種が別の種から進化によって出現したという含みはなかった。実際、リンネは自分の体系は固定されたものだと考えていた。種の間の関連を認めても、そうした関連が時の流れの中で、何らかの形で突然変異によって形づくられたとは主張しなかった。しかしリンネの仕事は、自然界に本質的に秩序があること、そしてこの秩序は、科学的方法を用いて導き出せることを含意してはいた。この方法は、標本の解剖学的分析と植物学的分析を用いてその性質を明らかにし、それによって、標本を生み出したルール、すなわち自然の法則を導き出すことができた。生物が互いにどう関連しあっているかを人人が見てとることで、宇宙の法則を理解できるという考えは、進化論が発展する上で決定的に重要だった。

このころ、チョウを採集するという趣味がはじまり、ヨーロッパ人は海岸に行って潮溜《しおだ》まりに興味深い生き物を探した。あちこちで自然博物館が開館し、多くの都市で博物学協会が設立された。ときおりアマチュアが化石を見つけることもあったが、絶滅した生物と、自分たちが見つけたものの関連に気づかないのが当たり前だった。貝殻の化石は、貝殻をもつ生物に似た変わった岩と見なされた。木の枝の化石は、かつて太古の木の一部だったとは考えられなかった。それらは、ただの珍奇なものでしかなかった。

聖書に書かれた天地創造の物語が定めるとおり、自然界は変化しないという考えは、なお論争の余地のないものだった。創世記によれば、生物はすべて、この世が創造されたときに創造された。つまり、種が進化によって出現したり死に絶えたりする動的な要素の入り込む余地はなかった。この世の生きとし生けるものは、初めからこの世にいたし、いつまでもいつづけるのだ。

そうではないと人々が考えることは、創造についての聖書の記述に背くばかりか、賢い神がこの世をつくったという考えへの異議申し立てになった。創造主が生き物で「実験」しなければならないわけがあろうか。神が完璧だということは、被造物はすべて完璧で、時がたつうちに出現したり絶滅したりする余地はないということだった。聖書に述べられている概念は、寓話やたとえとしてのみ受け取るべきだと世の人々が理解するまでの道のりは、まだ長かった。信仰をもつ人々がコペルニクスの説を、ケプラーによる発見を、ガリレオの仕事を、そしてフーコーによる、地球が自転しているという決定的な証明を受け入れるには何百年も必要だったのだ。

そのため、西洋世界は、すべての生き物を分類するというリンネの発想をおおむね快く迎え、彼の研究によって可能になった科学上の革命を受け入れたが、リンネの仕事についてできる解釈には限度があった。しかし、アマチュアや科学者によって発見され、蓄積されていく化石は、自分が何者なのかを知ってくれるよう求めていた。

フランスは、ほかのどの国にも増して、科学、とくに自然科学の分野で世界の指導者としての地位を確立しようと躍起になっていた。パリの自然史博物館は一七九三年六月一〇日、フランス革命の最中に設立された。場所は、一六三五年にルイ一三世の医師が王立薬草園をつくったところ（今のジャルダン・デ・プラント）だった。フランス政府は、革命後の全局面を通じてこの施設に気前よく資金を供給しつづけ、自然界の研究を推進しようと、寄付講座をいくつか設けた。一九世紀までに、この博物館は自然科学の研究機関としての威信で、パリ大学と肩を並べるまでになった。

この博物館に設けられたばかりの教授職の一つを占めたのが、解剖学の大家ジョルジュ・キュヴィエ（一七六九‐一八三二）だった。一七九六年にキュヴィエは、現在のゾウと化石ゾウについて論文を書いた。アフリカとアジアの現在のゾウの骨格を分析し、およそ一万三〇〇〇年前まで北アメリカに棲息していたが絶滅したゾウであるマストドンの化石とくらべたのだ。論文は、化石は生き物の名残りだという飛び上がるような見解をはっきりと述べていた。こうしてキュヴィエによって、種の絶滅という考えが初めて披露された。生物が何世代か生き、ある時点で、理由は説明できないが、存在するのをやめたというのだ。この世には、今いる生物と、姿を消して二度とよみがえらない種の化石化した残存物の両方があるとキュヴィエは理解していた。

宗教指導者と信徒たちは、絶滅がありうると考えるのを拒んだ。何といっても、この考えは、神は完全であるという観念と矛盾したのだ。だからこの現象の説明が必要になった。化石のなかには、それが見つかった場所にはもはや存在しないが、地球上のほかのところで生物として存在しつづけているものもあるという説が唱えられた。さまざまな動物が実際にある場所で絶滅したが、別のところで生きているかもしれないという謎が、この、戦争と勢力圏拡張の時代に、探検によって解けるかもしれない。そこで探検家や冒険家が、自分たちの知っている世界では絶滅したが、ほかの地域で生きているかもしれない生物を探しに旅立った。北アメリカでマンモスを、はるかかなたの海岸で貝殻をもつ生物を探しに。だが何一つ見つからなかった。

キュヴィエの考えは、同じく自然史博物館の教授であるジャン・バティスト・ド・ラマルク（一七四四‐一八二九）の考えとぶつかった。ラマルクは無《む》脊椎《せきつい》動物を研究し、分析の結果、生き物は時の流れの中で変容するという理論を立てた。単純な構造の生物が、次第にそれより複雑な構造の生物に変化するというのだ。ラマルクは絶滅を信じなかった。種はもっと複雑な種に変化するというのだ。ラマルクは絶滅については間違っていたが、進化についてはたいへん鋭い洞察を示した。ただ、それが実際にどのように起こるのかはわからなかった。ダーウィンよりずっと前に進化の概念を思いついたが、それが起こる正確なメカニズムを突き止めることはできなかったのだ。たとえば、何世代もつづけてネズミの尻尾を切り落とせば、最後にはネズミは生まれつき尻尾がないようになると考えていた。この説にしたがえば、何百年にもわたって祖先が割礼《かつれい》をしてきたユダヤ人の男性などは、今ごろは割礼を施されて生まれてくることになる。だがラマルクは進化の基本的な概念を思いついてはいた。この進化のプロセスの説明はダーウィンの仕事となる。また、ラマルクはリンネの分類体系を修正し、もっと低いレベルの動物、すなわちリンネが注意を向けなかった領域にまで体系を発展させた。

ラマルクはスカラ・ナトゥラエ（「自然の階梯《かいてい》」）という中世の概念を利用した。これは、もっとも原始的なものから、もっとも完璧なもの、人間、さらには天使にまでいたる複雑さのものさしに沿って、すべての生き物を並べることができるというものだ。この体系は、もともとは種の不変性、つまりそれぞれの生物が宇宙の中に占める位置は固定されているという考えを裏づけるのに利用されていた。ラマルクは、それを自らの目的に適合させ、この体系の中では、どの生物も向上しようとし、そしてスカラ・ナトゥラエを登ろうと奮闘努力すると唱えた。

これと対照的に、キュヴィエは種の変容を信じなかった。ラマルクの考えはばかげていて、経験的な証拠に基づいていないと考えた。種は、聖書に書かれている洪水のような大災害が相次いで絶滅したと信じていた。かつていろいろな生き物が絶滅したと見ていたが、この世は変化せず、すべての生物は自らの位置にとどまるという聖書の前提には疑問をいだかなかった。キュヴィエはそうした絶滅を説明するために、歴史の中で洪水が繰り返し役割を演じるという説を唱えた。キュヴィエとラマルクは紙の上で攻撃しあい、この二人のうちどちらが正しいのか、だれも判断できなかった。ある意味で、どちらも正しく、どちらも間違っていた。

また、同じく進化の概念を受け入れる準備を世界にさせるうえで重要な展開が、一八世紀末にイギリスで起こった。ウィリアム・スミス（一七六九‐一八三九）が、地球の表面の構造を示す地図を作成したのだ。スミスはイギリスの地質を研究し、さまざまな地層と、地層の中に現れる化石を発見した。そして、地中深くから地表面まで積み重なる多様な地層に見出した化石の系列を言い表わすのに

「動物相遷移」（faunal succession）という用語を考案した。地面を掘る地質学の仕事を通して、堆積岩の層は時系列を表わしており、下のほうが古い層、上のほうが新しい層であることを理解した。そして、どんどん深く掘ることで時間をさかのぼっていけることから、地球の歴史は聖書学者が推測するよりずっと古いにちがいないという結論を下した。また、深いところに行くとそれだけ原始的な化石生物が発見されるのだから、時がたつにつれて生物が複雑さを増すのは、スミスにとって明らかだった。

スミスの時代やそれ以前には、聖書が語る創造の物語に基づいて、この世が生まれてから六〇〇〇年もたっていないと考える人もいた。アイルランドのアーマーの大司教ジェイムズ・アッシャーは、聖書の中の家系図に含まれる世代をアダムからイエスまで数え、ほかにいくつか計算をして、ユリウス暦で紀元前四〇〇四年一〇月二三日の日曜日に天地創造は起こったという結論を一六五〇年に導き出した（時刻を午前九時とする史料もあるし、天地創造の時点を特定したのはケンブリッジ大学の聖職者ジョン・ライトフットだとするものもある）。アッシャーの計算を正しいと考えている人はいまだにいる。

現代では、遠い過去についてはウランなどの放射性元素の崩壊速度を基に、あるいは五万年前までならかなりの正確さで、炭素の同位体一四に基づく年代測定がおこなわれている。しかし、こんな技術を利用できなくても、スミスは自分が研究している地中深いところにある岩の古さが、六〇〇〇年より何桁も上をいく古さであることを理解したのだ。

岩石のたいへんな古さと、地中深くにいくにつれて年代が古くなることが発見されたことで、のちに科学者がさまざまな地層に見つかる化石を分析し、年代を推定できるようになる。また、これにおとらず重要だったことがある。化石化した生物の複雑さと、化石が見つかった地層の時間的順序の間の相関をスミスが発見したことが、進化論への道が敷かれる上で一役買ったという点だ。一八世紀末までにリンネ、キュヴィエ、ラマルク、スミスが成し遂げた発見と彼らが唱えた理論は、そのころまでに機が熟していた革命の先触れだった。そしてこの革命は、チャールズ・ダーウィンの手柄となる。

第3章　ダーウィンの飛躍的前進

科学の世界で洞察力や構想力のある人、いわゆるビジョナリーとしてダーウィンにひけをとらなかった博物学者トーマス・ヘンリー・ハクスレー（一八二五－一八九五）は、ダーウィンの『種の起源』を読んで叫んだ。「これを考えつかなかったなんて、おれは何と大ばかなんだ！」ハクスレーは、おおかたの同時代人よりダーウィンの理論の深みと含意をよく理解し、やがて、進化、適応、自然選択というダーウィンの考えが広く人々に受け入れられるうえで一役買うことになる。しかし、ダーウィンの本が一八五九年に初めて出版されたときには、進化はおおかたの人にとって、ばかげた考えのように思われた。進化論の主たる問題は、聖書の字義どおりの解釈と矛盾することだった。聖書によれば、天地創造で天と地、水、草木、動物がすべて神の定めによって生まれたあと、六日目に人間がつくられたとされていた。一方、科学は進歩し、毎年、自然について新たな発見が成し遂げられ、ダーウィンが、自分の理論を出版する用意を整えたとき――自分の考えを編み出してから二〇年以上のち――には、進化という概念は、口にはのぼらなくても、いろいろな人の頭の中に浮かびかけていた。

チャールズ・ロバート・ダーウィンは、一八〇九年二月一二日、イギリスのシュロップシャーの町シュルーズベリにある一族の家マウント・ハウスで生まれた。裕福な医師ロバート・ダーウィンと、陶器づくりで名高いウェッジウッド家からきた妻スザナ・ウェッジウッドの間にできた六人の子供の五番目だった。父方の祖父エラズマス・ダーウィンは、『ズーノミアあるいは有機的生命の法則』で、生物の進化についてラマルクの説に似た理論を唱えていた。この本は、あまり科学的ではなく、憶測に満ちていたが、進化の考えの萌芽を含んでいた。だが、あまり関心を呼ばなかった。チャールズが八つのときに母が死に、チャールズは寄宿学校に送られた。大きくなると、父親のように医師になりたいと思い、医学を学ぶためにエディンバラ大学に入学した。

ダーウィンは医学の勉強があまり好きでなく、外科手術は血なまぐさすぎた。大学の博物学協会に入り、そこで、なじみの薄い国々への旅の話を耳にした。ダーウィンは、自然科学の教授ロバート・エドマンド・グラントを通じて、進化についてのラマルクの考え、そして自らの祖父エラズマスの考えを知った。海洋哺乳動物についてのグラントの調査に参加し、カキの分析もした。さらに、地質学で支持を集めていた新しい概念を勉強し、層位学的分析と累層の年代測定について学んだ。

一八二七年にダーウィンは、神学を学ぶためにケンブリッジのクライスツ・カレッジに転学した。しかし、ここで大半の時間を、甲虫を収集したり、ウマに乗ったり、狩りをしたりして過ごした。博物学、地質学、植物学、それに神学の成績はたいへんよかった。卒業後、植物学の教授によって、英国海軍の測量艦ビーグル号の船長ロバート・フィッツロイのおともという無給の職に推薦された。この船は、南アメリカの海岸線を海図に記すため、二年にわたる遠征に乗り出すところで、博物学の対象である自然史をダーウィンがじかに知るまたとない機会になると教授は考えたのだ。実際にはビーグル号は、二年ではなく五年にわたって南アメリカを回ることになった。この旅によって、自然界に対する人々の見方は永久に変わることになる。

この長い航海の間中、ダーウィンはどの寄港地でも、陸に上がると長い時間を費やして、海図に記されていない海岸線を探検したり、地面を掘って化石を探したり、膨大な数の動植物の標本を収集したりした。その標本のかなりの部分は、ヨーロッパの科学者が知らないものだった。

ダーウィンは、チャールズ・ライエル（一七九七‐一八七五）が書いた影響力のある本、『地質学原理』を航海にもっていった。そしてこの本から示唆を受けた。この本では、地層の形成と、地層によって年代の推定がどのように可能かが説明されていた。これによって、そこに含まれる化石の種類が説明でき、複雑な生物は一般に上のほうの新しい地層で見つかるという観察結果の説明がついた。

ライエルの本は、自然の力、すなわち雨、洪水、風による浸食、火山活動の作用や、たいへん長い時間がたつうちにそれらが地形に及ぼす影響も説明していた。こうした力によって下のほうの層が表面に上がってきて、地形が変わることがありうる。これは、この若き博物学者にとって有益な情報だった。見つかったさまざまなものの正体を特定し、地球を支配する自然法則を説明するうえで助けになったのだ。

アルゼンチン南部のパタゴニアで、ダーウィンは貝が散らばっている階段状の平地を目にした。そして、ライエルの説明によって、自分が目にしているものは、実は何百万年もかけて地質学的な力によって、海面から上に押し上げられた浜辺だと理解した。チリでは、同様に地震の作用で丘の上に取り残されたムラサキガイの層を見つけた。また、絶滅した巨大な哺乳類の化石を見つけ、アルゼンチンでは、ダチョウに似ているが、もっと小さい南アメリカの飛ばない鳥であるレア（アメリカダチョウ）の種を二つ見つけた。この二つの種はなわばりが違ってはいたが、一部重なっていた。オーストラリアでは有袋類《ゆうたいるい》の美しさに驚嘆した。

しかし、ダーウィンにとって最高の天然の研究室となったのはガラパゴス諸島だった。そこで目にしたものから、進化についてのもっとも深い考えが生まれた。ダーウィンは、ある島のマネシツグミが別の島のものと違っているのに気づき、進化は場所によって別々の道をとるのかもしれないという考えを思いついた。また、カメやフィンチも別々の環境で異なる方向に働く進化の作用を反映して、島ごとに異なっているのに気づいた。

長い航海の間、ダーウィンはよく熱を出し、胃痛、動悸、震えに苦しんだ。まるまるひと月寝たきりで過ごさなければならないこともあった。こうした症状は、その後ずっとダーウィンを苦しめつづけ、時としてストレスのせいだとされた。熱帯病にかかったという説も唱えられている。それが、ストレスか、あるいはほかの原因で、その後の人生で再発しつづけたというのだ。

一八三六年一〇月二日、ビーグル号がイギリスに帰りつくと、ダーウィンの父とケンブリッジの教授たちがダーウィンの仕事を売り込んでくれた。ダーウィンは、科学調査の名の下に多くの知られざる場所に旅した博物学者として称えられ、評判になった。そのため、講演をし、自分の発見について発表をおこなわないかと誘われた。ダーウィンは、ケンブリッジでかつて教わった教授のうちの何人か、また、ほかの大学の研究者を説き伏せて、航海から持ち帰った数多くの標本を調べてもらった。化石はロンドンの王立医科大学で分析され、ダーウィンが持ち帰った骨のなかに、絶滅した巨大齧歯《げっし》類とナマケモノのものがあることが明らかになった。ダーウィンがロンドン動物学会に寄贈した多数の哺乳動物や鳥の剝製とともに、これらは科学界に大きな興奮を巻き起こした。

一八三七年、『地質学原理』の著書チャールズ・ライエルはロンドン地質学会の会長講演を、ダーウィンの挙げた成果を論じることに充てた。とくに、各地で、今その場所で歩き回っている現生動物に似た動物の化石が見つかった事実を論じた。この事実から、ダーウィンは、こうした動物は、時が過ぎるなかで進化によって出現したという理論を立てたのだ。ダーウィンは講演をつづけた。そして、そのかたわら、世間に広める用意ができていない考えをノートに書きためた。そこには、ガラパゴス諸島のさまざまなカメが一個の種から発生しており、その一個の種が、のちに、島ごとに異なる環境に適応しそれによって変異が生まれたという理論が含まれていた。

ダーウィンは、さまざまな業績により、一八三八年に地質学会の事務局長に選ばれた。やがてビーグル号による航海の間につけていた日誌を出版した。だがその前に、結婚しようと決めた。そこで、いとこのエマ・ウェッジウッドにプロポーズした。生き物の変容について自分がいだいている考え、つまり思いついたばかりの進化論をダーウィンが密かに話すと、エマは心配した。結婚しても、自分たちは死んだあと楽園で会うことを許されないかもしれないと思ったのだ。この若者の考えがキリスト教の信念に沿っていないのは明らかだったからである。ダーウィンは、エマの心配をやわらげるために手紙を書いた。エマは、安心していいと請け合うダーウィンの言葉を受け入れ、一八三九年一月に二人は結婚した。ダーウィンが、現存する世界一古い科学団体である王立協会の研究員《フェロー》に選ばれた何日かあとのことだった。

どちらの家族も裕福だったので、ダーウィンとエマは自分たちの暮らしについて心配しないですんだ。二人はのちに、ロンドンから遠くないケント州にあるダウンハウスに落ち着き、子供をおおぜいもうけた。一〇人のうち三人は幼くして死んだ。病に苦しむ者もいた。ダーウィン自身はまだ健康がすぐれないこともあり、田舎で長期間静養して治そうとした。

科学者として賞賛され、深く尊敬されていたダーウィンは、論争で自分の地位を危うくすることには気が進まなかった。だから、進化論には密かに取り組みつづけた。自分の考えが発表されたら、大きな論争が持ち上がることがわかっていたのだ。ダーウィンはケンブリッジ時代からイングランド国教会の宗教的権威者たちをよく知っていた。権威者たちは自分の理論を快く受け止めず、その理論と自分の信用を傷つけようとするだろう。生物の進化について、自分のいだいている危険な考えを広めても損をするだけだ。また、ほかにもイギリス社会のさまざまな層がこの考えに反対するだろう。社会の中で自らが占める位置に心地よさを感じている人たちは、自分が住む世界の体系を今や、本質的に流動しているものと見なしていいとなれば、居心地の悪さを覚えるだろう。

ダーウィンの考えは、ある面ではスコットランドのすぐれた地質学者ロデリック・マーチソン（一七九二－一八七一）の影響を受けていた。地球の歴史にはいくつかの時代があったとマーチソンは考えていた。まず、生物がいない時代があった。つづいて無脊椎動物の時代、それから魚の時代、そして爬虫類の時代、次に哺乳類の時代、最後に人間の時代がきた。この説は地質年代の一般概念をもたらした。今やダーウィンは、ライエルとマーチソンの仕事に基づき、地球の歴史はたいへん古いと考えていた。地球は、何十億年も前から、こうしたさまざまな時代を経てきたのであり、生命はそうした時代を通じて進化してきたのだ。

現在、普通に見られる状態が現れるのに、たいへん長い時間がかかるとダーウィンが考えるようになっていったことが、ノートからははっきりわかる。大地に、たいへんゆっくり侵蝕作用が働くのと同じく、生命体の中では、ほとんど知覚できないほどゆっくりした変化が起こっているとダーウィンは考えた。生物に起こっているそうした変化は、たいへん長い時間が過ぎるなかで初めて明白になる。こうしてダーウィンにとって、地質学は生物の変化のモデルになった。ある意味で、岩石と動物は時の流れの中で類似した変容を遂げているのだ。

時の流れの中で生き物にこのような変化が起こるメカニズムは、自然選択と適者生存だった。生物は進化する。何らかの種に属する個体のうち、環境にとりわけ適応しているものが数多く生き残り、自然によって選択されて、環境にそれほど適応していない生物より頻繁に、効果的に子孫をつくる。

時が過ぎるうちに、よく適応している生命体が生き残り、優勢になる。

分析をおこなうのにダーウィンは、まず、五年にわたるビーグル号の旅でおこなった観察から導き出した数多くの事実を寄せ集めた。自分のデータを植物学者、動物学者、地質学者が調べた結果も含めた。ウマ、イヌなどの動物の育種家《ブリーダー》と話し、動物が生まれ、子供をつくり、死んで世代を重ねていくなかで、どんな変化が起こるかを学んだ。そうして自分の進化論を組み立てていった。ラマルクや、祖父エラズマスは、自分の説を裏づけるのに必要なデータなしで進化の体系を構築しようと試みて、あざ笑われたり、まともに相手にされなかったりした。そのためダーウィンは、あらゆる細かい点に注意を払い、その可能性を避けようとした。

ずっとのち（一八七七年）に回想しているところによれば、ダーウィンは、ビーグル号に乗っていたときには、まだ「種の永遠性」を信じていたが、新たにさまざまなものを観察して心の中に疑いが忍び込んできたという。一八三六年の秋に国に戻ると、こう書いている。「私は、ただちに、自分の日誌を出版する準備をはじめた。それから、さまざまな種に共通の祖先があったことをどれだけ多くの事実が示唆しているかに気づき、一八三七年七月にノートを開いて、この問題にかかわりがあるかもしれない事実をことごとく記録した。しかし、種が変化しうると確信するようになったのは、二、三年が経過してからのことだったと思う」

一八三八年、トーマス・マルサスの『人口論』を読んだあと、ダーウィンは人口がどのように増えるのかについて真剣に考えはじめた。そのことも助けになって、進化の鍵となる原理、自然選択を思いついた。一八四二年までには自分の考えを書き記していた。そして、出版することを考えはじめていただろう。しかし、自分の理論がどう受け止められるかをまだ懸念していて、出版にしりごみし、計画は立ち往生してしまった。

ダーウィンは、自分に競争相手がいることに気づいていなかった。その競争相手、イギリスの博物学者アルフレッド・ラッセル・ウォーレス（一八二三‐一九一三）は、一八五五年に「新しい種の導入を制御してきた法則について」と題された論文を発表した。そこには、ダーウィンの考えに似た進化論についての考えが述べられていた。ウォーレスは一八五八年の初めごろに、マラリアにかかってマレー群島のモルッカ諸島で寝たきりになっていたときに、自然選択による進化についての考えを述べた手紙をダーウィンに送ることまでした。ほかのだれかが、進化論を発見した手柄を認められようとしていると知ると、ダーウィンはついに自分の考えを発表することを決意した。進化を扱ったダーウィンの本『自然選択による種の起源、あるいは生存競争における有利な種の保存』は、一八五九年一一月二四日に刷り上った。ダーウィンは、その二〇年前に書きはじめたノートをもっており、進化論を考えついた最初の人間が自分であることを、それによって証明できた。しかしダーウィンは、ウォーレスの論文を受け取ったあと友人たちに急きたてられて、すでに一八五八年に、ロンドンのリンネ学会でウォーレスとの共同発表の形で自らの理論を発表した。

『種の起源』に述べられたダーウィンの進化論には、鍵となる要素がいくつかあった。まず時間と変化の要素である。生物界は、変わりゆく世界だ。種は、時がたつうちに変化し、新たな種が進化によって出現する一方、さまざまな種が滅びるのである。ダーウィンによれば、進化はゆっくりとした連続的な現象だ。種がどのように進化するのかについての詳細な点では、今日では異なる解釈がある（進化の進み方は、ダーウィンが想像したより速いかもしれない）。

同じくダーウィンの理論の鍵となる要素に、共通の祖先がある。すべての哺乳動物に共通する祖先がおり、同様にすべての鳥、すべての爬虫類に共通する祖先がいるという具合だ。植物も動物も、地球上の生き物全部に共通する祖先がいるかもしれない。

さらに、進化は自然選択によって推し進められる。生物集団の中で、環境にもっともよく適応しているという意味で、もっとも優れた特徴を備えている個体は――食べ物と住処《すみか》や、つがいの相手を見つけたり、捕食者を避けたりするのが、ほかの個体よりうまい――より多く生殖をおこなう傾向があり、その有利な特徴は子孫に伝わる。この世では何もかもが一時的なものにすぎず、世代は移り変わり、子孫は自然選択の強力なメカニズムを通して、祖先とは異なるものになる。現在はいわば過去の博物館だが、不完全な博物館だ。私たちが見ることのできるものしかないのである。いわば「偶然見つかるものの貧弱なコレクション」なのだ。ダーウィンによれば私たちは、永続する本質（同一性）という観念を棄て、「自然の産物の一つ一つを、歴史をもつものと見なさ」なければならない。ダーウィンの考えを人類に当てはめると、私たちも時の流れの中で移り変わっていくのであり、過去とのかかわりの中で眺めて初めて、種として理解できるのだ。

さらに、もう一つダーウィンの理論の重要な要素として、どの生物集団も、それに属する個体の特徴に自然なばらつきがあるという考えがある。自然選択では、この統計的なばらつきの中で、その集団がその時点で棲んでいる環境に、もっとも適応した個体が有利になる。気候変動や、新たな地域への移住でひとたび環境が変化すると、同じように、この新たな条件にもっとも適応した個体が生き残って子供をつくり、統計的に見て適応した子孫を残す。

ダーウィンの『種の起源』には、一個体の生存を超える考えが含まれていた。「生存競争」という表現を、「ある個体の別の個体への依存を含み、（さらに重要なことだが）個体の生命だけでなく、子孫を残すうえでの成功を含む広い比喩的な意味」で用いているとダーウィンは書いている。

進化が個体から社会、さらに種、あるいは、いくつかの種の集まりへと――さらには、一個の巨大有機体として見た地球全体にまで――広がるかもしれないという考えは、二〇世紀に取り上げられることになる。それをおこなうのがピエール・テイヤール・ド・シャルダンだ。テイヤールは、ダーウィンが述べた進化の発想を地球全体に広げ、さらに高い霊的な領域にまで押し上げた。そしてダーウィンと同じく強く批判され、自分の考えを述べたことと引き換えに高い代償を払うことになる。

一八五九年に『種の起源』が世に出たことで、ヒトがどのように発生したのかについて憶測が盛んになった。それとともに、さらに重要なことだが、このプロセスを説明する理論的な枠組みが示された。頭蓋骨の形も骨格もヒトと大きく異なるにもかかわらず、ヒトの一種のように思われる化石が、のちにドイツ、フランス、スペインで発見されたとき、科学には、それらを解釈する理論的な枠組みがすでにあった。

ダーウィンが長年恐れていた論争は実際に勃発した。そして今日までつづいている。ダーウィンの本が世に出てから七カ月後の一八六〇年六月三〇日、オックスフォード大学で「大討論会」が開かれた。人類の進化をめぐるこの重大な対決は、オックスフォードの司教サミュエル・ウィルバーフォースと、当時ロンドンの王立鉱山学校の教授だったトーマス・ヘンリー・ハクスレーの間でおこなわれた。ある立会人は、ハクスレーをこう描写している。「細身で背が高く、いかめしくて青白い顔をし、たいへん静かで、たいへん重々しく、私たちの前に立ち、恐るべき言葉を語った。どんな言葉だったか、今ではだれにも定かでないし、話されたすぐあとでも思い出せなかった。その意味するところに、息が止まるほど驚いたからだ」

人間はアダムとイヴの創造という神の御業《みわざ》によって生まれたのではなく、サル、あるいはその祖先の子孫ではないか。この示唆に、イングランド国教会の多くの人とともにウィルバーフォース司教もぞっとした。自分のことを「ダーウィンのブルドッグ」と言うほど進化論の熱烈な支持者であるハクスレーと会う前に、ウィルバーフォース司教は、リチャード・オーウェンからコーチを受けていた。

名高い科学者であるオーウェンは、創造説を固く信じていたが、進化論者の議論にも親しんでいた。オーウェンとハクスレーは、それまでも進化論と創造説との論争の主役だったし、そのあとも主役でありつづけることになる。

討論はウィルバーフォースによる進化論と創造説についての長いスピーチではじまった。その終わりに、ウィルバーフォースはハクスレーのほうを向いて、嘲笑を誘うことを意図した質問をした。われわれがみなサルの子孫だとしたら、ハクスレーは母方と父方のどちらの祖先がサルなのかと。

この質問を耳にして、ハクスレーは隣の人のほうを向いて、ささやいたと伝えられている。「主《しゅ》は司教をこちらの思うつぼにはまらせてくれましたよ」それからハクスレーは立ち上がり、ウィルバーフォースに返答した。自分の祖先を恥じはしないと言ったのだ。ただ、「真理を隠してしまうのに大きな才能を用いる人と縁つづきなのが恥ずかしい」だけだと。その場にいた者すべてにとって明らかだったが、ハクスレーは、心得違いの司教よりサルと親戚であるほうがいいと言っていたのだ。聴衆はその大胆さにあっけにとられ、つづいて大騒ぎになった。ある目撃者はこう伝えている。「だれも、ハクスレーが本気なのを疑わず、その効果は途方もなかった。あるご婦人は気絶して運び出されるはめになったし、私は椅子から跳び上がってしまった」

何年、何十年かにわたって、この論争は広がり、また激化することになる。ヒト科化石の発見は、おおよそダーウィンのころにはじまり、数を増しながら今世紀にいたるまでつづいており、この論争に重要な材料を加えている。遺伝学や分子生物学の新展開も同様だ。

ダーウィニズムとともに、ヒトとサルをつなぐ「ミッシング・リンク」の概念が現れた。ダーウィンは、直接にヒトの進化を扱うことは『種の起源』では注意深く避け、一八七一年に出版された『人間の由来と性淘汰』で初めて扱った。

一八七七年に、ダーウィンはケンブリッジ大学から名誉学位を授けられた。学生たちは、いたずらを仕掛けた。授与式がまさにはじまろうとしているとき、聴衆の頭上に張ったひもでサルの操り人形を出してきたのだ。大騒ぎになった。サルにつづいて、リボンで巻かれたリングが現れた。このリングは、「ミッシング・リンク」のつもりだった。

進化が力を発揮するのは、時の流れの中で安定している傾向がある大きな生物集団の中でではなく、新しい種が形成される種分化（種形成）を通してであることを、今日私たちは理解している。これが作用するのは普通、かつて大きな集団の一部だったが、そこから分離し、親集団の領域から離れている小さな下位集団だ。新たな環境で親集団から孤立した小さなグループには、進化を引き起こす適応と自然選択の力が働き、比較的短い時間、すなわち、数千年という地質学的にはほんの一瞬でしかない時間で遺伝子変化を引き起こす。この孤立した集団の中で、新たな環境にもっともうまく適応している個体は、ほかのものより効果的に生殖をおこない、そうした適応を遂げた子供をつくる。この作用を通して、私たちがホモ・ハイデルベルゲンシス（*Homo heidelbergensis*）と呼ぶ種（アフリカでも発見され、またヨーロッパでもドイツの都市ハイデルベルクの近くで発見され、数十万年前にさかのぼるとされているもの）に属するヒト科のグループが祖先の地アフリカを離れ、ずっと寒いヨーロッパ、すなわち氷河時代に大部分が氷河と雪、永久凍土におおわれていた土地に移った。進化の力が数十万年前にこの集団に作用して、寒い気候に比類ない適応を遂げたヒト科の新しい種が出現した。その種こそネアンデルタール人、ホモ・ネアンデルタレンシスだ。

第4章　石器と洞窟芸術

歴史を通して人々は、明らかに人の手が加わった化石や奇妙な石を発見してきた。大きな岩からはぎとられ、整然と全体を削り、鋭く固い刃状にしたものだ。手を加えられたこのような石は、実は、人類などのヒト科生物が狩りや皮はぎや動物の解体に用いた先史時代のさまざまな道具であり、たいへん数多く見つかっている。こうした化石や石の道具は発掘現場や洞窟で発見されており、地面に散らばっていることもある。自然の力で太古の層が下から地表に持ち上げられることがあるからだ。

ヒトの起源が太古にさかのぼることを示唆する発見として記録されている最初の事例は、一七九〇年のものだ。この年、イングランドの農民ジョン・フリアが、サフォーク州ホクスンにある砂利採取場で、絶滅した動物の化石とともに、鋭い石器を見つけたのだ。フリアは、その動物たちはたいへん古いものであり、道具があるのだから、かつてその太古の動物たちと同時代に人間がこの地域に住んでいたのだと理解した。そしてのちに、その石器について述べた論文を発表し、それらをつくった人々は「金属を用いていなかった」と述べた。しかし、フリアによる発見と論文はおおむね無視された。

同様に、遠い昔に人類などのヒト科生物が地球上に住んでいた証拠と見なされるべき遺跡が、一九世紀の初めごろにあちこちで見つかった。それらの遺跡では、絶滅した動物の化石に、ヒト科生物の骨や石器が混じっていたのだ。しかし、どの遺跡も、そうとは認識されなかった。発見された化石は、一万年以上前に生きた先史時代の解剖学的現生人類と、今では絶滅しているネアンデルタール人のものだった。後者は、現生人類とは別個の人類の種だと今日ではわかっている種である。ネアンデルタール人の化石には、一八二九年から三〇年にかけてベルギーのエンギス洞窟で発見された頭蓋骨の断片が含まれていた。これは今では、三歳くらいのネアンデルタール人の子供のものだとわかっている。それから、ジブラルタル海峡に臨む先史時代の岩陰遺跡（岩窟住居の跡）であるフォーブズ採石場で一八四八年に発見された奇妙な形をした頭蓋骨があり、これも今日では、ネアンデルタール人の成人女性のものとわかっている。

大発見は一八五六年八月に成し遂げられた。それは、古人類学の誕生を告げ、ヒト科に属しながら私たちとあまり似ていない種が、かつて地球に棲息していたという理解につながった。この記念碑的発見により、人類の進化の理論の最初の確固たる証拠がもたらされた。それは、ドイツの、緑におおわれた牧歌的なネアンデル渓谷（ドイツ語でネアンデルタール）を見下ろす石灰岩の石切り場で見つかった。

その石切り場には、川を見下ろす険しい尾根の上に洞窟が一つ、たどりつくのがむずかしいため利用されないままで残っていた。しかし、ついに、そこが利用される時がきたのだ。作業員たちがロープで尾根を登り、狭い洞窟に入って爆発物を仕掛けると、現場監督は爆破の命令を出した。

爆風で舞い上がったほこりが落ちてしまうと、作業員たちは瓦礫《がれき》をどける仕事に取りかかった。シャベルの一つが思いがけず固いものの表面に当たり、それを調べた作業員たちは頭蓋骨を目にした。その後ろの遠くないところから恥骨《ちこつ》と大腿骨《だいたいこつ》が見つかった。現場監督はこれらはクマの遺骨だと見なした。彼は、たまたま地元の高校教師ヨハン・カール・フールロットを知っていた。この人はアマチュア博物学者で、ボン大学で自然科学を学んでいた。しばらくのちに仕事が終わると、現場監督はフールロット博士に連絡し、博士のために取っておいたクマの骨があるから取りに来ないかと誘った。博士は戦利品を受け取りにやってきた。

フールロットは、自分が手にしている化石化した骨が、クマのものでないことがわかるくらいには、解剖学を知っていた。それらはヒトのもののように見えた。が、ヒトそっくりではなかった。頭蓋骨は現生人類より細長く、てっぺんが平らだった。フールロットは興奮しながら、遺骨はヒトの祖先、つまり現生人類と区別されるが、似ている生物のものだという結論を下した。それは、今では絶滅してしまっている人類の古い種だったにちがいないというのだ。

初め、だれもフールロットの説を信じなかった。奇妙な形をした化石をめぐって、さまざまな解剖学者が議論を展開した。ドイツのある教授は、これらは、ナポレオン戦争で戦って傷を負い、夜露をしのぐために洞窟に入ってそのまま死んでしまったコサック兵の遺骨だと考えた。フランスのある科学者は、遺骨は、頭蓋骨がゆがんだケルト人のものだと考えた。またある専門家は、これらは発達の遅れた現生人類の骨だと考えた。ネアンデルタールでの発見は、次第に忘れられようとしていた。

フールロットは、自分の解釈の正しさを確認しようと意気込んで、ボン大学の解剖学の教授ヘルマン・シャフハウゼン博士に相談した。シャフハウゼンは、この化石は古い形の人類のものだというフールロットの見立てに賛成し、この化石とその重要性について共同声明を出すことを承知した。声明を出したあと、フールロットとシャフハウゼンは批判された。二人の解釈は、人は神が創造したという、聖書に書かれた教義に反するものと見なされたのだ。

今日では、先に述べたとおり、一八四八年にジブラルタルで見つかった骨が女性のネアンデルタール人のものであること、また、一八二九年から三〇年にかけてエンギスで発見された子供の頭蓋骨もネアンデルタール人であることがわかっている。この種は、およそ三〇万年前から三万年前まで生きた。そして謎の消滅を遂げた。このヒト科生物は、おもにヨーロッパに住んでいたが、限られた期間、西アジアの各地にも住んでいた。

一八六四年、アイルランドの解剖学者ウィリアム・キングが科学上の大きな前進を遂げ、こうした化石がすべて属する種をホモ・ネアンデルタレンシス（*Homo neanderthalensis*）と名づけた。この学名は、ネアンデルタール人が、私たちと同じ属、ホモ（ヒト属）に属しながら、別個の種をなしていることを意味していた。

つづいて、あちこちで化石が発見され、ヒト科に属するこの新たに命名された種のものと特定された。一八八六年にベルギーのスピー、一八九九年から一九〇六年までの間にクロアチアのクラピナ、一九〇八年に再びドイツ、このときはエーリングスドルフの近くで化石が見つかった。一九〇八年から一九一四年までにフランスで、また一九二四年から一九二六年にかけてクリミアで多くの発見があった。さらに一九二九年から始まったイスラエルのカルメルと西ガリラヤの洞窟での調査でネアンデルタール人に関する重要な発見があった。ケンブリッジで教授職に就いた最初の女性である著名なイギリスの先史学者ドロシー・ギャロッド（一八九二‐一九六八）のチームが、タブン洞窟で発掘をおこなったのだ。ギャロッドによる発見で、タブンをはじめとする洞窟が破壊から救われた。イギリスが置いた委任統治政府は、カルメル山のワディ・エル・ムガラの崖をハイファの港を築くための巨大な石切り場に変えたいと思っていたからだ。また一九三〇年代にイタリアとウズベキスタンで、一九五〇年代にイラクのシャニダルで発見があった。

シャニダルで見つかった化石骨格はとくに興味深い。埋葬されたと思われたこの骨格とともに、科学者たちが大量の花粉の残存物を発見したのだ。そこから科学者たちは、遺体が埋められたときにいっしょに花が置かれたのであり、ネアンデルタール人には信仰に似た何か、少なくとも、死者を象徴《シンボル》によって記憶する営みがあったという仮説を立てた。

ネアンデルタール人はアフリカや東アジアでは見つかっていない。ネアンデルタール人は、氷河時代のヨーロッパの寒冷な気候に適応していた。そのずんぐりした体は、現生人類の体よりずっとよく熱を保存したし、大きくて突き出ただんご鼻には、凍るような空気を、肺に入れる前に温めるという目的があった。手足は太く、骨の化石は、筋肉組織が重かった形跡を示している。その暮らしには、きわめて激しい肉体的活動がともなった。すねの骨は、現生人類のすねの骨が耐えられるレベルの三倍の圧力に耐えることが示されている。ひざとくるぶしは私たちのものより大きく、ずっと強かった。

この人々は、氷におおわれたヨーロッパと西アジアの寒冷な気候条件のもとで暮らし、狩りをした。狩りをしたり動物を殺して解体したりするために製作した石器を用いた。ヨーロッパの氷河時代の寒冷な気候が、寒さに適応した体にさえ過酷すぎるようになって初めて、ネアンデルタール人はイスラエルやイラクに南下し、暖かい中東には一時的に住んだだけだという仮説を立てた科学者もいる。

これまでのところ、ネアンデルタール人の棲息範囲全体で、五〇〇体分以上の化石が発見されている。発見されたもののなかには、骨や骨格の一部、頭蓋骨、またはその一部があるし、時にはほぼ完全な骨格の化石もあった。こうした骨とともに石器が何十万個も見つかっている。ネアンデルタール人は平均して私たちより脳が大きかった。現生人類の平均頭蓋容量はおよそ一四〇〇cc。ネアンデルタール人の脳は平均して一五〇〇ccだった。それにしても、その知能は私たちの祖先である解剖学的現生人類とくらべていかなるものだったのか。そして、ともにヒト科に属するこの二つの種の関係はいかなるものだったのか。

一八六三年に、フランスのペリゴール（ドルドーニュ）地方を流れるヴェゼール川の川沿いで、ラ・マドレーヌと呼ばれる中世の岩窟住居の下から、ヒトや動物の化石とともに多数の石器が見つかった。この思いがけない先史時代の遺物の発見は、岩でできた八世紀の住まいを考古学者が発掘していたときに成し遂げられたもので、これにより、科学者は新しい概念として、マドレーヌ文化を定義した。地名にちなんで名づけられたこの石器時代の文化は、およそ一万八〇〇〇年前から一万一〇〇〇年前までつづいたと考えられている。これらさまざまな道具をつくった人々はネアンデルタール人ではなく、解剖学的現生人類だった。先史時代のこのヨーロッパ人たちは、今ではクロマニョン人と呼ばれている。この名前は、ラ・マドレーヌから遠くない、やはりヴェゼール渓谷にあるレゼジー・ドゥ・タヤック村の近くのクロマニョン洞窟で、一八六八年に彼らの遺物が発見されたことにちなんだものだ。

クロマニョン人は、およそ四万年前から一万年前まで生きていた。クロマニョン人の先史時代の共同体は、やがて初期の農耕社会に取って代わられる。ネアンデルタール人が独自の種、ホモ・ネアンデルタレンシスをなしていたのと違い、クロマニョン人は私たちと同じ種、ホモ・サピエンスに属していた。形態上、私たちとまったく変わらないクロマニョン人には、おとがいがあった（ネアンデルタール人にはなかった。ネアンデルタール人の下あごは、おとがいを形づくる出っ張りが欠けていた）。だから、少なくとも理論上は、言葉を話す潜在的可能性があった。クロマニョン人は言語をもっていたのか。何種類か言語があったのか。また、シンボルによってものを考える能力を備えていたのか。言語をもっていたとしても、その名残だとわかっている言語はない（ただし、インド・ヨーロッパ語ではないバスク語のおおもとは氷河時代にあると考える科学者もいる）。しかし、クロマニョン人が象徴的思考をおこなっていた感嘆すべき証拠がある。

アルタミラ（「高い見張り台」）は、スペイン北部のサンタンデルに近い大西洋岸から数キロのところにある。一八七五年、スペインの博物学者にしてアマチュア考古学者のマルセリーノ・サンス・デ・サウトゥオラは、その近くに洞窟があることを、あるヒツジ飼いから教えられた。彼は先史時代に興味をいだいていて、洞窟を訪れて人工遺物をいくつか目にしたが、注目に値するものはなかった。しかしそれから三年後、パリの万国博覧会に行って想像に火を点けられた。サンス・デ・サウトゥオラは、ラ・マドレーヌから発掘された先史時代の遺物をそこで目にした。そして、アルタミラの洞窟で目にしたもののなかに、それらと似たものがあったのだ。サンス・デ・サウトゥオラは再びアルタミラを調査した。大量の洞窟芸術を発見したのは、そのときだ。洞窟の天井に黄、赤、黒の顔料でバイソン、ウマ、シカの姿が描かれていたのである。

それからというもの、石器時代の芸術が残された洞窟が数多く発見されてきた。フランスには多数あり、ペリゴールにもピレネーやアルデシュにもある。そのなかには、一九四〇年に見つかったラスコー洞窟と、一九九四年に見つかったショーヴェ洞窟も含まれている。どちらも、相当な量のきわめて重要な芸術作品で、クロマニョン人のものの考え方を知る手がかりをもたらしてくれる。ただ、この芸術の背後にあるものは、かなりの部分が謎のままだ。バイソン、ウマ、ヘラジカ、トナカイを赤と黒で描いた息をのむような絵に混じって、意味が解読されていないシンボルが繰り返し描かれている。壁か天井に色彩画が描かれていたり、壁に彫り物があったり、中に小彫像が見つかるというように、何らかの装飾があることが知られている洞窟は、フランスだけで二〇〇カ所を超える。

若き古生物学者として、ピエール・テイヤール・ド・シャルダンは多くの洞窟を訪れ、そこで見つかった人工遺物を調べた。親しい友人で、やはり先史学の教授であるカトリックの司祭アンリ・ブルイユ神父（一八七七‐一九六一）は、洞窟芸術の研究へのとりわけ重要な貢献に数えられる仕事をした。そのなかには、ラスコーで見つかった絵の年代が古いものであることの証明が含まれていた。ブルイユは一九〇一年にこのような仕事をはじめ、同じ年にペリゴールのフォン・ド・ゴーム洞窟とピレネーのマス・ダジール洞窟でほかの人と共同で壁画を発見した。そして先史時代の芸術の研究をつづけ、この分野の専門家として、フランスの重要な洞窟の大半について、見つかった絵画と人工遺物の年代を確認した。また、生涯にわたり、フランスとスペインで見つかった絵の大半を手で写して発表した。

ヨーロッパの洞窟芸術を生みだした解剖学的現生人類は、疑いなくシンボルによってものを考えることができた。洞窟芸術がその証拠だ。この芸術の題材はほとんど常に動物で、線画は特定の様式をもち、何千年にもわたり、また地域全体にわたって繰り返し現れる。もっともよく描かれる動物はバイソンだ。バイソンは氷河時代のヨーロッパに豊富にいた。バイソンの絵にはしばしばこんな記号が添えられている。

数多く描かれている動物としては、ほかに、ウマ、トナカイ、マンモスがいる。ライオン、サイ、ホラアナグマ、魚、オオカミ、アイベックスなどは、これらほど頻繁には描かれていない。鳥が描かれることはごくまれで、風景と認められるものはまったくない。漠然とした、人間らしい像はいくつかあるが、人間の姿を細かく描いたものはない。一方、動物は木炭で細かく描かれている。しかし、

動物はそれぞれ、見たところ土地と何の関連もない。しばしば動物の絵は重ね合わされている。たとえばバイソンがウマの上に重ね合わされ、尻尾など何らかの部分を共有していることがあるのだ。

おおかたの洞窟芸術にシンボルがともなっている。フランスのピレネーのガルガ洞窟には、いろいろな形をとった人の手を色彩を用いて描いた絵が一五〇〇点以上あり、言語を連想させて興味をそそる。放射性炭素年代測定で二万七〇〇〇年前のものと特定されている。先史時代のシンボルとしては、ほかに点の列があり、これは多くの洞窟でしばしば入り口近くに見られる。

また、やはり繰り返し現れるシンボルに線の対がある。

シンボルの意味や、特殊な性格を帯びた大量の洞窟芸術の目的は、だれにもわかっていない。動物やシンボルには宗教的な目的があったのか。一種のコミュニケーションか。芸術のための芸術か。部族のなわばりの境界を示すものか。こうした謎を解いたと二〇〇一年にドイツのある研究者が主張した。ラスコーの点は月の満ち欠けを意味するというのだ。この研究者は点を数えて二九個あるのを確かめ、このパターンは二九日周期の月の満ち欠けを意味しているという仮説を立てた。しかし、ラスコーだけでも点には多くのパターンがあり、どの点を数えればいいのかはっきりしない。それに、先史時代の洞窟に見つかる点のパターンには、点の数が二九でないものも数多くある。だから、壮麗な先史時代の洞窟芸術がもつ意味は謎のままだ。

普通、大量の芸術が残されている洞窟には、人間が居住していた形跡はほかに見つかっていない。化石も石器も動物の骨も、動物を料理したり食べたりした形跡も、殺して解体した形跡もない。芸術そのもののほかに、人がそこにいた形跡は、動物の脂を燃料に石のろうそくを燃やして残った炭素だけだ。クロマニョン人は、芸術を創造しているときに洞窟を照らすのにこれを用いたらしい。多くの芸術が残されている洞窟は、日常生活には使われなかった。絵は、洞窟のもっとも奥の、近寄りにくい部分に隠されることがよくあった。フランス、ピレネー地方のニオー洞窟の場合、「黒いサロン」と呼ばれる第一の線画群は、大洞穴を八〇〇メートルほど入ったところにある。そのため、この洞窟に残る落書きからわかるように、入り口に近い部分はすでに一六〇二年に発見されていたのに、線画

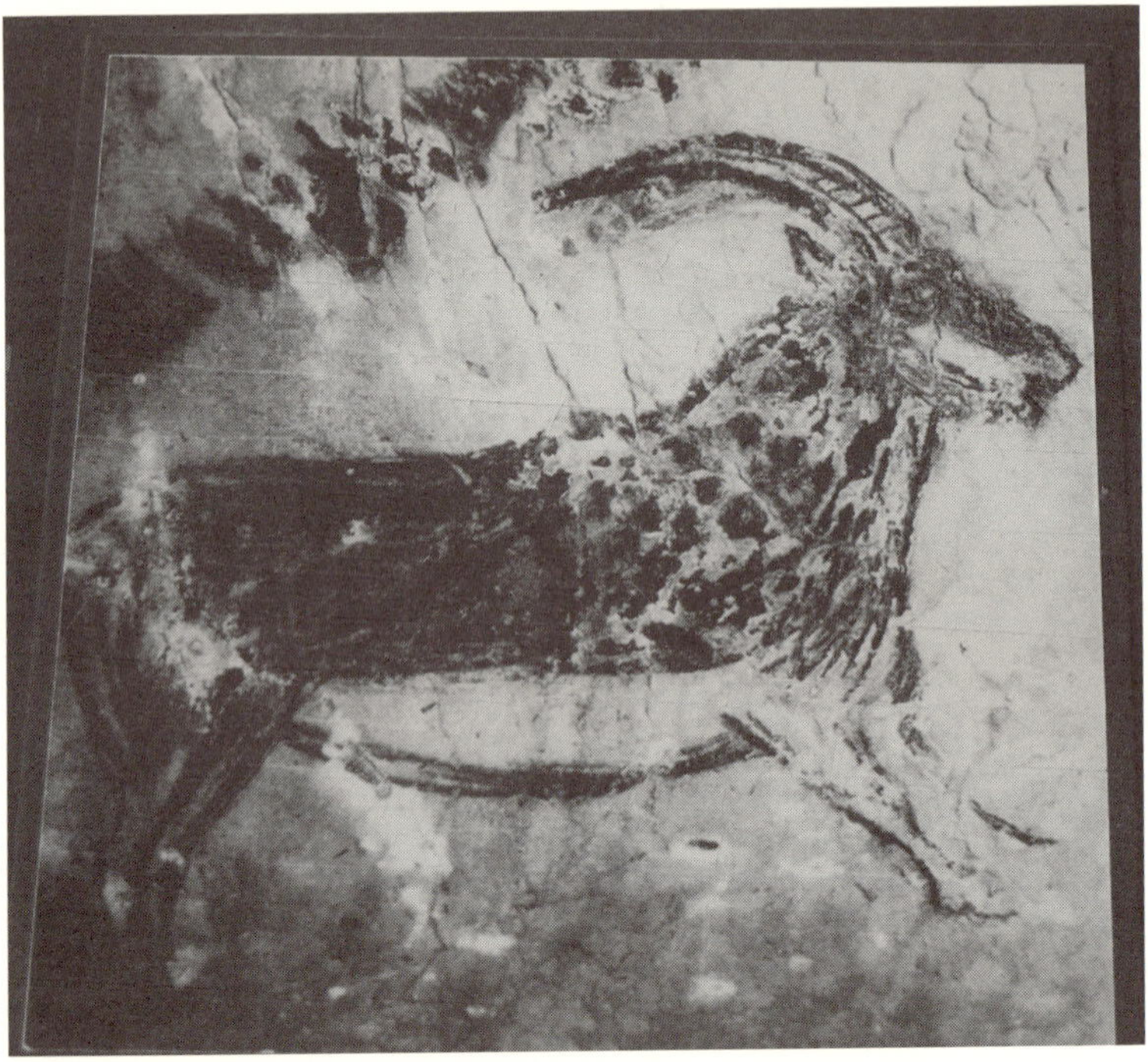

マドレーヌ期（およそ１万5000年前）にフランスのニオー洞窟に描かれたアイベックスの絵（Conseil Général Ariège Pyrénées　デブラ・G・アクゼル撮影）。

が初めて目にされたのは、それから三〇〇年のちのことになったのだ。一九〇六年九月二一日、ポールとジュールのモラール兄弟と二人の父親が、バイソンとウマ数頭とアイベックス一頭を描いた驚嘆すべき線画を見つけた。そしてのちに、線画が先史時代のものであることをブルイユ神父に確かめてもらった。この芸術作品の作者たちは、自分たちの線画を隠すことを目指した。そして成功したのだ。

確かなことはだれにもわからないが、芸術が残された洞窟が、化石が見つかった洞窟に近接していることから、洞窟芸術はすべてクロマニョン人の手になるものだと考えられている。ネアンデルタール人の手になるものはないとされている。しかし、石器はどちらの種も製作しており、どちらの石器もほぼ同じ形態だ。それぞれに特有の型のものは、それぞれが属していたと見られる石器時代文化による。この文化はムスティエ文化と名づけられた。ヴェゼール渓谷のラ・マドレーヌから北東に約四・八キロ離れた、こうした道具が見つかった岩陰遺跡に近いフランスの村ル・ムスティエにちなんだ名だ。この文化は二五万年前から四万年前までつづいた。

ムスティエ文化の前にもあとにも、ほかの石器文化があった。そうした文化に属する道具は形や大きさに特徴がある。道具はアフリカやヨーロッパ、アジアでも見つかり、そのなかには握斧《ハンドアックス》、掻器《スクレーパー》、尖頭器《ポイント》が含まれる。そうした石器文化には、一万八〇〇〇年前から一万一〇〇〇年前までのマドレーヌ文化、一五〇万年前からおよそ二〇万年前までのアシュール文化、オルドゥヴァイ渓谷にちなんで名づけられた、二五〇万年も前にアフリカではじまった、もっとも古い石器文化であるオルドゥヴァイ文化がある。ムスティエ文化とマドレーヌ文化の間には、およそ四万年前のシャテルペロン文化、三万六五〇〇年前から二万八〇〇〇年前までのオーリニャック文化、二万八〇〇〇年前から二万二〇〇〇年前までのグラヴェット文化、二万二〇〇〇年前から一万八〇〇〇年前までのソリュートレ文化がある（ここに挙げた推定値も含め、本書で挙げている推定値はすべておおよその値で、最新の科学的推定に基づいている。二九四頁の「付録1」参照）。

繰り返しになるが、クロマニョン人とネアンデルタール人の関係はどんなものだったのか。ネアンデルタール人とクロマニョン人が同じころ、それもほんの三万年前に同じ地域で暮らしていた確かな証拠がある。しかしネアンデルタール人は絶滅し、クロマニョン人は栄え、現生人類を生み出した。私たちの祖先であるクロマニョン人が、暴力か、もしくは資源をめぐる熾烈な競争のいずれかによってネアンデルタール人を絶滅に追いやったと考える科学者もいる。解剖学的現生人類がこのようにネアンデルタール人に取って代わったのは、あとで見るように、ヨーロッパで比較的短い期間に起こったことだった。

ネアンデルタール人の祖先は、何十万年か前にアフリカを離れてユーラシア大陸に移ったと考えられている。ネアンデルタール人と現生人類は遠い昔に枝分かれし、異なる進化の道を歩みはじめたと科学者は考えている。

ところが、ずっと古いアタプエルカの化石がある。スペイン北部の都市ブルゴスに近い、この町の洞窟で見つかった化石のことが、初めて地元の新聞に書かれたのは一八六三年のことだった。以来、アタプエルカの洞窟遺跡群は詳しく研究されており、二〇世紀の終わりごろには、さまざまな発掘事業により、八〇万年前のものとされるヒト科の化石が見つかった。このヒト科生物はホモ・アンテセッソル（*Homo antecessor*、先駆者である人間）と名づけられた。ここではヒト科の遺物として、ほかにもホモ・ハイデルベルゲンシスのものが見つかり、これは、ネアンデルタール人と、もっと古いヒト科生物であるホモ・エレクトゥス（北京人とジャワ原人が属する種）の両方の特徴を示している。アタプエルカのヒト科生物はホモ・エレクトゥスとネアンデルタール人の中間であり、ネアンデルタ

ムスティエ型の石斧（Musée Nationale de Préhistoire, Les Eyzies-de-Tayac。デブラ・G・アクゼル撮影）。

ール人の直接の祖先だと考えられている。

解剖学的現生人類は、およそ一五万年前から一〇万年前にアフリカの外に出たのだろう。この人々は、少なくとも九万二〇〇〇年前には、イスラエルのカフゼー洞窟やその他の場所に住んでいた。そしておよそ四万年前にヨーロッパに進出し、そこで、長ければ一万年にわたってネアンデルタール人と共存した。

ドロシー・ギャロッドは、一九二九年にカルメル山麓のタブン洞窟で発掘をおこなったとき、ヨーロッパのムスティエ文化のものに似た石器を発見した。それらは、きわめて密接にネアンデルタール人と結びついていた。

そしてこの発掘の二年後、ギャロッドはタブンでネアンデルタール人の女性の骨格を発見した。同じころ、ギャロッドと共同調査をしていた米国の人類学者シオドア・マッカウンが、近くのスフール洞窟で作業中に、骨格が埋まっている埋葬場所を八カ所見つけた。それらは、解剖学的現生人類のものだった。この二つの洞窟とそこで見つかった化石は、この地域でネアンデルタール人と現生人類が交雑した証拠だという説を唱える研究者もいる。現在、ネアンデルタール人の骨髄のＤＮＡ分析がおこなわれており、これによって、この仮説が正しいかどうかが明らかになるかもしれない。

ギャロッドとマッカウンが調査をしていたのと同じころ、フランスの考古学者ルネ・ヌーヴィルと同僚のイスラエル人モシェ・ステケリスが、カルメル山よりさらに東、ナザレ近くのカフゼー洞窟で発掘をおこなっていた。そして、スフールから出たものに似た解剖学的現生人類の骨格を見つけた。カフゼーでさらに発見された。カフゼー洞窟について新たにおこなわれた年代測定で、呆然となるような結論が出た。カフゼーの解剖学的現生人類は、およそ八万年前から一〇万年前にここにいたというのだ。一九八〇年に、今はハーヴァードにいるイスラエルの考古学者オフェル・バル・ヨセフと同僚のベルナール・ヴァンデルメルシュが発表した。この結果は大きな興奮を巻き起こした。ネアンデルタール人より前に、現生人類が地中海東部沿岸、いわゆるレヴァント地方に住んでいたことを示していたからだ。とすると現生人類は、ネアンデルタール人から進化によって出現したのではないことになる。

のちに、もっと正確な年代測定法で、カフゼーの現生人類の年代は九万二〇〇〇年前より古いという結果が出た。また、同じ方法でスフールの現生人類についても同様の年代が出た。ネアンデルタール人が登場する三万年ほど前に、解剖学的現生人類がレヴァント地方に分布していたのだ。しかしヨーロッパでは、ネアンデルタール人は、現生人類が到来してから数千年のうちに絶滅している。

一九八九年に、バルフ・アレンスブルクなどの研究者が雑誌《ネイチャー》に報告を発表し、カルメル山近くのケバラ洞窟で発見した、変わったネアンデルタール人について述べた。洞窟に埋められていたこの個体の骨のなかに舌骨《ぜっこつ》があった。この骨は、体のなかでただ一つ、骨格のほかの部分に直接ついていない骨で、それが喉頭の上に見つかった。この骨は現生人類では、言葉を話すときに大切な役割を演じる。この発見に基づいてアレンスブルクと同僚たちは、ネアンデルタール人には言語があったかもしれないと論じた。

ニューヨークの米国自然史博物館のイアン・タッターソルは、ネアンデルタール人に記号言語があったという主張に懐疑的だ。音声コミュニケーションの体系はあったかもしれないが、壮麗な洞窟絵画を残したクロマニョン人と違い、ネアンデルタール人が洞窟芸術もどんな形の芸術も残さなかったという事実は、ネアンデルタール人が記号による思考を発達させなかった証拠だと主張する。タッターソルは、記号によってものを考える能力を、ヒトの頭脳の発達の極致と見る。ほかの研究者が「大いなる飛躍的前進」と呼んでいるこの進歩には、言語の発達という重要な進歩も含まれる。

タッターソルと支持者たちは、ネアンデルタール人が、「ブーブー」という声や音節をいくらか発した可能性はともかく、私たちより平均脳容量が大きかったにもかかわらず、彼らは、完全な言語を操ることはできなかったと考える。容量以外の何かが決定的な要因であり、この要素、つまりホモ・サピエンス独特の要素が言語と記号を生み出したと、この科学者たちは考えている。この専門家たちによれば、ネアンデルタール人は記号による思考への飛躍を遂げていなかった。そしてそこに、クロマニョン人が生き延び、ネアンデルタール人が最終的に消滅した理由が見つかるかもしれないというのだ。

これに同意しない科学者もいる。ネアンデルタール人が言葉を話したかどうかについて、ドナルド

・ジョハンソンはこう言う。「ネアンデルタール人に言語があったかどうかは今も論争の的だ。現代的な言語を用いる能力を完全に備えてはいなかったかもしれないが、そうかといって、洞窟の中で焚き火を囲みながら、だまって座っていたということは、ありそうもないように私には思える」
《ネイチャー》誌二〇〇六年二月二三日号に発表された、ケンブリッジ大学考古学科のポール・メラーによる論文が、ネアンデルタール人の消滅の謎を解く手がかりをもたらした。メラーの論文「新しい放射性炭素革命とユーラシアにおける現生人類の拡散」は、新しい較正《こうせい》方式を用いていた。この調整によって、年代が数千年さかのぼることになった。

この修正がもたらしたことの一つは、解剖学的現生人類がヨーロッパに到来した年代や、この大陸のあちこちに拡散した年代の科学的な推定が、前より精密になったことだ。新たな分析によると、解剖学的現生人類は、それまで推定されているよりずっと速く、ヨーロッパの隅々に広がったというのだ。年に五〇〇メートルほどの速さで広がっていき、ヨーロッパのはずれに着いてから五〇〇〇年のうちに居住地域の端のイベリア半島にたどりついた。この分析によると、現生人類がヨーロッパの隅に広がるのに、およそ四万六〇〇〇年前から四万一〇〇〇年前までかかった。この移動速度は、一万一〇〇〇年前に近東ではじまった農耕をおこなう集団の拡大速度と同じくらいだ。この研究で、解剖学的現生人類がヨーロッパ全体に広がった速さについて、前にオフェル・バル・ヨセフが出していた結果の正しさが確認されている。

ネアンデルタール人の新たな年代も再較正によって得られるはずだ。しかし、前に考えられていたよりずっと速く解剖学的現生人類がヨーロッパのネアンデルタール人に取って代わったのはすでに明らかだ。メラーの分析にしたがえば、たとえばフランスでは、クロマニョン人がネアンデルタール人と同じ地域に住んでいた期間は、一〇〇〇年あるいは二〇〇〇年より長くはないことになる。ネアンデルタール人が最後に暮らしていたところはイベリア半島の南端、ジブラルタルの近くだったと思われる。ここでは、三万年前のものとされる遺物に混じってムスティエ型の道具——ネアンデルタール人によってつくられたと考えられるものが見つかっている。これがネアンデルタール人の最新の（正式には認められていない）年代で、現在、ネアンデルタール人が三万年前よりあとまで生き延びたとは考えられていない。概して、年代の推定値は、解剖学的現生人類がこの大陸全体に広がってから一万年ほどのうちに、ネアンデルタール人が絶滅したことを示している。この大陸で両者が共存していた期間を六〇〇〇年まで縮める分析結果もある。

解剖学的現生人類が広がっていく間に、ネアンデルタール人はなぜ姿を消したのか？　これがネアンデルタール人の謎だ。可能性の一つは突然の環境の変化である。氷期に代わって暖かい時期が訪れ、地球上の気温が急に変化していた。ネアンデルタール人は、新たな暖かい環境にうまく適応できなかったのかもしれない。資源をめぐって競争相手もいた。それで殺されてしまったのかもしれない。オフェル・バル・ヨセフの考えによれば、解剖学的現生人類が西ヨーロッパに移住したルートがネアンデルタール人の棲息域を分断し、ネアンデルタール人の共同体が、それぞれ四〇〇人も抱えていない集団に分かれてしまった。このような小さな集団は、長期的に生き延びられるだけの遺伝的多様性を備えていない。

二〇世紀の初めごろには、ネアンデルタール人は私たちの直接の祖先だと考える科学者もいた。一九〇八年に、フランス南西部にあるラ・シャペル・オ・サンの洞窟で、ネアンデルタール人の化石が発見された。この骨の主《ぬし》は「おやじさん」というあだ名をつけられ、フランスの考古学者が骨を調べ、ネアンデルタール人は私たちの直接の祖先だという説を唱えた。

ラ・シャペル・オ・サンの化石はフランスの聖職者三人によって発見された。ブルイユ神父の助言にしたがって、化石はパリの自然史博物館の古生物学者マルスラン・ブールのもとに分析のために送られた。ブールはその化石をホモ・ネアンデルタレンシスに分類し、これが現生人類ではないことを強調した。ネアンデルタール人の頭蓋骨をチンパンジーの頭蓋骨および現生人類の頭蓋骨とくらべて、この判定を下したのだ。

ブールは、ラ・シャペル・オ・サンのネアンデルタール人について徹底的な分析をおこなった。石膏で頭蓋骨の内側の型をとり、現生人類の脳のさまざまな部分の大きさの比率に基づいて、ネアンデルタール人には「原始的な知的能力」しかなかったと推論した。ネアンデルタール人は、脳そのものは比較的大きかったが、脳組織の質量の分布のせいで知的能力は低かったという結論を出したのだ。ネアンデルタール人は現生人類とこの分布が異なっていた（私たちより頭蓋が低くて長かったからだ）。またブールは、推定される姿勢および脚の大きさの違いに気づき、ネアンデルタール人は現生人類より背が低かったと結論づけた。

ネアンデルタール人の謎は多面的だ。この人々は何者だったのか。本当に人類だったのか。言葉を話したのか。大きな脳を何に使ったのか。解剖学的現生人類と出会ってどう交流したのか（本当に出会ったとしたらだが）。そして、現生人類がヨーロッパの隅々に広がっていくなかで、なぜこんなに速く――これまでに絶滅した動物種の多くより速く――姿を消したのか。

二〇〇六年に、ドイツのライプツィヒにあるマックス・プランク進化人類学研究所が、米国コネティカット州ブランフォードに本社がある企業454ライフサイエンシズとともに、ネアンデルタール人のゲノムを再構成する計画を発表した。作業は進行している。マックス・プランク研究所で調査をしているスウェーデンの科学者スヴァンテ・ペーボが、ネアンデルタール人の骨の化石に穴をあけて骨髄を取り出すことに成功している。こうして採取されたサンプルは、ＤＮＡ暗号のごく小さなかけらを取り出すために入念な処置を施される。それから454ライフサイエンシズの職員が骨を折って暗号を再構成し、遺伝情報を明らかにするのだ。ひとたびこのゲノムが完全に明らかになれば、現生人類のゲノムとくらべることができ、この二つの種の間にありうる遺伝的関係について、さらに情報が得られると科学者は期待している。

ペーボと同僚たちは、すでに一九九七年にネアンデルタール人のミトコンドリアDNAを取り出しており、二〇〇〇年にはイゴル・オフチンニコフと同僚たちが、カフカス（コーカサス）地方のメズマイスカヤ洞窟で見つかったネアンデルタール人の赤ちゃんの体から、DNAを取り出すことに成功した。その後、この分野は発展しており、ネアンデルタール人のゲノムを明らかにするところに近づいている。

言語の発達に一役買っていると考えられているヒトの遺伝子の一つに、FOXP2と呼ばれるものがある。ネアンデルタール人のゲノムの再構成に取り組んでいる遺伝学者たちは、ネアンデルタール人の遺伝物質のサンプルに、ヒトのFOXP2に相当するものを見つけ、私たちのものとくらべることを望んでいる。そのような分析ができれば、ネアンデルタール人に言語があった可能性を判断する助けになるはずだ。

数種のヒト科生物が共存していたとしてもおかしくはなかったと、多くの科学者が考えている。不思議なのはむしろ、人類の種で今日生きているのが、私たちただ一つであることだ。近縁の種どうしが共存することは、自然界では例外ではなく、むしろ原則のようだ。そして、一九九六年にジャワで発見された化石についての調査結果が正しければ、二つではなく三つの人類の種が、ほんの三万年前に同時に地球上に住んでいたことになる。その三つとはホモ・サピエンス、ホモ・ネアンデルタレンシス、そして一〇〇万年を優に超える期間にわたって地球上に広く住んでいたヒトの祖先であるたくましい種、ホモ・エレクトゥスだ。

第5章　ジャワ原人

科学者によって発見された三番目のヒト科生物は、ホモ・エレクトゥスだった。その最初の標本は一八九一年にウジェーヌ・デュボアが掘り出した。デュボアは、今日のインドネシアに当たる島々で、ヒトの祖先の化石を探して地面を掘ることに何年も費やした人物だ。

デュボアは、一八五八年一月二八日に生まれた。ダーウィンが『種の起源』を出版する一年近く前だ。デュボアはオランダ南部、ベルギー国境に近いアイスデンで育った。家族はカトリックで、信仰心があつく、保守的だった。女のきょうだいの一人は尼僧になっている。ウジェーヌの父は薬剤師で度々町長を務めた。一家は裕福で、この地域ではいい教育を受けているほうだった。デュボアは子供のころから、ぼうっとしていることがなく、勉強熱心だった。背が高く、金髪で男前、泳ぎがうまく、大きな家から姿を消して、近くの川に泳ぎに行くことがよくあった。学校では抜群に頭のよい生徒で、何よりも理科の勉強ぶりが末頼もしかった。

デュボアは子供のころ、ジブラルタルとドイツでネアンデルタール人が発見された話を耳にして心を奪われた。進化について書いたものなら手当たり次第読んだし、学校で進化のことを勉強した。一〇歳のとき、ドイツの科学者カール・フォークトが近くの町に、そのころの最新の理論だった進化論について講演をしにきて、興奮を巻き起こし、論争に火を点けた。

デュボアは、フォークト博士の講演についての新聞報道を読むだけで満足しなければならなかった。講演は聴衆に深い動揺を与えた。人間はサルのいとこで、地球上の生物は共通の祖先をもつ親戚どうしだと博士は主張した。これに対して聴衆のほうは、この世は昔から同じ姿を保っていると信じ、変化という考えを斥《しりぞ》けた。一方、デュボアは進化論に心を奪われていたので、これについて情報を探しつづけた。化石と進化との関係を理解し、ネアンデルタール人は人類の一種である絶滅した種だが、現生人類とかけ離れてはいなかったということを知った。それゆえ、ネアンデルタール人の重要性は限られていた。私たちに近すぎたのだ。若いころからデュボアがやりたかったのは、進化の鎖のサルとヒトの間にくる環、つまりミッシング・リンクを見つけることだった。それは、化石化した骨から認識できる意味での現生人類（それにネアンデルタール人）と、サルの中間に位置するヒト科生物だ。デュボアの生涯の使命は、そのリンクの証拠を示して人間がサルのような動物の子孫であることを証明し、ダーウィンが正しかったことを明らかにすることだった。

これを目指してデュボアは一八七七年、医学を学ぶためにアムステルダム大学に入学した。そして、植物学者で進化論者のフーゴ・ド・フリースのもとで学び、一八八一年に学業を終えると、すぐにこの大学の競合関係にある二つの職を提示された。デュボアは一つ目の話を受け入れた。それは、マックス・フュアブリンガー教授の解剖学の助手の職だった。

デュボアは真面目に仕事をはじめた。講師としてはあまり人気がなかったが、研究者としては有能だった。その才能は、若い医師を教育することではなく、解剖学で発見を成し遂げる能力にあった。一八八四年に医師の資格をとり、すぐに喉頭の構造の総合的な研究に取りかかった。デュボアは、えらが発声器官としての喉頭に進化したことを証明することができた。デュボアの目標は、進化についてのとりわけ大きな謎の一つである、言葉を話す能力がどのようにして発達したかを解くことだったのだ。喉頭の解剖学的構造と進化についての発見は、この答えへの重要な一歩だった。

ところが、デュボアが研究論文の草稿を、指導教授であるフュアブリンガーに見せると、教授はこう言ったのだ。彼は自分の話を聴いてこの考えを導き出したのだから、この考えは、部分的には自分の考えと認められなければならないと。デュボアは面食らった。この筋違いな要求に腹を立てたし、啞然とした。結局、教授から求められたとおりにしたが恨みが残り、その後学界から遠ざかることになる。

一八八六年に、ベルギーの地質学者マックス・ローエストが、新たな発見物についておこなった分析を発表した。その発見物は三例目のネアンデルタール人で、ベルギーのスピー地方で見つかったものだった。人類の進化の証拠を追い求めるデュボアの努力は、この発見で勇気づけられた。ネアンデルタール人は、現生人類とサルの間にくるミッシング・リンクにしては新しすぎるが、世界のどこかにそのリンクの遺骸が埋まっているにちがいない。

ヒト科生物の化石化した骨を見つけるのは、並外れて身のすくむような課題だ。干し草の山の中にある一本の針を探すようなものである。ネアンデル渓谷で成し遂げられた発見から一五〇年の間に、技術が進歩し、多くの人が何十年も費やして探してきたにもかかわらず、見つかった化石はいまだに少なく貴重だ。知られているヒト科の化石がたいへん少なかったころに、ミッシング・リンクを見つけようと決意したオランダの若き医師の大胆さを判断するときには、そのことを念頭に置かなければならない。

科学者として訓練を受けた人らしく、デュボアは論理的かつ計画的に探索の準備に取りかかった。類人猿は熱帯に棲んでいるということを彼は知っていた。とすると、私たちの共通祖先が類人猿とともに暮らしていた場所は熱帯にちがいない。だが、どこか。デュボアの時代には、私たちにもっとも近い、現生の親類がチンパンジーであることはわかっていなかった。進化論者のなかには、テナガザル（ギボン）だと考える者もいて、デュボアはこの説を支持していた。テナガザルはアジアに棲んでいるので、ミッシング・リンクを探すべき場所はアジアだという結論を出した。この大陸は巨大で、類人猿が棲む熱帯地域だけでも著しく広い。

インドとジャワで、大型類人猿の化石が発見されたという話をデュボアは耳にしていた。インドはイギリス領で、ジャワはデュボア自身の国の植民地だった。デュボアにとって、ジャワなどのオランダ領東インドのどこかの島に行くほうが楽なのは明らかだった。ダーウィンの仲間である博物学者アルフレッド・ラッセル・ウォーレスが、一八七六年に世に出した『動物の地理的分布』にも指針を見出した。ウォーレスは、インド洋に浮かぶバリ島とロンボク島の間を通る、目に見えない線を発見した（ウォーレス線）。バリとロンボクはたいへん近く、ともに、一様に見えるマライ群島の中にある小スンダ諸島に含まれる。ウォーレスは、これらがそれぞれ属している地理的地域が異なるという結論を下した。一方はアジア、もう一方はオーストラリアだというのだ。この線から西の島々はアジアの一部、東の島々はオーストラリアの一部だとウォーレスは判断した。実際、有袋類はおもにオーストラリアに見られる動物で、このウォーレス線の東だけに棲んでおり、胎盤を備えた動物は西に棲んでいる。ミッシング・リンクを見つけるには、ヒトの祖先である大型類人猿が棲んでいたにちがいないところ、つまり、ウォーレス線のアジア側だけを調べればいいということにデュボアは気づいた。それはオランダ領東インドのバリ、ジャワ、スマトラ、そしてもっと小さい島々だ。

ここでデュボアは、何よりもむずかしい課題に直面した。それは、妻、両親、妻の両親、雇用主と同僚に、自分の決断を話すことだ。ところが意外にも、妻アンナはその決断を支持してくれた。アムステルダムで生活を安楽なものにしてくれていたさまざまなものも、友人、家族、社交関係、文化的生活も捨てねばならなくなるにもかかわらず。一方、両親はともに、この奇妙な決断に強硬に反対し、デュボアに思いなおさせようとした。大学には、デュボアのことをとても気にかけていて、教授に昇進できる見込みも大きいと認める親しい友人や同僚が何人かおり、デュボアを引きとめようと大いに努力した。だがデュボアは、オランダ領東インドでミッシング・リンクを見つけようと固く決意していたのだ。

デュボアは、進化の証拠を探す東インドへの科学調査旅行に資金を出すのはいい考えだと、オランダ政府を納得させようとした。ところが相手は聞く耳もたずだった。それは一面では、保守的で宗教的な当局がミッシング・リンクや進化に興味をいだかなかったからでもあった。そこでデュボアは、医師として受けた訓練を利用して植民地の島々に行くことにした。オランダ軍は向こうに大規模な軍隊を駐留させていた。そして軍隊には常に医師が必要だ。デュボアは八年間軍隊で軍医の任務に就く契約を結び、東インドに配属された。一八八七年一〇月、ウジェーヌ、アンナ、娘ウジェニーのデュボア一家は、蒸気船プリンセス・アマリア号に乗ってアムステルダムを発ち、東に向かった。

一家はスマトラで熱帯の厳しさに耐えながら、数カ月にわたって軍の基地で暮らした。ウジェーヌが病院で仕事をし、銃の傷からマラリアやチフスまで何でも治療しているあいだに、もう一人子供が生まれた。デュボアは休みの日には、町から離れたところを歩き回って洞窟を探した。

一年にわたって山の洞窟を調査した末に、デュボアは化石を見つけた。ヒト科の骨ではなく、ヒト科生物がいたはずだとデュボアが考える年代に生きていた絶滅した動物の骨だった。それらの動物のなかには、ホラアナグマ、サイ、ゾウが含まれていた。この発見に意を強くして、デュボアは植民地のオランダ人総督に手紙を書き、化石を探すことの重要性を強調した。オランダ人が探索をしなくてもイギリス人はやると指摘した。イギリス人が化石を見つけたら、オランダ人のものであるべき科学上の栄光を、イギリス人が奪い去ってしまうことになると。総督は好意的な返事をよこし、探索の手伝いをする作業員を何人かあてがってくれさえした。作業員というのは、税金を滞納していた農民で、数週間の労働で義務を果たすことを強いられるのだった。

デュボアは、初期の成功を利用して、もっと広範囲に及ぶ調査ができるようになり、西スマトラの山々の広い範囲に分布する洞窟を調べた。動物の化石を収集し、その後、自分が見つけたものについて書いた報告を総督とオランダ当局に送った。その結果、デュボアは病院の職務から解放され、彼のプロジェクトで強制労働をさせられる者の人数が増えた。

労働者や囚人を五〇人も使い、活力を新たにしてデュボアは探索をつづけた。長期間、妻と子供たちを町に残して洞窟を探りに行き、労働者たちに地面を掘って化石を探させるのだった。見つかった動物の化石の数は、一八八八年にピークに達し、その次の年には新たな発見はあまりなく、ミッシング・リンクが見つからないことに苛立ちが募っていった。加えてデュボアはマラリアにかかり、熱と寒気に襲われて弱々しくなり、士気をくじかれた。

回復したあと、デュボアは戦略を考えなおした。スマトラの洞窟を掘りかえして、いくらか成功を収めてはいたが、もう二年以上もやっていた。そろそろほかを調べるべきだった。前の年、一八八八年に、隣のジャワのワジャクで見つかった頭蓋骨を見せられていた。その頭蓋骨は、初期のヒト科生物ではなく、人類のものだった。ただ、変わった特徴がいくつかあった。ジャワからもっと古い頭蓋骨が、もしかするとミッシング・リンクさえ出るかもしれないとデュボアは考えた。

一八九〇年、デュボアはまた家族を引き連れてジャワに移った。ところが、ジャワはスマトラと地理的条件が違っていた。川が流れる平野と高く険しい山しかなかった。洞窟は、調べるべき場所ではなかった。初期の人類は、この険しい山々には棲んでいなかっただろうからだ。川床のほうが有望だった。化石を探した年月の間に、デュボアはどこを調べるべきかを学んでいて、トリニール村に近いソロ川の岸に沿った地点を選んだ。そしてここで集中的な発掘作業に乗り出した。今ではオランダ軍工兵科の伍長二人に、労働者五〇人が川岸を掘るのを監督してもらっていた。

一八九一年、発掘作業員たちは化石を掘り出しはじめた。最初はデュボアがスマトラで見つけたものに似た絶滅した動物の骨だった。しかし、作業がつづくうちに、労働者たちは人間のものに似た歯をもってきた。これは、興奮を巻き起こす発見で、発掘はペースを上げ範囲も広げた。そして一八九一年一〇月、デュボアの作業員たちは平らな頭蓋冠《とうがいかん》を掘り出した。ヨーロッパで見つかっていたネアンデルタール人のものより低かった。デュボアには、それが自分の探していたもの、すなわち人類とサルの間のリンクであることがすぐにわかった。

こうした化石はジャワ原人と呼ばれるようになり、今では、現生人類の祖先であるホモ・エレクトゥスという種に属するものと特定されている。ジャワ原人は、およそ七〇万年前に生き、一八九一年までに掘り出されたヒト科生物のうちでもっとも古い。ジャワ原人は例外的な化石だった。ネアンデルタール人より外見が原始的だったが、類人猿より頭蓋容量などの点で進歩していたからだ。頭蓋骨は類人猿より人間らしかったが、歯は類人猿のようだった。

デュボアはオランダに帰り、残りの人生を費やして、自分の見つけた化石の価値を認めてもらうために闘った。デュボアはこの化石をピテカントロプス（猿人）と名づけた。ピテカントロプスこそミッシング・リンク、すなわち人類でもサルでもなく、その中間の生物だと信じていた。だがヨーロッパの科学界はデュボアの業績を認めず、デュボアは苛立ちを募らせていった。自分が見つけたものをオランダの家の床下に隠し、だれにも見せなかった。

何年ものち、化石を調べたいと望んで人々が会いにいくと、デュボアは誰にも会わないと告げられるのだった。パット・シップマンが書いた興味をそそるデュボアの伝記によれば、人々はしばしばこう告げられたという。「会ってもらえなくてもお怒りにならぬよう。このごろは、来客、とくに化石を見たがっている方々をお迎えしないのです」何年ものちにやっと、デュボアは化石を博物館に移すことを許した。

のちに北京原人が発見されると、デュボアは、この二体のヒト科生物を区別しようと奮闘した。だが科学によって、やがて、どちらもホモ・エレクトゥス（まっすぐ立って歩く人間）という種に属していると特定された。人類とサルの中間の種を見つけたというデュボアの主張の正しさは、北京原人の発見で確認されたのだ。

デュボアがジャワで取り組んだ仕事は、ドイツの古生物学者G・H・R・フォン・ケーニヒスワルトが引き継いだ。ケーニヒスワルトはデュボアを訪ね、化石を見せてもらおうとしたが、デュボアはこの古生物学者にさえ、ジャワ原人の頭蓋骨を見せようとしなかった。それでも、ケーニヒスワルトは、ジャワ原人はこれまでに見つかった「もっとも有名で、もっとも論じられ、もっとも中傷された化石」だと信じていた。ジャワ原人の化石がライデンの博物館にしまいこまれると、ケーニヒスワルトはこれを見ることができた。それから、デュボアの正しさを証明するために、さらにジャワ原人の骨を探すべくジャワに行った。

ケーニヒスワルトはジャワでヒト科の化石生物を発見したが、デュボアは、それらをピテカントロプス属に属するものと認めようとしなかった。何年ものちに、ピエール・テイヤール・ド・シャルダンがケーニヒスワルトを訪ね、彼が見つけたものを大いに興味をもって調べ、ともに新たな化石を探すことになる。

第6章　テイヤール

フランスのオーヴェルニュ地方の村オルシーヌから三・二キロ、クレルモン・フェランの街から東に六・四キロのところに、テイヤール家の一八世紀来のシャトー、サルスナはあった。哲学者、神学者、地質学者、古生物学者、神秘思想家ピエール・テイヤール・ド・シャルダンは、一八八一年五月一日、ここで生まれた。裕福な家族の一一人の子供の四番目だった。父の先祖は何百年にもわたってオーヴェルニュの丘にあるシャトーで暮らしていた。一族の主たる住居であるサルスナは高台にあり、クリとニレの優美な並木に沿って進むと、この家の門にいたる。白い小塔に側面を守られた、背の高い窓と灰色のよろい戸を備えた風格のある屋敷からは、遠くにピュイ・ド・ドームの円錐形の死火山の堂々たる姿、近くには波打つ丘の連なり、西のほうにクレルモン・フェランの不規則に広がる郊外が見える。

この地域は、平坦な高原、そびえたつ火山、そして険しい峡谷と、地形が変化に富んでいるため、「地質学者の楽園」と呼ばれてきた。一族の人々は田舎の暮らしを楽しみ、ピエールの父エマニュエルは、地質学と自然科学一般に興味をいだく貪欲な収集家だった。岩石、昆虫、植物など、自分の地所を取り巻く田園に見つかるものは何でも収集した。この父に感化されて、息子は自然界への好奇心をふくらませていった。

エマニュエルの先祖ピエール・テイヤールは、一三二五年、フランス国王シャルル四世に公証人として仕えたことにより、国王から貴族の身分を与えられた。それから二〇〇年のちの一五三八年、その子孫アストール・テイヤールも爵位を授けられた。さらに一八一六年に、やはりピエール・テイヤールという名の先祖が、ルイ一八世から貴族の称号を授けられた。一八四一年には、このピエールの孫ピエール・シリース・テイヤールが、貴族の女性マルグリット・ヴィクトワール・バロン・ド・シャルダンと結婚し、二つの名前、テイヤールとシャルダンが組み合わされた。ピエール・シリースとマルグリット・ド・シャルダンの間に、一八四四年に生まれた息子がエマニュエル、われらがピエール・テイヤール・ド・シャルダンの父だ。

ピエールの母、ベルト・アデール・ド・ドンピエール・ドルノワは、北フランスのピカルディーに生まれた。彼女は、啓蒙思想家ヴォルテールの甥の孫娘だった。信仰心のあつい女性で、毎朝、夜明け前に目覚め、数キロ歩いてミサに出席した。息子は、宗教的な人生をおくることを母から勧められ、母による指導のもと、宗教教育を受けた。一八九三年に、一一歳でヴィル・フレシュ・シュル・サオンの街にあるイエズス会のノートル・ダム・ド・モングレ神学校に入学し、そこで五年間勉強し、一貫してクラスでいちばんだった。

大家族であるテイヤール・ド・シャルダン家は、親戚であるテイラール・シャンボン家の近くに住んでいた。テイラール・シャンボン家はクレルモン・フェランに大邸宅を構えていて、この二つの家族は定期的に会っていた。こうした集まりを通して、ピエールはいとこのマルグリット・テイラール・シャンボンと親しくなった。このいとこは、ピエールの生涯を通じて、相談相手でありつづけることになる。マルグリットはのちに文筆家になり、クロード・アラゴネスというペンネームで、テイヤールの書簡集を出版した。

ピエール・テイヤール・ド・シャルダンは、子供の時からすでに、驚くほどの科学の才能を示し、信仰にも同じくらい熱心だった。独特な取り合わせの資質と興味の持ち主で、父に勧められた分野と、母に勧められた分野、科学と信仰のどちらにも向いていた。そして、イエズス会の学校で過ごした五年の間、毎年、信仰への献身で栄誉を与えられると同時に、科学の成績でも大いにほめられた。テイヤールは、この学校でいわば苦行僧となり、毎日夜明けに自主的に起きて、しばしば凍えるような寒さの中で聖堂に座り、ほかの生徒が目覚める前に宗教的な著作物を読んだ。そして、同様の習慣を、一生、どこにいても守りつづけることになる。アジアの砂漠でも、先史時代の洞窟でも、荒海を行く船の上でも。

テイヤールは、イエズス会士としての暮らしは魅力的で、心を満たしてくれると感じた。卒業の直前、一八九七年六月四日に両親に手紙を書き、イエズス会の司祭になりたいと述べた。そして、八月に卒業すると両親の希望にしたがってサルスナの家で一年以上過ごした。テイヤールは体が弱く、もっと丈夫にならなければならないと両親は考えたのだ。一八九九年三月二〇日、テイヤールはイエズス会士として訓練を受けるために、エクス・アン・プロヴァンス（エクサンプロヴァンス）に移った。ここの街の静かなラ・セペード通りに面した教会付属のくすんだ灰色の建物に、リヨン管区のイエズス会修練院が置かれていたのだ。仲間の修練士たちはテイヤールのことを、控えめで、内気であり、忠実で、いつでもひとを助ける用意があり、ほかの者と違うと気づかれないよう、気を使っていたと語っている。テイヤールはみなに溶け込みたかったのだ。背が高く、よく歩き、何かにつけてほほえみを浮かべた。勉強、祈り、瞑想と、猛烈に忙しい日課を抱え、プロヴァンスの地質を調査したくても、そんなひまはなかった。

一九〇〇年一〇月、テイヤールは、エクサンプロヴァンスにあるイエズス会の修練院から、フランス北西部のラヴァルにある神学校に移った。イエズス会所有の大きな建物メゾン・サンミシェルに住み、一九〇一年三月二五日、そこでイエズス会での初誓願を立てた。その日、両親あての手紙にこう書いている。「とうとうイエズス会士になりました。今日は、長々と手紙を書くひまはありませんが、ついに聖処女のそばで完全に聖心［イエス・キリストの心臓］に仕えることができるようになって、どんなに幸せかを伝えたいと思います。何より、修道会が迫害されているときに、とうとう修道会に完全に、永遠に身を捧げた今、ぼくが感じている喜びを知ってくれさえしたら」

確かに、イエズス会はフランスで迫害されていた。宗教団体は政府の法令によって世俗化されようとしていたのだ。一九〇一年、国を揺るがし、反ユダヤ主義の妖怪を出現させたドレフュス事件（一八九四年）にまだ揺れていたこの国は、教会と国家の分離に関心を寄せていた。フランスの議員たちは、国家の教育機関の職から聖職者を排除するための法律を通すことを考えた。そして、ルネ・ヴァルデック・ルソー首相と、そのあとを継いだエミール・コンブが、そうした法を通し、施行した。この立法によって、イエズス会は痛めつけられた。どの修道会よりもフランスの宗教学校で教育にかかわっていたからだ。そして、この国からのイエズス会士の大量脱出が起こった。

一九〇二年秋、あわただしくフランスを離れて、ジャージー島に向かった多くのイエズス会士のなかに、テイヤールもいた。イギリスの王室属領でチャネル諸島に属するこの島には、いくつかの建物と人員からなるイエズス会の基幹施設があったので、若いイエズス会士たちは引き続き教育を受けることができた。テイヤールはジャージーで三年を過ごし、ギリシャ語とラテン語の古典とスコラ哲学を学んだ。

一九〇六年、テイヤールは、カイロにあるイエズス会の学校に教師として派遣された。エジプトに到着すると、どちらを向いても目に入るイスラム寺院の尖塔ミナレットや、祈りを呼びかけるイスラムのアザーンの声、堂々たるピラミッドの眺めに魅了された。週末には周囲の砂漠に足を踏み入れて、石、貝殻、そして化石を探した。エジプト博物館で友人をつくり、おかげで、エジプトの西部砂漠から掘り出された興味深い化石を詳しく調べることに時間を割くことができた。

ナイル川沿いでカメ、毒ヘビ（一匹捕まえてアルコール漬けにして保存した）、トカゲ、ネズミ、昆虫を観察した。学校では物理を教えた。物理には早くから心を引かれていて、宗教の訓練を受けるかたわら、物理を勉強していた。テイヤールは東洋に手招きされているような気がした。そして、母国とは異なるエジプトでの最初の経験を、のちになつかしく思い起こすことになる。広く旅をしていた兄弟姉妹たちから聞いた話と並んで、この任務をきっかけに、一生、旅の機会を求めつづけることになったのだ。

カイロにやってきてから三年後、テイヤールはヨーロッパに戻るよう命じられた。イギリス南東岸、イースト・サセックスのヘイスティングスに、フランスから亡命したイエズス会士たちが根を下ろしていて、今度はそこに来いというのだった。テイヤールは神学を学ぶとともに、自分のコレクションに加えられる自然の遺物を探して日々を過ごしたが、今や、興味を生きているもの、イギリスの田園の動植物相に広げた。

同じころ、テイヤールは、影響力のあるフランスの哲学者アンリ・ベルクソンによる進化についての本『創造的進化』を読んでいた。のちにバチカンが禁書目録に載せることになる、この本に述べられている考えに駆り立てられて、テイヤールは進化論についてさらに学んだ。人間として、生きている生物の世界全体と一体であるという自分の感覚を裏づけてくれる科学的議論を見出したからだ。テイヤールは、ヘイスティングスで、別個のものだが同じ方向に向かう二つの道、すなわち科学と信仰の道を歩むことに人生を捧げようと決めた。そして、自然界のいたるところに明白に表われていると考えられる現象を調べはじめた。それは、物質の生きた有機体への前進と、そうした有機体のもっと複雑な生物への進化だ。

テイヤールはすでに子供のころから、科学と宗教のさまざまな要素を統合する方向に進んでいた。生まれ故郷オーヴェルニュの丘を歩きながら、捨てられている鉄製の古物を収集し、そこに力の象徴を見た。のちに、鉄がさびることに気づくと、自然界の何もかもが、固体の無生物さえも変化するという結論にいたった。そして、本人が「すべて」（*le Tout*）と呼ぶ概念、すなわち全宇宙の総体を考え出し、この「すべて」の中に自らが見てとった可変性と絶え間ない進化に、強い関心をいだくようになった。テイヤールは、エジプトの砂漠で化石を収集しながらさらにこの方向に進み、進化の力が、生き物に絶え間ない変化をもたらすと考えた。そして、ヘイスティングスでベルクソンの本を読むうちに、進化についての考えは強力になり、宇宙にある何もかもが、無生物も生体も絶え間なく流転し、神の意思にしたがって常に進化していると確信するようになった。終着点では、何もかもが集まってキリストの体を形づくる。これがテイヤールの「オメガ点」だ。

テイヤールの科学と信仰の受け入れ方は深くて、完全なものだった。この二つの矛盾するように見える要素が果たした役割は、成人してからずっとベッドのわきに置いていた二つの像に象徴されていた。一つはキリスト、もう一つはガリレオだ。ほかの人々は、そこに対立があると見たかもしれないが、テイヤールにとっては、科学と信仰を調和させることに、いささかの困難もなかった。テイヤールは、自分を取り巻く自然界を調査することと、神をあがめることをともに日常的におこないながら育ったので、その頭の中では科学と信仰は一体だった。テイヤールにとって聖書の物語の多くが比喩であり、地球の本当の歴史は岩や鉱物や化石に書かれていた。

ヘイスティングスの白亜のがけは、アマチュア古生物学者の間で人気の場所で、そうした人々は、太古の骨を保存するのに適したこの場所を調査するのを好んだ。テイヤールは、ひまな時間のかなりの部分を費やして神学校の敷地を掘り返していたので、地元の自然科学者たちの関心を引いた。そのなかに、ヘイスティングス博物館の館長がいた（ここには、今では古生物学に関する展示とアートギャラリーの両方がある）。また、やはりテイヤールの友人になったアマチュア古生物学者に、多くの化石を発見したため「サセックスの魔法使い」と呼ばれたチャールズ・ドーソンがいた。ドーソンはのちに、ピルトダウン人を見つけたと主張した。この化石はでっちあげだったことが一九五〇年代に証明されている。

ピエール・テイヤール・ド・シャルダンは、一九一一年八月二四日に司祭の叙階を受けた。そして次の年の七月、フランスに戻った。パリのセーヌ左岸の中心部に、レンヌ通りをはさんで、帰国したイエズス会士たちの共同体ができていて、テイヤールはそこに居を構えた。多くのイエズス会士と同様に、厳しい教育を受け、科学と哲学を専攻した。アンスティテュー・カトリック（カトリック大学）のジョルジュ・ブサックのもとで地質学を、パリ自然史博物館のマルスラン・ブールのもとで古生物学を学ぶための届けを出した。

テイヤールが初めてブールと会った場所は、相手の研究室だった。テイヤールは、ブールを訪ねることにいくらか不安をいだいていた。この古生物学者がいかにつっけんどんで、人と打ち解けないか、いろいろと耳にしていたからだ。それに、自分は、神がいるかどうかは知りようがないと考える不可知論者だと、この人が公に認めていることをテイヤールは知っていた。そのことがさらに気がかりだった。ところが、ブールはテイヤールにほれこんだ。二人は、自分たちが同じ地方の出身であることを知り、そのこともあって、長く、固い交友関係を結ぶことになった。ブールは、テイヤールを学生として受け入れることを承知し、少し前にトゥールーズ近くで発見された多数の化石を分類する課題を割り当てた。反宗教的な教授と、敬虔《けいけん》なイエズス会士は、互いの才能と知恵に敬意をいだいていた。

だが、博物館での仕事は中断されることになる。テイヤールは一九一四年、山登りをしているときに、フランスが戦争に突入したという知らせを耳にした。自分の国を防衛したいという強い衝動を感じたが、軍隊に入るようにとの命令はこなかった。八月末には、ドイツ軍がベルギーの防衛体制を破ってフランスに達し、パリから五〇キロ足らずのところに迫った。そのころ、すでにフランスで再建されていたイエズス会は、テイヤールをイギリスに送って宗教的な訓練を終わらせることにした。しかし、イギリスに着くとまもなく召集令状が届いたので、テイヤールはフランスのオーヴェルニュに戻り、そこから軍の部隊に加わった。

テイヤールは戦闘に加わりたかったが、司祭として戦闘への参加を禁じられていたので、北アフリカのズアーヴ第八連隊所属の看護兵および担架兵の仕事を割り当てられた。テイヤールの部隊はまず、ドイツ軍を撃退するうえで、フランス軍が前進を遂げていたマルヌに、それからベルギーのイープルに送られた。

テイヤールが第一次世界大戦の本当の恐ろしさを経験したのは、ベルギーでのことだった。部隊がイープルに着いたとき、そこにあったのは焼き払われたばかりの町だった。兵士が何百人も横たわり、すでに死ぬか死にかけていた。そして、ドイツ軍は通常兵器による攻撃を終えると、毒ガスで敵を攻撃したのだ。

テイヤールは、こうした地獄のような猛攻撃に耐えて生き延び、負傷者を数多く救った。しかし、心に一生残る傷を負った。ここと、その後送られたフランスのアルトワで、ズアーヴ連隊は兵士の半数を失った。テイヤールは自ら願い出て、後方で負傷者の手当てをする持ち場から、前方の塹壕に移された。師団の命令書はテイヤールに触れている。「このうえない自己犠牲と、危険をまったくものともしない態度を示した」。一九一六年、部隊はベルギーに戻された。テイヤールは、耐えがたい戦争の恐怖と向き合いながら、困難な時期をくぐりぬけた。医療の任務に加えて、戦場で兵士たちのために宗教上の儀式を執りおこなった。そして、一九一七年六月二〇日、英雄的な働きを示したとして、勲章を授けられた。その英雄的な働きのなかには、自らの命を危険にさらしてドイツ軍の戦線から一〇〇メートルほどのところまで行き、負傷者を救出したこと、そして表彰状によれば「負傷した一兵士を連れもどすために激しい砲撃をかいくぐって」、一人で塹壕に行ったことが含まれていた。

自分が目撃した残虐行為と、神は慈しみ深いという信仰を調和させようと、前線にいる間にテイヤールは、こうしたぞっとするような経験を大局的にとらえようと試みる文章を書いた。「宇宙的生命」（La Vie Cosmique）という題をつけたこの文章には、テイヤールの発展しつつあった哲学と神秘思想が述べられていた。「以下に述べられていることは、あふれる生命と、生きたいという切々たる思いから出てくるものだ」というのが、その書き出しだった。

これは、感激をもって思い描かれた大地の姿を表現するために、そして、私の行動につきまとう疑いへの解答を見出そうと試みて書かれる。私は宇宙、そのエネルギー、その秘密、その希望を愛しているから。また、同時に神、起源、ただ一つの問題、ただ一つの項に献身しているから。……私たちのまわり中、どちらを見ても、つながりと流れがある。事物を決定する無数の力が私たちをとらえ、過去からの巨大な遺産が私たちの現在に重くのしかかり、私たちに影響を及ぼす一〇〇一の親和性が、私たちを今の私たち自身から引き離し、私たちが知らない終着点に向かって引きずっていく。

この文章はイメージに富んでいて、そのなかには、宇宙にある多数の事物が含まれる。砂粒、天の星、エーテルに浸透する神、大地、それとの人々の交わり、苦痛と快楽と地獄、天使との闘い、最後に進化。

テイヤールはこの論文を、イエズス会がパリで出している定期刊行物《エテュード》に送った。だが、編集者たちは、テイヤールの文章に描かれている奇怪なイメージに心を乱された。これらを、汎《はん》神《しん》論的でカトリックの考えから外れるものと解釈したのだ。イエズス会士に期待される人生の行路を、テイヤールはたどっていないのではないかと、イエズス会の指導者たちは疑いはじめた。テイヤールの文章に描かれている心をかき乱すイメージには、戦争体験が表われていた。テイヤールの書くものからは、従来の宗教的な考えに束縛されず、しかも、戦争体験がもたらした深刻な苦痛によって深い影響を受けた精神が浮かび上がった。汎神論者だとの非難は、テイヤールに一生ついてまわることになる。だがイエズス会は、この文章に進化の概念が出てくることを、同じくらい心配したかもしれない。テイヤールはこれをキリスト教の枠組みの中で言い表わして、こう書いている。「キリストの生涯は進化の血液と混じりあう」

長々と検討をおこなった末に、編集者たちはテイヤールの文章を却下した。その編集者の一人レオンス・ド・グランメゾン神父は、テイヤールにこう説明した。「あなたの論文はexciting《エキサイティング》できわめて興味深い。……いわば、カンバスに描かれた、フランス語の文章の中でこの英単語を使った」きわめて興味深い。……いわば、カンバスに描かれた、美しいイメージに満ちたいろどり豊かな絵です。しかし、私たちの、心の安らかな読者にはまったく適していません」テイヤールはがっかりし、いとこのマルグリット・テイラール・シャンボンにあてた手紙に、この調子では、自分の考えが日の目を見ることはないだろうとさえ書いている。これを発表したくてたまらないが、その可能性がなく、自分の考えは「会話の中や、コートの下に隠して草稿が渡されるという形で」しか広められないと嘆いた。

これは、その後の成りゆきを鋭く見通した洞察だった。テイヤールは、それから何十年にもわたって、自分の考えを出版することを教会から禁じられることになる。そんななかで、自らの考えがタイプされたパンフレットを、数多くいる友人たちの間で回してもらった。場合によっては、自ら予言したとおり、まさにコートの下に隠して。自分はイエズス会士なのだから、自分の書いたものは、いくつものレベルにわたる教会の検閲を受けなければならないことは、初めからわかっていた。ローマにある修道会による検閲があり、それに、バチカンの検邪聖省（旧異端審問所）の宗教裁判官たちによる検閲があった。この人々は、信仰と道徳を保護する任務を委ねられており、破壊的で危険な考えの普及を抑えこむために、著作物を禁書目録に載せるぞと、人を脅すことができた。しかしテイヤールは、この厳密な吟味を教会の権利として甘んじて受け入れた。

テイヤールは、「宇宙的生命」を書いてまもなく、自分は「生まれつき汎神論的な魂」の持ち主だと認めた。頭の中で多数と「一つ」という考えを、キリスト教へのいつわりのない深い信仰と結びつけていた。テイヤールが汎神論的な気持ちをいだいていたため、彼の管区であるリヨンの管区長クロード・シャントゥール神父は、テイヤールにイエズス会で終生誓願を立てさせることに不安を感じた。しかし、やはりイエズス会士のヴリエ・セルマン神父が、テイヤールはしっかりしたイエズス会士だと納得させた。ピエール・テイヤール・ド・シャルダンは、一九一八年五月二六日、休暇で前線を離れている間に、サントフォワ・レ・リヨンで、従順、貞潔、清貧を含む誓いを立てた。今や完全にイエズス会に身を捧げたのだ。だが、教会とその規則に全面的に服従した瞬間にも、司祭としての自分の役割を独自の仕方で解釈していた。七月八日、パリの北東、コンピエーニュに近いエーヌ川に沿って広がる森に、部隊とともに駐留している間にこう書いている。「だから、大地の威力を受け入れて崇める精神で、私は自分の誓い、司祭職（ひいては私の力と喜び）を包んだのだ」

戦後、パリに戻ってから、テイヤールは自然史博物館で研究に打ち込み、論文を仕上げた。ソルボンヌで植物学、動物学、地質学、古生物学の講座をとり、宇宙にある物質がどのようにして生きた有機体に変容し、進化への経路をたどるのかについて論文を書きつづけた。大地は力動的で、神によって神そのもの、また神のような完全性の理想に向かって推進されると仮定して、頭の中で進化の考えと信仰を調和させた。

テイヤールは、マルスラン・ブールによって野外調査の専門的な訓練を受けた、才能ある古生物学者だった。科学について、そして先史時代の化石について多くを学びつづけた。どうやって見つければいいか。どのようにきれいにし、分析できるようにすればいいか。そして、これがもっとも大事だが、そうした太古の遺物に秘められた物語を、どうやって解読すればいいか。この科学上の仕事によって、テイヤールはさらに進化論を推し進めていった。さまざまな地質年代の岩石を調べることで、この宇宙はもっと進んだ、もっと複雑な状態に向かうという彼の観念は強まった。物理学と天文学にも同じくらい熱心だったテイヤールは、コペルニクスの考えを用いてガリレオが論じたとおり地球が動いていることを知っており、それと同じように進化を理解した。地球も前進する生命体で、やがて人間に認知され、さらに超意識、つまり地球全体の意識に向かって進みつづけると考えていた。

テイヤールは、植物学から植物の成長を促進する自然の力について、また、分子作用を通じてさまざまな形の生命の間に成り立つ関連について学んだ。動物学からは、何百万年も前にさかのぼる著しく多種多様な生きた有機体があり、人体の中にあるような複雑なシステムに向かって前進してきたことを教えられた。テイヤールは、いろいろな生きた有機体の残存物を研究したが、そのなかに彼にとって特別な位置を占めていたものが一つあった。それは五〇〇〇万年前の、目が大きくて脚が長い、人間の手のひらほどの大きさしかない原始的な霊長類だった。その化石化した骨は、フランス東部、肥沃なライン渓谷にあるセルネーで見つかり、花の育種家として名高いヴィクトル・ルモワンヌのコレクションの一部として自然史博物館にもたらされたものだった。

テイヤールは、深い信仰をいだきながら成長していった。瞑想と祈りに身を捧げ、神を信じ、修道会への忠誠を保ちつづけた。だが、カトリック教会とイエズス会は、もっとよく理解したうえで神についてものを言わなければならないと考えていた。争点の一つは、エデンの園にアダムとイヴがひとりでに現れたという話だ。テイヤールは、これを字義どおりに受け取るのを拒んだ。人類の登場が、ゆっくりとした作用を通して起こったことを知っていたのだ。しかし、この矛盾は、テイヤールが信仰をもつうえで何ら問題にならなかった。聖書の内容のかなりの部分は、文字どおりにではなく、寓話として受け取るべきである。そのことをテイヤールは知っていて、進化を受け入れることと、敬虔な司祭として信仰をもつことの間に矛盾があるとは見なかった。物理法則によって物理的な宇宙が説明されるのと同じように、進化論が、人間がどのようにして登場したかの説明なのだった。

一九二〇年、三九歳のときに、テイヤールはアンスティテュー・カトリックの地質学科長に任命された。そして強い使命感に基づいて講義をおこなった。また翌一九二一年の五月二一日、戦争中に属していた連隊のメンバーたちの要請により、シュヴァリエ、つまりナイトの位のレジオン・ドヌール勲章を授けられた。表彰状にはこう書かれていた。「兵役に就いていた四年間、絶えず危険と困難を分かち合った兵士たちとともにいられるよう、戦列にとどまることを志願し、連隊が参加した戦闘のすべてに加わった抜きん出た担架兵」

同じ年の一二月、テイヤールの論文が雑誌《アナール・シアンティフィーク》に掲載され、翌年三月にソルボンヌから科学の博士号を授けられた。これでアンスティテュー・カトリックで就いている地位の権威が増した。始新世前期（およそ五〇〇〇万年前）の化石化した哺乳類の骨を分析したこの論文は、さまざまな絶滅した動物の頭蓋容積を比較し、時がたつにつれて脳容積が増していると論じた。テイヤールは、フランスでとりわけすぐれた古生物学者に数えられる人たちからなる審査員団と、会場からあふれでる聴衆の前でこの論文を擁護した。

フランスではいい論文はそうなることが多いが、この論文はすでに出版され、学界から好評を得ていた。学界のさまざまな人々が論評を加え、フランス地質学会から与えられる賞の受賞論文として推薦していたので、これを擁護するのは、まだ仕事が認められていない候補による論文を擁護するより、ずっとたやすかった。しかし、テイヤールは見るからに信心深い人だった。そのため、その場にいた科学者のなかには、信仰心をもつ人が、よき研究者として科学の問題について、思い込みにとらわれず客観的になれるものかと不思議に思う者もいた。科学者たちの質問は時として鋭かった。テイヤールはそのすべてにうまく答え、半時間にわたる査問の末、審査員団は、「精神の明晰さと専門家としての才能」があるとして、テイヤールを賞賛した。学位は「最優等で」授けられた。四〇歳のイエズス会士はフランスの重要な知識人かつ学者になろうとしていた。

新たな名声とともに、講演の誘いがきた。その一つは、ベルギーのエンギエンにある神学研究所からのもので、テイヤールは一九二二年の春にそこに旅した。そして、哺乳類の進化について講演をおこなった。それは、論文で論じたフランスでの考古学的発見についておこなった分析に、ある程度まで基づいたものだった。テイヤールはまた、原罪について自らがとる立場を解説し、創世記に描かれているようなアダムとイヴが存在したということはありえないという見解を述べた。なぜなら、一組の男女からすべての人類が発生するのは不可能だからだ。また同様に、地上に楽園があったという考えにも疑念をあらわにした。そうした観念は科学による吟味に耐えられないというのだった。むしろ、創世記に述べられているようなアダムとイヴの堕落は、人間の欠点、背信、残酷さのすべてを、わかりやすく述べたものと見なさなければならないと、テイヤールは唱えた。

テイヤールは満足してベルギーを離れたが、何週間かのちに、原罪についての自分の考えは完成していないと感じた。そこで、それらを拡張して、「原罪の歴史的表象についての覚え書き」と題された基礎的論文を書き、その中で、字義どおりの原罪の観念を棄てるための神学的な枠組みを築いた。テイヤールは、この世の生きとし生けるものすべてが、「今にいたるまでともにうめき、産みの苦しみをつづけている」と述べる「ローマ人への手紙」第八章第二二節の聖パウロの言葉を引用した。そして人間の罪深さ、苦痛、死が、キリストによる救済に必然的にともなう影であることをパウロは暗示しているのだと論じた。

しかし、テイヤールは、この論法にも満足しなかった。アダムとイヴの罪により一転して人類は堕落してしまったというのでは、人々は信仰から遠ざかってしまいかねないと考えた。そして、アダムとイヴの堕落の字義どおりの解釈を斥けることを目指した論文を書きつづけた。テイヤールはこの論文をアンスティテュー・カトリックの執務室の、鍵のかかっていない引き出しにしまっておいた。そうしたことを書きとめ、論文をその引き出しに入れておくことによって、重大な誤りを犯していることに気づかぬまま。この論文は、バチカンのご機嫌をとりたくてたまらない熱狂的な学生の手によってか、やがてローマに届くことになる。

ベルギーから帰ってしばらくして、テイヤールはフランス南西部におもむいた。ブルイユ神父と、数年後にカルメル山の洞窟で大発見を成し遂げることになるイギリスの先史学者ドロシー・ギャロッドがいっしょだった。テイヤールたちは、多くの先史時代の洞窟を訪れ、難所にある入り口まで登り、狭い通り道を這って通りぬけ、石灰岩を掘って、埋まっている化石を探した。テイヤールにとって、それは心躍る仕事だった。幼いころから、野外にいるのが大好きだったのだ。クロマニョン人の洞窟芸術に感心し、その美しさに心を奪われた。この三人が訪れた洞窟の一つが、ピレネーにあるニオー洞窟だった。ここには、マドレーヌ文化の芸術のとりわけ驚くべき作品群の一つ、およそ一万五〇〇〇年前のものがあった。パリに戻ると、テイヤールは今までにもまして精力的に博物館での仕事に打ち込み、化石化した骨を分析した。

学者としての社会的地位のせいで、自分が言うことは何もかも、フランスとローマのイエズス会当局に監視されることをテイヤールは心得ていた。しかし、仕事が進むにつれて、さらにダーウィンの理論への関心を深め、進化について自分なりの見解をたてることに情熱をいだくようになっていった。そして、この主題について書かれた論議を呼んでいる著者の議論を読んだ。その中にチャールズ・ピアスとジョサイア・ロイスがおり、彼らの考えは科学界で勢いを増していた。テイヤールは、この人人の影響を受けた。

戦争が終わってから取り組んできた仕事の一環として、テイヤールは中国からアンスティテュー・カトリックに届く、きちんと標識づけされていない標本を整理してきれいにし、種類を鑑定してきた。イエズス会は、かなり前から中国に駐在員を置いていた。中国を宣教のために初めて訪れたのは一六世紀のことだった。そこで、学校、礼拝所、博物館を含む常設の基幹施設をつくった。博物館の一つは、北京の南東、東海岸にある天津のイエズス会の学校にあった。この博物館は司祭探検家のエミール・リサンが、化石や地質学上の発見物を収集しながら運営していた。化石をパリに送ったのはリサンだった。

ローマにいるイエズス会上層部の動きは、外部の者には不透明だ。それらが秘密であるのは、テイヤールの言動がそこで論じられてから七五年の間、変わっていない。しかし、この人たちの吟味の結果はすべての人に知らされる。テイヤールは、書いたものや講演で進化論を説き、アダムとイヴ、エデンの園、原罪についての従来の考えを斥けていた。そのため、一九二〇年代の初めごろ、バチカンの当局者は彼に目を光らせるようになっていた。イエズス会士たちにとっては、自分たちの司祭の一人で、パリで大いに注目される地位にあり、読者や聴衆を増やしている人物が、カトリック教会にとって忌まわしい見解を広めているのは受け入れられなかった。イエズス会当局は、ヨーロッパから離れるよう、テイヤールに圧力をかけることにした。本人がヨーロッパ大陸にいなければ、テイヤールの見解が広まるのも止むのではないかと期待したのだ。

ヨーロッパの外でイエズス会士が就ける地位で、テイヤールの関心に見合うものをあてがってやろうと、上層部は、中国に行ってリサン神父とともに仕事をしたらどうかと提案した。テイヤールの姉フランソワーズが宣教師として中国にいたが、少し前に亡くなって上海に埋葬されていた。テイヤールは姉の墓にお参りし、姉が暮らした国を見たいと思っているだろうと上層部は考えたのだ。そして、天津に行けば、リサンとともに古生物学に取り組みつづけることができた。

テイヤールは興味をいだかなかった。中国からもたらされた化石には学者としていくらか魅力を感じたものの、パリに強い愛着を覚えていた。今いるところにとどまりたかった。教会を現代の科学理論と和解させることが自分の使命だと感じ、自分がこの目標を達成するには、パリにいるのがいちばんであることを知っていたのだ。一方、ローマからは、教会のアリストテレス・トマス・アクィナス的な教義と衝突する「生物哲学」を恐れ知らずにも提案しているとして非難されていた。

テイヤールは、「異端的」見解を棄てるようにという、自分の修道会からの次第に高まる圧力を感じた。これは我慢のならない状況で、パリでの地位は維持しがたくなってきていた。自らの修道会に忠実なイエズス会士として、テイヤールは決断を下さなければならなかった。もう時間の余裕はあまりなかった。イエズス会の総長ヴラディミル（ヴォジーミェシュ）・レドゥホフスキは、規則にしたがわない司祭に強い措置をとることで知られていた。テイヤールは、イエズス会士でありつづけるかぎり、服従を求められることがわかっていた。

一九二二年一〇月六日、テイヤールは態度を軟化させた。天津のエミール・リサンに手紙を送り、中国に行くと伝えた。ただし、ほんの短い間だけ中国で過ごすとしか約束せず、任期について交渉したいと望んだ。また、パリのアンスティテュー・カトリックに、自分が離れている間、自分の職を空けておいてほしいと頼んだ。向こうで発見されている化石を研究するのに時間を使って、比較的短い中国滞在を研鑽《けんさん》を積むのに利用し、科学者としてさらに秀でてパリに戻ることができると考えたのだ。今や、強い力をもつ教会によって、彼は追いつめられていた。イエズス会は、この反抗的な司祭は、少なくとも一年間は中国にとどまるべきだという判断を下した。一九二三年四月、テイヤールは天津のリサン神父に電報を打った。「一年の予定で行く。いつ中国に向かえばよいか」。リサンは同様の文体で返事をよこした。「五月一五日に到着せよ」

北フランスのリール近郊の出身であるリサンは、生まれつき冷たく、社交的な人として知られてはいなかった。それでも、熱意に満ちた手紙を送るくらいには、テイヤールのことが気に入った。その中で彼は、天津の博物館にテイヤールを快く迎える旨を述べ、六カ月から二年までの滞在期間を提示した。これはテイヤールの計画にうまく合っていた。

修練士時代からの友人オーギュスト・ヴァランサン神父にあてた手紙で、テイヤールは、どのくらい長くパリから離れているかを決めようとして自らが直面した厳しい選択について述べている。「対立する二つの考えのどちらかを選ぶことを強いられています。一つは、人生で本当に大切なことは神以外には何もないという、かなり『無茶な』考え、もう一つは、現代の教会がいかに居丈高で心が狭く、弱いかというますますはっきりしてきている認識を持つことです。時々、気がつくとこう考えていることがあります。この、心が引き裂かれる苦しみから逃れるために『溶けて消えてしまいたい』」

テイヤールは「溶けて消えてしまい」はしなかった。さらに論文を書いて、進化が起こっているという信念を弁護し、神は進化を通して働きかけ、人類をさらに前へと進めるのだということを説いた。テイヤールは教会への服従と、科学者および思想家としての自らの誠実さとの間で葛藤をかかえていた。そしてこの先、この葛藤はさらに深刻化することになる。

エミール・リサンは、天津のイエズス会の建物に博物館を創設し、中国北部でもっとも長い川ともっとも短い川にちなんで、ホアンホー・パイホー（黄河白河）博物館と名づけていた。しかし、裏ではだれもが「リサンの博物館」と呼んでいた。リサンが、事実上自分の私有物として運営していたのだ。何を収集し、それをどう展示すべきかはリサンが一人で決めており、この博物館には、リサンの幅広い博物学の趣味が表われていた。この博物館には、地質学、植物学、鉱物学、古生物学のコレクションが収められていた。リサンは、それらをすでに一九一四年に集めはじめていた。研究や展示のために化石や人工遺物を収集すべく、頻繁に旅行に出かけた。何百キロも旅をしてモンゴルや満州、チベット高原におもむいたのだ。

テイヤールは中国に到着した後、リサンとともに、アジア全域でそうした過酷な収集の旅をすることになる。リサンは新しい同志が有能な協力者であり、「食べ物や快適さについて（私より）注文の多くない旅の道連れ」であることを期待していた。パリを発つテイヤールには、何が待ち構えているかなどまったくわからなかった。リサンとの生活がどれほどスパルタ式の厳しいものになるか、見当もつかなかったのだ。

一九二三年四月六日、テイヤールはマルセイユで船に乗った。船はスエズ運河を通り、紅海に入った。テイヤールはデッキからシナイ半島を目にし、左手に見えるその山並みのさらに東にあるシナイ山を想像した。のちに、いとこのマルグリットにあてた手紙にこう書いている。「どんなに岸にはいあがって、岩の斜面を調査したかったことか。といってもわたしの地質学者のハンマーでだけではありません。[旧約聖書の出エジプト記に出てくる] 燃える柴の間からの声が自分にも聞こえるかどうかを知りたかったのです」

紅海を抜けると船はインド洋を横断し、セイロン島のコロンボに立ち寄った。その後、マレー半島とスマトラにはさまれたマラッカ海峡を通りぬけて旅をつづけ、そのころフランス領インドシナに含まれていたサイゴンにいたった。テイヤールは、船の上では本を読んだり、書きものをしたり、自然を観察したりして時を過ごした。夜は好んで星を眺めた。大陸の邪魔な光から遠く離れた船から見ると、星ははっきり見えて明るかった。昼は海の状態を観察した。海は時に静かで、時に荒れていた。船が上海に到着すると、テイヤールは下船して姉の墓にお参りをした。墓は姉が属していた赤レンガの修道院のとなりにあった。姉は、中国の病人や死にかけている人々の世話をするという、その修道院の使命に生涯を捧げたのだった。テイヤールは墓のそばにひざまずいた。感極まる瞬間だった。それから彼は列車で天津に行った。六五〇キロほどの旅だった。

中国は、混迷のただ中にあった。革命の指導者、孫文は退陣させられ、広東（今の広州）沖の砲艦で囚われの身となっていた。この国は、軍閥に統治された各地域に分裂していて、そうした軍閥どうしが支配権をめぐって戦闘を繰り広げていた。

このときから、ピエール・テイヤール・ド・シャルダンの人生で、このうえなく重要な、そしてこのうえなくつらい時期がはじまった。テイヤールは、フランスの裕福な地主の上品で優雅な世界で育った。研鑽を重ね、イエズス会の司祭に叙階されるとともに、科学者として認められた。戦争で英雄的に国に奉仕し、はかり知れない勇気と意志を見せた。パリでは平和の果実を享受した。おのれの命を犠牲にすることもいとわずに兵士たちを助けようとする資質は、学者として、また宗教者として大きくなり花を咲かせる助けにもなった。ところが今や、運命と、自らが下した決断が呼び起こした反応によって、はるかかなたの、紛争で引き裂かれた国に送られてしまっていた。テイヤールはここで新たな出発をし、人生から突きつけられた大きな科学上の難問に応えることになる。

第7章　内モンゴルでの発見

テイヤールは天津のイエズス会の学校に到着し、リサンの作業場に足を踏み入れた。二人はすでに一九一四年にパリで会っていた。そのときリサンは、自分の事業への資金提供を訴えにきていた。だが、ここでは明白にリサンのほうが立場が上だった。テイヤールのほうが相手のなわばりに入ろうとしていたのだ。リサンは背が高く、やせていて、顔が四角く、白髪はとかさないのが普通だった。黒い法衣《カソック》は仕事と旅のせいで、ほこりまみれであることが多かった。疲れ知らずの旅人であり冒険家で、いつも自分の博物館のために地面を掘り返しては、化石などの遺物を探していた。しばしば中国じゅうの辺鄙な土地へと長い遠征に乗り出した。護衛や日雇い労働者、いわゆる苦力《クーリー》を連れて行き、アジアの砂漠や、草原《ステップ》に潜んでいる追いはぎに備えてしっかり武装していた。そして多数の化石を集め、荷馬車に載せて天津に運ぶのだった。どの旅にも何カ月もかかった。司祭でありながら、いつも装塡《そうてん》したピストルをかたわらに置いて眠っていた。

中国の古生物学者賈蘭坡《チャランポー》によると、リサン神父は内モンゴルの砂漠を掘って化石を探すことに興味をいだいていた。先史時代にはきわめて肥沃で、著しく豊富な動植物相を支えていたこの地域こそ、失われたエデンの園だと信じていた。

中国の皇帝は天津に条約港（開港場）の地位を与えていた。そこでは、外国人が街の特定の地区、いわゆる租界《そかい》に住むことを許され、治外法権をともなう定住権を享受した。学校に付属する博物館をリサンが建てたのは、この街のフランス租界のレース・コース・ロードだった。

ここに到着して、テイヤールはカルチャーショックに襲われた。大学、劇場、ミュージック・ホール、カフェ、数多くいる友人が恋しくなった。その友人たちへの手紙に、テイヤールは、学校のまわりに住む中国人たちのみじめなありさまを記した。この人々には何の理想も希望もないと思った。しかし、同時に深い同情を覚えた。気楽に新しい人と知り合える珍しいくらい人なつこい人間だったので、ほどなく中国人の友人を何人かつくり、相手の文化をいくらか理解するようになった。そして、中国にいる間ずっと、中国人から温かく敬意をもって扱われることになる。ついに相手の言語を覚えなかったにもかかわらず。英語はうまく、おおかたの人とは英語を用いて意思疎通を図った。それにフランス語も東洋で通用した。

一九二三年六月六日、テイヤールは北京を訪れた。リサンの最新の古生物学上の発見に関して自らがおこなった分析について、中国地質調査所の集まりで論文を発表するためだ。そしてここで、その後数年のうちに、中国でおこなわれる科学上の大冒険で重要な役割を演じることになる人たちと出会った。そのなかには、カナダの解剖学者デイヴィッドソン・ブラック、スウェーデンの地質学者ヨハン・グンナル・アンデション、中国の人類学者裴文中《ペイウエンチヨン》がいた。テイヤールは、この人々と出会えたのがうれしかった。友人をつくれたこと、そして、科学について、また中国での古生物学調査のわくわくするような可能性について語りあえたことで元気づけられた。こうした西洋人や中国人の学者とは、生涯にわたり交友をつづけることになる。

テイヤールは六月八日に天津に戻った。そして、その月のうちに、初めて砂漠への遠征に乗り出した。一九二〇年に、リサン神父が甘粛省《カンスー》東部の高原で、はるか昔に絶滅した三本指のウマの化石がたくさん埋まっている場所を見つけていた。また、やはり甘粛省の別の場所で、加工された石の道具を三つ発見した。それらは土ぼこりが風に運ばれて堆積して固まった黄土色の泡状の層である黄土《レス》の中にあり、更新世後期（一二万五〇〇〇年前から一万一五〇〇年前まで）のものだった。これらこそ、中国で発見された最初の石器で、この発見には大きな重要性があった。中国には石器文化はなく、石器時代人はいなかったという、考古学界にあった誤った見方を消し去ったのだ。リサンの成功に駆り立てられて、テイヤールはヒトが存在したことを示す化石を探した。

一九二二年、リサンはモンゴルに旅した。天津の西六〇〇キロほどのところ、黄河の近くのオルドス高原で骨が見つかったという噂を耳にしたあとのことだ。リサンは、内モンゴルの砂漠で探索をし、黄河の南向きに曲がっているところをへりとするこの高原の、南東の端に位置する重要な遺跡、シャラ・オソ・ゴル（サラウス）遺跡を発見した。更新世にさかのぼる砂の堆積物の中に、動物の骨の化石を多数見つけた。この発見の結果、リサンは、この遺跡はもっと細かく調査するに値すると判断した。そして、テイヤールのような有能な古生物学者を得た今こそ、人類の化石を探す時がきたのだ。

一九二三年六月半ば、リサンとテイヤールは、モンゴルのステップにあるフフホト（「青い街」）まで列車で行った。そこで通行許可書を買い、ラバや必需品、従者、護衛を手に入れた。それからオルドス砂漠に入り、シャラ・オソ・ゴルに向かった。

ところが、この目的地に達するのがむずかしいことがまもなく明らかになった。地元の軍閥が傭兵六〇〇〇人の軍勢を集めて、「外国からきた悪魔」を探し、その首をオルドス砂漠じゅうで杭の上に置いてやると宣言していた。そこで、リサンとテイヤールは車馬隊《キャラバン》を北に向け、モンゴルの奥地に進んだ。北に進んでいくにつれて、土地は不毛になっていったが、時々、木々のあるオアシスや、サフラン色のローブをまとった仏教の僧が住むラマ教の僧院の近くにきた。時として、モンゴルの馬飼いに跡をつけられることもあった。向こうは敵意をもってこちらをじっと見つめたものの、イエズス会士と護衛たちが重武装しているのが明らかだったので、距離を保っていた。

一行は黄河の北岸に沿って西に進みつづけ、南に向きを変えて黄河を渡り、西岸に沿って進んだ。寧夏回族自治区《ニンヒアフィ》の首都銀川《インチュアン》の南東、横城《ホンチョン》で数日にわたって野営し、化石が埋まっている地層を探して土地を調査した。それから東に行き、万里の長城と並行して旅した。横城の東二四キロの長城が見えるところで、リサンとテイヤールは水洞溝《シュイドングー》遺跡を発見した。

今では有名なこの旧石器時代の遺跡は、石器時代の人工遺物がたくさんあり、この二人のイエズス会士によって発見されてからというもの、東西の石器時代文化を比較する指標として利用されてきた。ここで見つかった道具には、水洞溝石器文化と呼ばれる石細工技術が見られ、これらは、ヨーロッパで発見されているムスティエ型とオーリニャック型の石器によく似ている（オーリニャック文化は、三万六五〇〇年前から二万八〇〇〇年前までヨーロッパにあった石器製作文化で、それに先行するムスティエ文化は、二五万年前から四万年前までつづいた。ムスティエ型石器のつくり手は、おおむねネアンデルタール人だったと考えられている）。

水洞溝遺跡は、リサンとテイヤールによって最初に調査されたあと、計四回発掘されている。もっとも最近では、北京の古脊椎動物・古人類研究所の高星《ガオシン》率いるチームがおこなっている。そして石器が何千個も出土しており、そのなかには石の薄片からつくった、たいへん小さな刃である細石器と磨製石器がいくつかある。石器とともに、化石哺乳動物の歯と骨の断片が見つかっている。この遺跡の年代については放射性炭素年代分析がおこなわれて、およそ三万年前という推定値が出た。これは、クロマニョン人の年代と、ヨーロッパでネアンデルタール人が過ごした最後の日々の年代と一致している。テイヤールとリサンが発見した遺跡は、今では内モンゴルのずっと広い石器時代の文化圏の一部と見られており、この文化圏に含まれる場所から、更新世後期に属する人間の居住地の遺物が出ている。

一九二三年の遠征で、この二人のイエズス会士は膨大な数の石器を発見した。テイヤールはのちに、パリにいる友人や同僚にあてた手紙で、これらについて書いている。水洞溝でリサンとテイヤールは小さな宿屋に泊まった。そこは、客室として、家具などろくにない部屋が二つあり、あるじ一家は、もう一部屋でひしめきあっていた。この地域では食べ物が乏しくて、あるじの妻が用意してくれる食事も貧しいものだった。だから、あるときに出された卵とジャガイモの食事などは、二人にとってごちそうだった。

動物の化石と石器を多数掘り出したあと、イエズス会士一行はさらに旅をつづけ、シャラ・オソ・ゴルに向かった。近くの川のモンゴル語の名前サラウスは、「黄色い水」という意味だ。黄河の支流であるここを流れる川は、いつも沈泥で満ちているために、まさに水が黄色く見える。

テイヤールは、かつてこれほど自然のリズムと一体感を感じたことはなかったので、この経験はとくに感動的だった。テイヤールが「世界に捧げるミサ」を書いたのは、オルドス砂漠でのことだった。この美しい祈りは、このようにはじまっている。

主よ、またもや――このたびはエーヌの森ではなくアジアのステップでですが――パンもワインも祭壇もないので、私はこうしたシンボルを超えて、本当の自己の純粋な尊厳にまで自らを引き上げましょう。あなたの司祭たる私は大地全体をわが祭壇とし、そこでこの世の労苦をすべてあなたに捧げましょう。

信仰と科学と自然は、テイヤールの中でしっかり絡みあって、独自の神秘思想をつくりだしていた。テイヤールは、この砂漠からブルイユ神父あての手紙にこう書いている。「神秘思想は依然として偉大な科学にして偉大な芸術であり、ほかのさまざまな形の人間の活動によって蓄積された富を総合することができる、ただ一つの力です」

テイヤールは、自然について、またオルドスで何を目にし、何をしたかを、パリにいる友人たちへの手紙に書き記した。「ペットとほとんど同じくらい人になついたウマ、トビ、ツルに私たちは囲まれています。まったく牧歌的です。モンゴル人は髪を長く伸ばし、長靴を脱がず、ウマからは降りず、土地を耕すことを嫌います。モンゴルの女性は、ややばかにした感じでまっすぐこちらの目を見、男たちと同じようにウマに乗ります。……発掘はつづいています。私は、自分たちがいる累層を正確に理解しています（中国の累層としてはかなり最近のものです）。そして、こうした結論に大きな重要性を認めています。われわれはシャツとズボン、中国式の上着しか身につけずに野営しています。まさに自由な暮らしです！」

二人のイエズス会士は、哺乳動物三三種と鳥一一種の化石を見つけた。そのなかには、牙のまっすぐなゾウ、毛の長いサイ、オルドスの巨大シカ、巨大なダチョウ、アンテロープ（レイヨウ）など、更新世後期に中国に棲息していた動物の化石が含まれていた。二人は、そうした種の一つを、ある地元のモンゴル人の名にちなんで、ワンショックのバッファローと名づけた。リサンは、その何年も前にその人に出会い、この人の情報に基づいて、初めてシャラ・オソ・ゴルにいたったのだ。

ここでは、リサンとテイヤールはテントで暮らした。テイヤールは、雨が降っているときは中にいて書きものをした。二人が前に水洞溝で成し遂げた発見について書いた。水洞溝遺跡は、それより地質学的に古いこちらの遺跡を上回って、もっともヒトの遺骨が見つかる見込みが大きかった。そこでは、広範囲に及ぶ石器文化があったことが明白だったので、見逃しようがなかった。

テイヤールは手紙の中で、火で調理されたガゼル（小型のレイヨウ）の骨、毛の長いサイ、巨大なダチョウ、ヨーロッパで目にしたクロマニョン人の石器に似た、火打ち石《フリント》から削り取られたかけらを、自分とリサンがどのように掘り出したかを述べている。二人は、道具として用いるために折られた巨大なシカの角と、珪岩でつくったさまざまな刃《ブレード》を見つけた。こんな人里離れた荒涼としてさびしいアジアの一角に、初期の人類の居住地があった痕跡を発見して、テイヤールは幸福感に包まれた。一九二三年八月一五日、フランスにいる友人クリストフ・ゴードフロワ神父にあてた手紙にこう書いている。

> ステップと砂丘の連なる地域にある、深さ八〇メートルの渓谷の底を流れる変わった小さな川の岸に張ったテントの中で書いています。ここ（われわれの旅の名目上の目的地）に着いたのは、ほんの一〇日前……日照りと匪賊のせいで、われわれは黄河の北の支流に向けてルートを変えることを強いられたあと、まっすぐ山道を進んで、今いる地点まできたのです（手紙の最後に載せた地図を参照のこと）。われわれは目的地（包頭《パオトウ》）まで列車で（何たる列車か！）行き、そこでラバ一〇頭のキャラバンを組み、六月二二日から、これとともに旅をしています。半分は上級官吏として、半分は兵士として、カーキ色の服に身を包み、多くのライフルを携えて。モンゴルでのこの長旅にうんざりしてはいません。この旅では、多くの土地を目にし、予想もしていなかったものを数多く見つけました。たとえば鮮新世［五三〇万年前から一六〇万年前までの地質年代］の哺乳動物（中国で最近まで知られていなかったもの）と、旧石器時代の炉（同じくらい中

国で目新しいもの）。最後のものについて、二週間前にブルイユに手紙を書きました。現在われわれは多数の骨（サイ、ウマ、ウシ、ガゼル、ラクダ、ハイエナ、オオカミなど）を発見しているところです。……大仕事で、われわれはモンゴル人と中国人二〇人を使っています。

実際にはテイヤールは、そのひと月前、一九二三年七月一六日に、シャラ・オソ・ゴルからブルイユ神父に手紙を書いていた。

わが友よ

六月一二日に天津から葉書を送って以来、生きている証を見せていませんでした。旅をしていると、ひまな時間が想像していたよりずっと少ないからです。きょうは雨が降っているのでテントの中にいます。それでこの機会を利用して、あなたに手紙を書いているのです。少なくとも、あなたを満足させるのにおとらず、私自身を満足させるために。ひとりでいる間ほど、気分がよかったことはありません。……同封したおおまかな地図の地点Aでこれを書いています。気候の面（砂漠の植物の生育を止めてしまっている日照り）や政治の面（川が北に曲がっているところに多数の匪賊がいること）などさまざまな面での困難によって、事実上私たちはルートを変更することを強いられています。……私は興味深い研究を三つおこないました。包頭《パオトウ》の北の山々とアルブス・ウラ［卓資山］についての純粋な地質学の研究を二つ……このシャラ・ウーソ［シャラ・オソ・ゴル］に埋まっているものを調べることのほうが、ずっと重要です。リサンがここで、サイのみならず化石化したヒトの大腿骨（たいへん特殊なもの）と、明らかに人の手が加わっている骨の断片を採取したからです。

ブルイユへの次の手紙で、テイヤールは、バイソン、マンモス、ハイエナを含む太古の動物の化石を自分が発見した話を語り、大いに興奮してこうつづけている。「そして人間は？　人間は間違いなくここにいました。けれども、ここで私は順を追って探究を進めなければなりません」つづいて、この地域に太古に人間の石器文化があった形跡について述べている。テイヤールは、パリの自然史博物館で科学者としての自分の指導者だったマルスラン・ブールにあてて、旧石器時代にここで製作された初期の人間の道具について、さらに正確な科学的観察を述べている。天津に戻ったあと、こう伝えているのだ。

われわれは一〇日以上を費して、七月の末にニンヒアフー［寧夏府、つまり銀川］で発見された有名な炉をめいっぱい利用しています。リサン神父のいつもの創意工夫のおかげで、八〇平方メートルの範囲を（一〇メートルの深さまで）掘ることができています。調査の結果、切り石三〇〇キログラム以上が居住地域に散らばっていました。道具のうち、少なくとも一〇〇点は（つくりの点で）見事で、そのなかには「コロッサル」型のものもあります。長さ一〇センチで、大きな三角形のこぶしのような取っ手がついたスクレーパー、さや型の板、広げた私の手と同じくらいの長さと幅の刈り取り用掻器、こぶし大の四角い掻器。見事な「ムスティエ型」尖頭器もいくつかありました。

こうしてテイヤールとリサンは、ヨーロッパでおなじみの旧石器時代中期のものに似た石器文化を、中国で発見した。これは重要な展開だった。これによってテイヤールは、北京原人の発見と分析で決

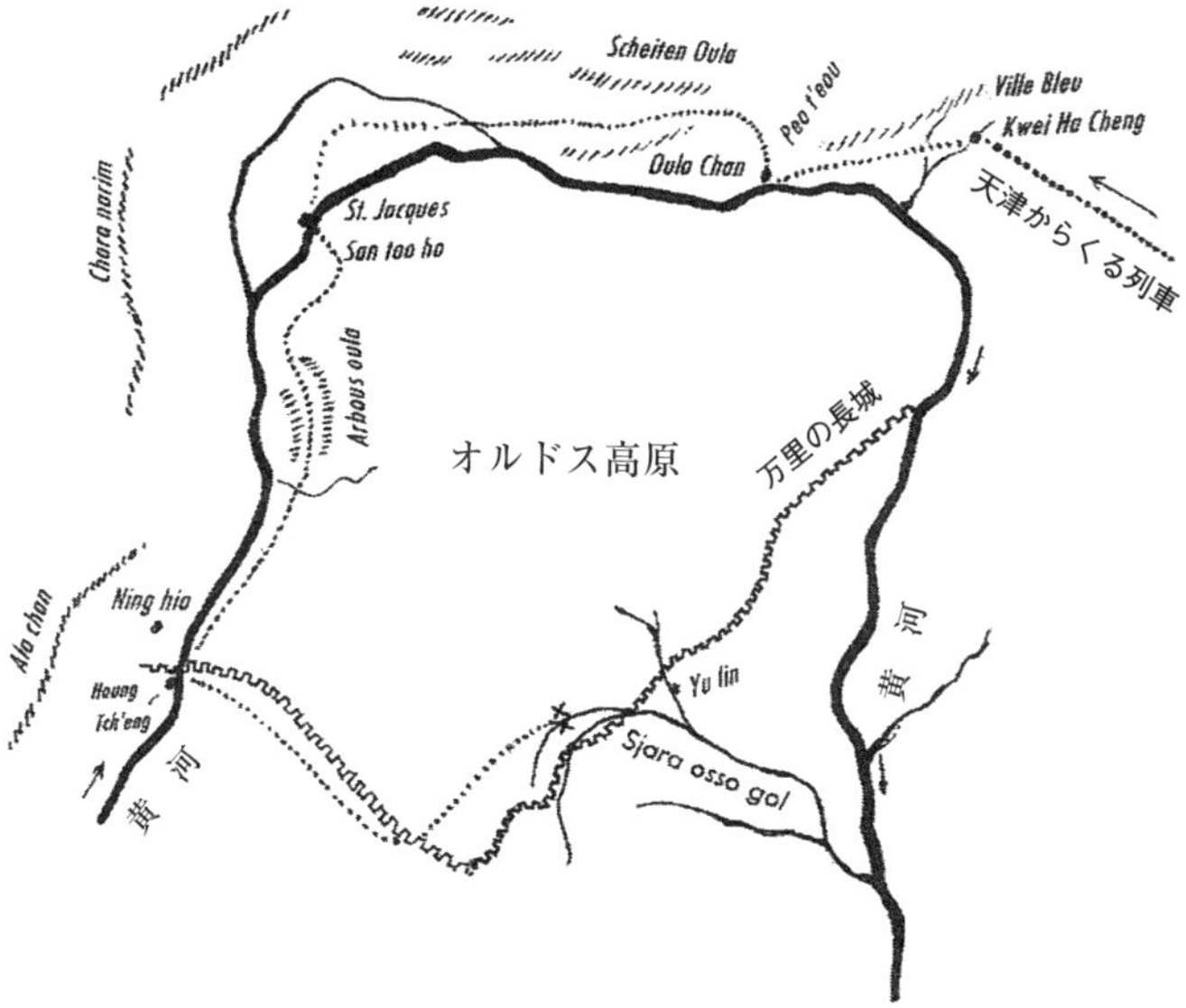

内モンゴルのオルドス高原で、テイヤールがたどった針路。この地図には、テイヤールの書いたものに出てくるとおりの地名が記されている。Ville Bleuはフフホト、Peo t'eouは包頭、Arbous oulaは卓資山、Ning hiaは銀川、Sjara osso golはサラウスを指す（Thomas M. King, S.J., *Teilhard's Mass: Approaches to "The Mass on the World."*より転載。Used by permission）。

定的に重要な科学上の役割を果たすのに必要な経験を積んだのだ。

テイヤールとリサンが水洞溝《シュイドングー》で見つけた化石は、ほぼ完璧な状態で、どこも欠けていないサイやバッファローの頭蓋骨や、完全な骨格が含まれていた。加えて、石器と、初期の人類が削って道具として用いたと思われる角《つの》は、この場所に石器文化があった確かな証拠になった。シャラ・オソ・ゴルで、二人は同様の出来ばえの掻器と尖頭器とともに、動物の骨を見つけた。そのなかには無傷のものもあれば、明らかに初期の人類が殺して解体したものもあった。

この二つの遺跡は、双方とも、中国に太古の人類が存在したことを証明するうえで、科学的に貴重なものとなった。ところが、手紙からうかがえるように、テイヤールとリサンは、こうした発見に満足してはいなかった。大物がほしかったのだ。つまりヒトの頭蓋骨だ。ヒトがかつてここで暮らしていた究極の証拠である。だから、何週間にもわたって懸命に調査をしたにもかかわらず、大腿骨が二本、上腕骨が一本出ただけで、頭蓋骨は出ずに終わると、二人はがっかりしたのである。

それに、こうした化石は年代の推定できる堆積物の中から見つかったのではなく、地面から拾い上げられたので由来がわからず、したがって価値が乏しかった。このように、ひどく期待が裏切られたにもかかわらず、知られている地層の中に、アンテロープの歯とダチョウの卵の殻がたくさん見つかった。テイヤールは天津にあるリサンの研究室に戻ってからこれらの山をふるい分け、その山の中に、ヒトのもののような上側の切歯を一本見つけた。テイヤールとリサンは、これを更新世のものと判断した。

テイヤールとリサンは、今やヒトのものらしき歯を手にしていた。この遠征で見つかった、ただ一つ年代が特定できる重要なヒト科化石だ。この状況は龍骨山の状況とそっくりだった。あちらでは、ヒト科生物が居住していたことを示す歯、それもずっと早い時期のものと考えられる歯を、オットー・ズダンスキーが見つけていた。龍骨山で発見されたものと同じく、デイヴッドソン・ブラックが、テイヤールやリサンが発見した歯の持ち主である未知のヒト科生物を、批判を覚悟しながら「オルドス・マン」と名づけた。このオルドス・マンは、一九七〇年代と八〇年代に、中国科学アカデミーによる後援を受けて調査をおこなっていたチームによって、さらに骨が発見されることになる。一九二〇年代にテイヤールとリサンがおこなった仕事は、その発見によってなおさら重要になった。しかし、こうした化石の年代を、発見者たちは旧石器時代中期と推定したが、現代の年代測定法により、今では後期であるとされている（つまり、四万五〇〇〇年前より新しいということだ）。

すでにブールとの仕事につづき、古生物学者として、また地質学者として地位を確立していたテイヤールは、こうした意義深い発見に駆り立てられて、古生物学上の調査の最前線に立った。今や、学者であるとともに、熟練の野外調査者でもあった。遺跡がありそうな場所を特定し、ある程度の正確さで年代を特定し、意義のある発見ができる野外調査者だ。今日の最高の化石ハンターである、アフリカ、アジアなどでヒトの起源を発見してきた科学者たちも、同様に学者と野外調査者の能力をあわせもっている。

テイヤールとリサンは平底の荷船で黄河を下り、陸上で何週間もかかって進んだ距離をたちまち移動してしまった。冒険から戻ったのは、九月の終わりごろのことだった。天津を発ってから三カ月以上が過ぎていた。テイヤールは、フランスに帰ってアンスティテュー・カトリックと自然博物館での新たな研究に、自分の発見を取り入れようと意気込んでいた。「師にして友《メートル・エ・アミ》」（maître et ami）であるブールと再会し、自分とリサンが成し遂げた、際立った発見のことを知らせるのを楽しみにしていた。

テイヤールはリヨンの管区長に手紙を書いて、ヨーロッパに戻る許しを求めた。フランスからの返答は、さらに中国にとどまるよう修道会は望むというものだった。テイヤールは深く落胆した。だが、テイヤールを中国にとどめておけば、進化の研究への情熱も冷めるとイエズス会の権威者達が考えていたとすれば彼らはがっかりすることになる。テイヤールの関心は、強まっただけだからだ。オルドス砂漠における初期人類が居住していた痕跡の発見。この興味をそそる出来事にテイヤールは、進化論にとってさらに重要なあるものを見つけようという欲求をかきたてられたのだ。

教会で専制支配をおこなっている、心の狭いつまらぬ連中の目から遠く離れた中国。ここで、テイヤールは思うままに自分の興味にしたがって古生物学上の研究に取り組み、ヒトの起源を探りつづけることができた。そして今では、新しい友人アンデションが龍骨山でおこなった仕事と、そこで見つかった、ヒトのような歯——オルドス砂漠で自らが発見したものに似た歯にも通じていた。アンデションもデイヴィッドソン・ブラックも、この司祭科学者に深い敬意を示し、国際的な専門家集団に、テイヤールを引き入れたくてたまらなかった。このグループは、今まさに、二〇世紀の人類学でとりわけ大きな発見の一つを成し遂げようとしていた。

テイヤールは天津の厳しい冬に備えて身構えていた。二月にはひどい砂塵嵐が吹き荒れて、砂で目を傷めた。そして仕事に慰めを見出し、博物館で長い時間を過ごして、モンゴル遠征で収集した化石を分類・分析し、パリの自然史博物館とアンスティテュー・カトリックに報告を送った。

夏になって、ようやく良い知らせがもたらされた。パリに戻るのを許されるというのだ。帰れるという見通しに、テイヤールがどれほどほっとし、幸せだったかは、パリにいる友人にあてて書いた手紙に垣間見える。「私も、お宅のうっとりするようなハト小屋の、私がいつもいた場所にいる夢をよく見ます。……中国からあなたに手紙を書くのもこれが最後になるでしょう」一九二四年九月一三日、テイヤールは喜び勇み、希望に満ちて、姉の墓にお祈りをしてから上海で船に乗り込んだ。洋上では、ひと月を過ごし、その間に頭をすっきりさせ、信仰についての考えを書きとめたり、オルドス砂漠で成し遂げた古生物学上の発見について詳しく述べ、またそれを要約したりすることができた。また、デッキの椅子でくつろいで、何時間も海を眺め、考えごとをして過ごした。旅が終わるころには気力を新たにし、西洋世界での昔からの暮らしに戻る用意を整えていた。そして一〇月一五日にマルセイユで陸《おか》に上がり、最初の列車でパリに向かった。

一七カ月にわたる中国滞在で、テイヤールは多くのものを得ていた。古生物学の経験と、太平洋岸からモンゴルの砂漠にいたるまでの土地についての知識だ。だが、自分の居場所はパリだと感じていた。フランスの首都での暮らしを再びはじめること、中国で集めた新しい知識とデータを利用すること、数多くの友人、学生、同僚、崇拝者たちとの接触を再開することに心が浮きたった。イエズス会の建物のテイヤールの部屋と、自然史博物館の執務室に、彼に会おうと友人たちが群がった。自然史博物館では、テイヤールが戻ってきて喜ぶブールが、少しの時間も無駄にせずテイヤールに職務を割り当てた。それは、テイヤール自身が中国から送っていた、サイやカバの絶滅種を含む数多くの化石の分析を指導することだった。古生物学の博士候補二人がそれらに取り組むのを、テイヤールは監督した。

また、テイヤールは講演活動を再開し、国を離れてから自分の考えへの関心が強まっていることに気づいた。学生や同僚の間に忠実な支持者がいた。若いイエズス会士などにとって、テイヤールは、目新しく進歩的な見解をもつ指導者として映った。思考停止に陥って進歩のない宗教体制の中に吹き込んだ新鮮な風だった。信仰へのその新しい取り組みは、科学など現代の生活のさまざまな側面をキリスト教の文脈に組み込むもので、魅力的だった。

テイヤールこそ、イエズス会が必要としている指導的な思想家、教会を前に進め、脈動する現代という時代の中で、教会の原則をつくりかえる思想家だと、ヨーロッパの多くの人が考えた。世界の科学界でテイヤールは第一級の評判を得ていて、その評判は、リサンとともにモンゴルで成し遂げた発見によって、さらに高められていた。また、テイヤールは、教会内でも多くの人から深く尊敬されていた。物質的、世俗的な世界とキリスト教道徳とを調和させるすべについて、テイヤールが論じるのを聞いた若いイエズス会士たちはこう感じた。「テイヤール神父が話すと、お人好しな人ではなく、勇猛果敢な人の一人であることが、ただちに明らかになる」

知的興奮と創造性に満ちたこの時期に、テイヤールは再び進化についての考えを記した。テイヤールが書いた文書は、宇宙全体を支配する体系を唱えるものだった。岩から生物、複雑な有機体、知性をもつ生き物、さらに、それ自体生命と知性をもつ惑星にまでいたる巨大な存在。この考えに導かれて、テイヤールは精神圏《ヌースフィア》（noosphere、叡智圏）というものを思いついた。これが地球を包み込み、地球の生物圏、すなわち生き物が存在する領域をおおい、それを超え、知性と思考の本質を宿していると想像したのだ。

それは、科学と霊性を組み合わせたエレガントな思想だった。生物進化についてのテイヤールの理解は科学的に正しかった。進化の力がどのように生体に働いているかを、テイヤールは知っていた。そして、教会がダーウィンの理論に反対しているにもかかわらず、今やおおっぴらに進化論的な見解を打ち出していた。テイヤールは、この科学を霊性と神秘主義の領域に広げた。生物進化の科学的構造の下で、比喩的な意味での力かもしれないが、同様の力が無生物にも作用するという前提を置いた。そして、この構造の上に神聖な体系を構築した。それは、生物進化の究極の産物としての人間の理性と、地球全体の両方を前進させる基礎として、進化を利用するというものだった。テイヤールは独自のやり方で科学と信仰を結びつけたのだ。

テイヤールが教会との間に抱えていた問題は、消え去っていなかった。むしろ、より高次のレベルに移ったのだ。科学について書いたものを出版することを、テイヤールは公式に許されたものの、進化について新たに書いた文章が、一九二三年の終わりごろに雑誌《ルヴュー・ド・フィロゾフィー》に掲載されると、状況は悪化した。

テイヤールは、その数年前にベルギーを訪れたあと、「原罪の歴史的表象についての覚え書き」という論文を書いていたが――この論文はアンスティテュー・カトリックにあるテイヤールの引き出しから盗まれたと今では考えられている――ローマにいるイエズス会の上層部の人間は、これをすでに読んで激怒していた。テイヤールの論文に何が書いてあったのか、正確なところはわかっていない。確かなのは、正統的な原罪の概念に、異議を申し立てていたということだけだ。バチカンでは、ほかならぬ検邪聖省の書記ラファエル・メリー・デル・ヴァルが、この論文を読んだ。彼はすぐに、そこに異端の考えが述べられているのを察知し、イエズス会総長ヴラディミル・レドゥホフスキのもとに持って行った。

母国に帰ってから、ほんの何週間かあとの一九二四年一一月一三日、テイヤールは管区長のオリヴィエ・コスタ・ド・ボールガールから、リヨンにくるようにとの手紙を受け取った。文書を携えた伝令がローマからリヨンに到着していて、レドゥホフスキは、テイヤールにそれらに署名してほしいというのだ。その文書には六つの要求が含まれていた。今日、テイヤールの手紙および（オーギュスト・ヴァランサンをはじめとする）友人たちとの会話からわかっているのは、彼が原罪の考えに背くことは何も言ったり書いたりしないよう命じられ、四つ目の要求が――それが何であれ――テイヤールにとってもっとも受け入れがたかったことだけだ。

テイヤールは、こうした要求によって深刻な危機に直面した。今や傑出した科学者にして哲学者となっていたので、ものを考える自由を妨げられたら、こうした分野の指導的立場にいることはできないと感じていた。ヴァランサンあての手紙にこう書いている。「原罪についての教会の伝統的な立場に逆らうことは言いも書きもしないと、文書で約束してほしいと言われました。これは、あまりに漠然としているし、あまりに専制的でもあります。……良心に照らして、（１）研究をおこなう権利と、（２）生活の糧を得る権利を留保しなければならないと考えています。署名を迫られている原則を、軽くしてもらうことができるよう望んでいます」

テイヤールのジレンマは、科学者の開かれた自由な精神と、イエズス会が要求する盲目的、全面的な服従との間で、いかに折り合いをつけるかにあった。要求と闘うべきではないかと友人たちは言った。修道会を去って、科学者として独立した人生を歩むよう助言する者さえいた。何といっても、テイヤールはすでに、科学者としても哲学者としても重要な地位を占めているのだから、イエズス会の一員でなくても、仕事をつづけられると言うのだった。

だが、イエズス会を離れた司祭が、一般に社会でうまくやっていけず、職業人生がしばしばつまずくことをテイヤールは知っていた。それに、そんな一歩を踏み出すようには育てられていなかった。一度約束をしたら、それを守りとおさなければいけないとする伝統の中で育ったのだ。さらに、自分で選んだ人生の道からは、とにかく離れるべきではないと考えた。イエズス会士として信仰者であり、修道会を離れるつもりなどなかったのだ。のちに、友人のエドゥアール・ル・ロワにあてた手紙にこう書いている。「私には、今なお選択は一つしかありません。それは、完璧な宗教者であるか、破門されるかの選択です」イエズス会士は兵士のように命令にしたがうものであり、テイヤールは決断を下していた。あくまで忠実な司祭でありつづけるのだ。だが、テイヤールの人生は、今やきわめて込み入っているとともに、愉快なものではなくなっていた。

テイヤールは、パリで抱えている厄介事と向き合うのを一休みして、一九二五年四月、ブルイユ神父とともにイングランドに旅した。二人は、東海岸にあるイプスイッチに近いサフォークで、ドロシー・ギャロッドに合流した。彼らは険しい岩の斜面を探査して、人間が活動していたことを指し示すフリントの石刃を見つけ、二万年前のものと見積もった。テイヤールは、中国でリサンとともに見つけたものと、今回見つけたものをくらべた。パリに帰る途中、テイヤールとブルイユは、ペリゴールのサルラ・ラ・カネダで数週間を過ごし、レ・コンバレルとフォン・ド・ゴームの洞窟を調査した。

ここでは、世紀の変わり目ごろに、ウマ、バイソン、シカを描いた色彩豊かな洞窟芸術が発見されていた。ブルイユはこの発見にかかわっており、この芸術の年代が最後の氷河時代だと特定していた。

五月に、テイヤールはヴァランサンに手紙を書き、教会との関係で不幸な境遇にあることについて不平を述べた。テイヤールとその非正統的な見解のことが、報道されたり注目されたりしなくなるよう、修道会は今や、パリを離れるよう圧力をかけてきていた。テイヤールがどこかの田舎で脚光を浴びずに暮らせば、イエズス会の権威者たちにとって、ずっと我慢しやすくなるというわけだった。

テイヤールは絶え間ない圧力を受けて、抵抗するのに疲れはじめていた。我慢ならないこの状況を終わらせるために、素早く行動しなければならないことを理解していた。一九二五年のある時点で、彼はイエズス会からの六カ条の要求に署名した。イエズス会士も含め、今日のテイヤール研究者は問題の秘密の文書の内容を知らない。この出来事から八〇年たっても、テイヤール・ド・シャルダンが署名した文書は、ローマでしまいこまれたままなのだ。

本人がヴァランサンに打ち明けた話によると、テイヤールは、原罪についての教会の伝統的な見解に反することは何も言わないという約束を含む文書に署名することを強いられた。しかし、これらだけでは、上層部をなだめるには足りないようだというのだった。テイヤールを背教者と見なす上層部は、まだ不信感をいだいており、ここなら自分たちに害を及ぼしようがないと感じられる場所に、この司祭を遠ざけておこうという考えを変えていなかった。邪魔されるのを避けるすべはただ一つ、中国に戻ることだけではないだろうかとテイヤールは考えはじめていた。

第8章　アウストラロピテクスとスコープス裁判

アフリカこそ、ヒトの祖先のゆりかごだったとダーウィンは考えていた。しかし、二〇世紀の初めごろまで、この大陸では科学者の注目に値するものは何も見つかっていなかった。一九一三年に、ドイツの古生物学者ハンス・レックが、今日のタンザニア、そのころはドイツ領東アフリカと呼ばれていた土地で調査をしていた。オルドワイという広い渓谷で骨を探していたのだ（この名前は、のちにオルドゥヴァイに変えられる）。そして、絶滅した動物の化石に混じって、ヒトのものらしき骨格があるのを発見した。ところが、この発見を知らされた科学者たちはこれを、太古の動物の骨のある場所に、埋葬された現生人類の遺骨が入り込んでしまっただけだとして片づけた。この発見が、ヒト科の動物の骨として、真剣な注目の的になったのは、一九三〇年代以降に、ルイス・リーキーがオルドゥヴァイ渓谷で発見を成し遂げたあとのことだ。

一九二一年六月に、やはりアフリカで、注目に値する化石が見つかった。当時のローデシア北部、すなわち今のザンビアにあるブロークン・ヒルでは、亜鉛と鉛が採掘されていた。ある日、T・ズウィンゲラールという鉱山労働者が地下一八メートルほどのところを掘っていて、頭蓋骨に突き当たった。それはヒトの頭蓋骨のように見えたが、目の上の隆起が大きく、額が狭く、頭蓋が長かった。ちょうど、ヨーロッパで発見されているネアンデルタール人の頭蓋骨に似ていた。歯は無傷で、ヒトのもののように見え、虫歯まであった。

数カ月後、その鉱山の技師がロンドンにおもむいて、その頭蓋骨を自然史博物館にもっていった。その化石を残した種は、そこでホモ・ロデシエンシス（*Homo rhodesiensis*、ローデシアの人間）と名づけられ、科学者はこれをネアンデルタール人の一種と見なした。この化石は科学界の関心を呼び、ジャワ原人の発見者ウジェーヌ・デュボアが、自分が見つけた化石と、新たに見つかったものとの間に関係がある可能性に興味をそそられてこれを調べた。だが、この発見への関心は、科学界でそれ以上盛り上がらなかった。当初、この頭蓋骨とともに見つかったと言われたが、あとで、実は別のところから出てきたのに、勝手にいっしょにされてしまったと判明した骨がいくつかあって混乱が生じた。化石のなかには、ネアンデルタール人のものより原始的に見えるものもあれば、現生人類的に見えるものもあった。

一九二四年、中国ではヨハン・アンデションが、龍骨山でさらに大規模な発掘をおこなう計画の仕上げにかかっていた。同じころ、南アフリカでは、ヨハネスブルクのウィットワーテルスラント大学の医学院で教えていた、オーストラリアの解剖学者で人類学者のレイモンド・ダートが、興味深い化石の発見に興味をそそられていた。一年以上前からこの医学院で教えていたダートは、骨格を比較するプロジェクトを立ち上げていた。そして、分析用に授業にもってくる化石を探すよう学生たちに言った。すると、参加者のなかでただ一人の女子学生ジョゼフィーン・サーモンズがこんな話をした。南アフリカ北西部のタウングの近くにあるバクストン・ライムワークス社の石切り場で、採掘作業員たちが変わった化石を発見したというのだ。サーモンズは石切り場の持ち主の家を訪ね、その人の机の上に、ヒヒの頭蓋骨とおぼしきものがあるのを目にしていた。

ダートは石切り場の経営陣に連絡をとり、ふるい分けることができるよう、通常の石をひと箱送ってもらえるよう手配した。そして、受け取った破片を調べはじめてまもなく、ヒトのもののような頭蓋骨を見つけた。しかしそれは小さかった。ダートは、これは成熟していない個体、つまり子供のものだという結論を下した。

ダートは二カ月以上にわたって、ハンマーと妻の編み針で、頭蓋骨を包んでいる岩の基質を取り除いていった。作業を終えると、保存状態のよい若いヒト科生物の頭蓋骨が現れた。永久歯の第一臼歯がやっと生えかけていた。現生人類の子供だとしたら、四、五歳くらいだった。

ダートには、自分が見つけたものがきわめて重要であることがすぐにわかった。その幼い個体は、類人猿とヒトの中間の発達段階にあるまだ知られていない種に属していたのだ。頭蓋容量が未成年の類人猿よりは大きいが、現生人類の子供よりはずっと小さいことに気づいた。また、乳歯である犬歯がチンパンジーより小さいことにも気づいた。このことから、この種は、食べる物がチンパンジーと違っていたと考えられた。歯が進化してヒトの歯に近づいてきていたのだ。

この子供は類人猿より大後頭孔《だいこうとうこう》（脳とつながる脊髄が通る頭蓋骨の底の穴）が、前側に位置していた。これもヒトらしい特徴だった。ヒトだけがまっすぐ立って歩き、頭が脊椎の真上で釣り合いを保っているからだ。この子供の頭蓋骨から、少なくとも、時にはまっすぐ立って歩く種だったと考えられた。

ダートは、ヒトと類人猿をつなぐミッシング・リンクを発見したと考えた。そしてこの新しい種を、アウストラロピテクス・アフリカヌス（*Australopithecus africanus*、アフリカの南のサル）と名づけた。歯が小さく、類人猿より頭蓋容量が大きく、大後頭孔の位置から類人猿より体を起こしていたと推測されるなど、この「サル」には、ヒトのような特徴が数多くあることを強調した。この発見についてダートが書いた論文は《ネイチャー》一九二五年二月七日号に載った。のちに、アウストラロピテクス・アフリカヌスと近縁のいくつかの種を指して「アウストラロピテクス属」という言い方が用いられることになる。こうした種の化石は今日なお発見されている。

ダートが見つけた標本は、のちにおよそ二〇〇万年前のものとされた。したがって、それまでに発見されたもっとも古いヒト科生物だった。それから何十年かの間に、ほかにもさまざまな種類のアウストラロピテクス属が発見されることになる。そのなかには、ダートの見つけた化石より古いものもあり、すべてが、ヒトの進化の重要な一歩を意味していた。

科学者のなかには、ダートの発見を受け入れる者もいたが、受け入れない者もいた。ダートの論文が載った次の号の《ネイチャー》には、ダートはチンパンジーに似た成熟していない生物をヒトの祖先と取り違えているのだと数人の科学者が書いた。ダートが見つけたものを実際に目にしていないにもかかわらず、ダートがその頭蓋骨の年代について、不正確な判断を下したと批判した。その頭蓋骨は、もっと新しい地層から出てきたものかもしれないというのだ。ダートは、ヒトに近い生物ではなく、類人猿の新しい種を発見したとして「賛辞」をおくられた。洞窟に落ちて最近死んだ動物の骨を掘り出して、太古の遺物と間違えたのではないかと批判者たちはほのめかした。ダートは、こうした批判を頑として斥け、自分の見つけたものは本物で、ヒトでも類人猿でもなく、その中間にいる動物の一個体の完全な骨だと力を込めて論じた。

そのころ、ヒトの祖先は、アフリカではなくアジアで見つかるかもしれないと、おおかたの科学者が考えていた。この考えから、多くの人がダートは間違っていると信じた。ダートを批判する人々は、「タウング・ベイビー」という愛称をつけられたこの頭蓋骨を、チンパンジーか赤ちゃんゴリラのものとして片づけた。世の中は、これを認める用意ができていなかったのであり、ダートの見つけた化石と、アフリカでそれより前に発見されたものは、まもなく忘れ去られた。

何年かのち、ダートは、タウングの頭蓋骨のあごを開け、歯をすべてむきだしにした。この新たな分析で、彼のもともとの主張が裏づけられた。それから何十年かの間に、同じ種に属する化石がほかにも発見され、ダートの見解の正しさが証明されることになる。

ダートの主張を信じた科学者に、ロバート・ブルームがいた。ブルームは、スコットランドの風変わりな古生物学者にして医師で、トカゲ、恐竜、初期の哺乳動物について重要な研究をおこなっていた。そして、この研究のおかげで、一九二〇年に王立協会の研究員《フェロー》に選ばれた。アウストラロピテクスについてダートが書いた論文が《ネイチャー》に載ってから二週間後、ブルームは南アフリカに到着した。そしてダートの研究室に飛び込んで、タウング・ベイビーの前にひざまずき、「われらが祖先をあがめた」。

一〇年後、ブルームは、アフリカで古生物学に関する調査をフルタイムでおこなうために、医師をやめた。南アフリカのステルクフォンテイン洞窟群は、テイヤール・ド・シャルダンが訪れることになる場所だが、ここでブルームは、ほかのアウストラロピテクス属の生物を見つけた。クロムドラーイ農場の近くの洞窟でアウストラロピテクス属の種、アウストラロピテクス・ロブストゥス（*Australopithecus robustus*）を発見したのだ（最初、パラントロプス・ロブストゥス、頑丈な猿人と名づけた）。ロブストゥス、つまり、がっしりとしたアウストラロピテクス属の種は、アフリカヌスより臼歯がずっと大きく、ほお骨が広く張り出し、顔面の筋肉が大きかったと考えられた。アウストラロピテクス・アフリカヌスはおよそ三〇〇万年前、アウストラロピテクス・ロブストゥスは、二〇〇万年前から一〇〇万年前までの間に生きていた。

この二つの種はどちらも小柄で、チンパンジーよりそれほど頭蓋容積が大きくなかった。チンパンジーが四〇〇ccであるのに対し、およそ五〇〇cc。ヒトの約三分の一だった。体の大きさを考えても、アウストラロピテクスの脳は小さかった。

その後、二〇世紀のうちに、もっと古いアウストラロピテクス属の種が発見され、アウストラロピテクス・アファレンシス（*Australopithecus afarensis*、アファールの南の類人猿）や、アウストラロピテクス・アナメンシス（*Australopithecus anamensis*）といった名前で呼ばれることになる（アナメンシスという種名は地元の言語で「湖」を指す単語からきている）。これらは四二〇万年前から三〇〇万年前のものとされ、類人猿の系統から私たちの系統が分岐した点に向かって、進化の線をさらにさかのぼったところに位置する。アウストラロピテクス・アファレンシスの化石には、一九七四年にドナルド・ジョハンソンが発見した有名な「ルーシー」や、そして、二〇〇六年に発見が報告された、三三〇万年前の（つまり三二〇万年前の「母」より古い）三歳の女の子の化石、「ルーシーの赤ちゃん」も含まれる。今日知られているもっとも古いヒト科生物の年代は、七〇〇万年前に迫っている。

そういうわけで、アウストラロピテクスは、サルに似た生物からヒトへの進化の決定的に重要な段階なのだ。アウストラロピテクス属とデュボアのピテカントロプスは、ミッシング・リンクであり、私たちの進化の系統上のさまざまな位置にいる。ダートが最初のアウストラロピテクスを発見したときには、ヒトの進化を理解するうえで彼が成し遂げた飛躍的前進は、あいにく無視された。世の中の人々がこのような発見に強い関心を払うようになるには、まずは進化をめぐる論争が盛り上がる必要があった。そして、まもなくそれが起こることになる。

その頃、アフリカから何千キロも離れた別の大陸で、進化をめぐる論争で重要な意味をもつ出来事が起ころうとしていた。ダートが発見を公表してから数カ月後、米国テネシー州デイトンで、フットボールのコーチと理科の代用教員を務めていた二四歳のジョン・T・スコープスが、科学的な進化論を教え、州法に違反したかどで起訴された。

テネシー州は、一九二五年三月に次のような法律を通していた。

下院法案（バトラー議員による）、第二七章

一九二五年のテネシー公共法

全面的あるいは部分的に州の公立学校基金によって支えられているすべての大学、教員養成学校ほかテネシーのすべての公立学校で、進化論を教えることを禁じ、違反について罰則を規定する法律。

第一項　テネシー州議会により次のとおり定められる。全面的あるいは部分的に州の公立学校基金によって支えられている、大学、教員養成学校ほかテネシー州のすべての公立学校のいずれにおいても、いかなる教師も、聖書で教えられているとおりの、神による人の創造の物語を否定する何らかの理論を教え、人はそれより下等な動物の子孫だと教えることは違法になる。

第二項　次のとおり定められる。この法律への違反で有罪とされたいかなる教師も、軽罪で有罪とされ、有罪判決を受けると法律違反それぞれにつき一〇〇ドル以上五〇〇ドル以下の罰金を科される。

第三項　次のとおり定められる。この法律は、公共の福祉の要請により、可決されたのち施行される。

一九二五年三月一三日可決
下院議長W・F・バリー
上院議長L・D・ヒル
一九二五年三月二一日承認
知事オースティン・ピー

ジョン・トーマス・スコープスは、一九〇〇年に生まれた。ダーウィンの進化論を高校で学び、さらにケンタッキー大学で現代生物学の一環としてもこの理論を学んだ。また大学で法律の講座をとり、一九二四年に法律の学士号を授けられて卒業した。そしてテネシー渓谷の町デイトンを含む学区の教師とフットボールのコーチの職を提示された。

スコープスは、赤毛で少年のようにほほえむ、静かでおっとりしたおおらかな若者だった。バトラー法が通ってから一カ月後の一九二五年四月、スコープスは病気で二週間休む正規の生物教師の代役を務めてくれないかと頼まれた。そこで、もともと生徒たちにあてがわれていた教科書、ジョージ・ハンターの『市民の生物学』を使って教えた。この本は一九一九年からデイトンの学校のカリキュラムに採り入れられていて、ダーウィンの進化論を淡々と説明し、生物学研究の中で扱っていた。理科の一環として進化論を学ぶことに慣れていたこの代用教員にとって、この教科書に、変わったところは何も見当たらなかった。バトラー法が通ったことを漠然と知っている人たちもいたかもしれないが、そのことについて、あまり議論は交わされなかった。この新しい法律にしたがってカリキュラムを変えるよう期待されていることを、実感していない教師が多かった。

そんなある日、ニューヨークにあるアメリカ市民自由連合（ACLU）のルシール・ミルナーは、テネシーの知事が、バトラー法に署名して発効させたという小さな新聞記事をたまたま目にした。ミルナーに言われてこれに注目したACLUの責任者ロジャー・ボールドウィンは、テネシー州の法律に反対の立場から試験的訴訟《テストケース》を支援するための資金集めをはじめた。すると、国中の新聞がACLUの計画を伝えた。

デイトンにあるカンバーランド・コール・アンド・アイアン・カンパニーの経営者の一人、ジョージ・ラプリーが、ACLUが提案する訴訟の話を新聞で読んでこう考えた。ひとたびACLUが組織を動かせば大きな対立が勃発するのは間違いなく、その中心としてデイトンを全国的な注目の的にすることによってこの町を有名にするのが、自分と会社の利益になると（ふたを開けてみれば、目論見どおりこの町は国際的な注目の的になる）。この町は年来人口が減りつづけており、一八〇〇人という人口は、世紀の変わり目ころの人口の半分に近かった。メディアに注目されればいいことづくめだとラプリーら市民は感じた。ラプリーはデイトン教育委員会の委員長F・E・ロビンソンと接触した。二人は、ハンターの教科書を用いた代用教員ジョン・スコープスこそ、この新しい法律を試すのに最高の候補になると判断した。スコープスは、若くて家族もちではなく、この一件がどんな影響を及ぼすにしろ、職業生活に永久に残る損害をこうむることはなかろうと。

指導的な市民が何人か議論に加わった。スコープスを利用してデイトンを注目の的にする計画にみな賛成した。スコープスは呼び出されてラプリーやロビンソンらと会った。進化を教えたことで裁判にかけられることに同意するかとたずねられ、進化を教えないで、どうやって生物を教えることができるのかわからないと答えた。そして、生物の教科書にあるヒトの進化についての部分を読んでくるという課題を出したことで、自分はすでに新しい法律を破っているが、その課題について議論がおこなわれた四月二四日は、偶然、病気で休んでいたと言った。しかし、教えていたクラスで進化の話題に触れていた。そこで、モルモットになることを承知したのだ。のちに、彼はその理由をこう説明している。

なぜ、公立学校で進化論を教えて、テネシー州刑法に違反したかどで訴追される役を買ってでたのか。……答えは遺伝と環境だ。……デイトンで弁護された大義は、人間の短い歴史を通して常に存在してきたし、人間がここにいるかぎり、存在しつづけるものだ。それは自由の大義である。そのために、人はおのおの、自分にできることをしなければいけない。あの忘れようのない熱い夏に私がしたことは、代理人として自由の椅子に座っていただけにすぎない。大偉業などではない。それであんなに悪名をこうむったにもかかわらず。私の役割は受身なもので、悪法だと自分が考える法律を試したいという、私の気持ちから出てきたものだ。私以上のことをした人たちもいると思う。クラレンス・ダロウ［スコープスの弁護人］のような人たちが、私を助けるために駆けつけて、この事件を劇的なものにし、それに世の中の人たちが共鳴してくれなかったら、自由は負けていたことだろう。

ＡＣＬＵは、ひとたびラプリーとロビンソンから接触を受けると、デイトンがテストケースを引き受けることを承知した。そして、スコープスをニューヨークに招いて、刑事事件で告発されることにスコープスがどれほど乗り気なのかを確かめようと話しあった。スコープスは、自分のことを弁護してくれる弁護士の選択肢を示された（それまでに地元の弁護士を雇っていたが、ＡＣＬＵの申し出を受け入れた）。そしてクラレンス・ダロウを選んだ。ダロウは米国でもっとも有名な弁護士で、シカゴで殺人罪で有罪になったネイサン・レオポルドとリチャード・ロープを死刑判決から救ったばかりだった。ダロウは、すでにACLUから話をもちかけられていて、選ばれればジョン・スコープスを報酬なしで弁護することを承知していた。

すべての手はずが整うと、F・E・ロビンソンはチャタヌーガの記者に連絡して、デイトンの学校の教師ジョン・T・スコープスが、進化論を教えてバトラー法に違反したことを知らせた。かくして、歴史上とりわけ有名な裁判がはじまったのだ。一九二五年五月二五日に、スコープスは起訴された。形式上逮捕されたが、拘留されることはなかった。七月一〇日、ジョン・T・ロールストン判事がリア郡法廷の開廷を宣言して、カートライト牧師に開廷のお祈りを唱えさせ、裁判ははじまった。

イギリスで『種の起源』が出版されてから六〇年以上たって、ダーウィンの理論は新世界で裁判にかけられた。子供たちに教えるに値する理論として、社会が進化論を受け入れるべきか否かを検証したこの裁判は、信仰と科学の間にあると多くの人が考えていた本質的な対立を、公開の場で大々的に示した。あるいはむしろ、半世紀を超える歴史をもち、物的な証拠に裏づけられた科学の一分野が、聖書の字義どおりの解釈に立ち向かえるかどうかの試金石だった。

開廷の祈りのあと、ロールストン判事は、「一般に反進化論法と呼ばれているものに違反」したとしてスコープスは告発されたと述べた。それからバトラー法を読み上げた。それは、テネシー州の大学や学校で「聖書で教えられているとおりの、神による人の創造の物語を否定するいかなる理論」も教えてはならないと定めるものだった。そして創世記の第一章全体を読み上げた。読み上げはじめてからしばらくして、鍵となるくだりまできた。

そして神は言った。私の姿に似せて人をつくろう。そして、海の魚、空の鳥、家畜、大地のけものすべて、地をはうものすべてを支配させよう。……こうして神は自らの姿、神の姿に似せて人を創造し、男と女として創造した。

進化論は、聖書の創世記に述べられている男と女の創造の物語と矛盾する。ゆえに、進化論を教えたことで、ジョン・スコープスは法律を破ったことになるのかどうか。このことを判断する責任を、陪審は負わされた。

もともとの訴追者は、スコープスの友人である地元の法律家ハーバート・E・ヒックスとスー・K・ヒックスだった。のちにウィリアム・ジェニングス・ブライアンが訴追側を率いた。ブライアンは、三たび民主党の大統領候補になった人物で、人民主義者《ポピュリスト》のキリスト教原理主義者であり、米国で進化論を教えることを禁止する運動を進めていた。

法廷でのブライアンとダロウによる対決は好取り組みだった。ブライアンは信仰と伝統的な価値を代表し、ダロウは科学と進歩を代弁していた。この裁判には、中心的な問題である科学と信仰の対立の決着ばかりではなく、教会と国家の分離、また知的な営みと教育の自由という理念そのものの実現もかかっていた。創世記の文言の厳密な解釈が科学に照らして検証されることになっていたため、ダロウは弁護側の証人として科学者を何人かそろえていた。ところがその大半は、証人席に就くことをロールストン判事によって妨げられてしまった。

そのころ、進化論は論争の的となっていて、この理論に納得しない科学者もいた。進化論に反対する人々は、しばしばこの考えを無神論と結びつけた。不可知論者だとダロウが公然と自認していたことは、弁護側にとって助けにはならなかった。一方、ブライアンはよきキリスト教徒で、『神の姿に似せて』の著者であり、その中で、進化論は非合理的であり、非道徳的でもあると論じていた。

この裁判は、大きな見世物になるのが初めから確実だった。法廷は毎日超満員で、傍聴人は一〇〇〇人を上回り、そのうち三〇〇人が立ち見をした。これは米国の裁判として史上初めて全米ラジオで放送されたもので、世界中のメディアの関心を引いた。ジャーナリストが何百人もデイトンに押し寄せて、地元の商売人たちを喜ばせた。《ボルティモア・イヴニング・サン》紙上でスコープス裁判についで報道したH・L・メンケンは、これを「モンキー裁判《トライアル》」と名づけた。

一九二〇年代の米国の文芸界を代表するヘンリー・ルイス・メンケンは、ボルティモアで生まれ、ボルティモア・ポリテクニック・インスティテュートで工学を学んだあと、一八九九年にジャーナリズムの世界に転じた。米国文化の痛烈な批判で知られ、全米で人気の知識人となり、「ボルティモアの賢人」とか「米国のニーチェ」と呼ばれた。アメリカ英語について何巻にもおよぶ研究書を書いたが、有名になったのは、《サン》に偶像破壊的なルポルタージュを書いたためだった。メンケンの嘲笑的で機知にとんだ言葉は、裁判と、そこで取り上げられた争点への世間の関心が高まるのに一役買った。読者はこのような記事で迎えられたのだ。

七月一〇日。この熱い、すばらしい朝にはじまる不信心者スコープスの裁判は、ニュージャージー州ユニオン・ヒルで傷害で告訴された禁酒執行官の裁判に似たものになると筆者は推測する。つまり、司法の最高の原則を、この上なく厳密に考慮しておこなわれるということだ。判事と陪審は、どんな苦労も惜しまずに囚人の権利をことごとく保障しようとする。囚人はテネシー州の陸海軍力のすべてで身柄も感情も保護される。

七月一五日。異端者ばかりの、弁護側の証人たちが昨日から町に着きはじめ、みな、「大邸宅」と呼ばれる家に宿泊させられている。それは、町の郊外にある古い空き家で、今や簡易ベッド、たんつぼ、トランプなど科学者のキャンプ用具がおざなりに置かれている。この証人たちのなかで、神を冒瀆して陪審を憤慨させる機会を得る者は、いるとしても少ないだろう。

メンケンの言うことは誇張ではなかった。弁護側証人として連れてこられた科学者には、ついに証言を許されなかった者が多かったのだ。ダロウのチームは、創世記と進化論の間に対立などないと論じようとした。彼らは聖書の字義どおりの解釈と、科学やほかの宗教についてのブライアンの乏しい知識を攻撃した。聖書は神学と道徳の領域にとどめられ、科学を扱う営みからは遠ざけておかれるべきだと弁護側は主張した。そして、弁護側の主たる証人である科学者の証言を判事がはばんでしまったので、進化論と訴追者側の「死闘」はこんな一方的なやり方で闘われるべきではないと言い放って、弁護側は弁護を締めくくった。

弁護人のダドリー・マローンはこう論評している。「何といってもブライアン氏は、本人が知っていようがいまいが、哺乳類であり、動物であり、ヒトなのだ。……真理との闘争などない。真理はいつも勝つのであり、われわれは真理を恐れない」裁判の六日目、聖書についての弁護側の証言は本件と関連がないという判断を判事は下した。聖書の専門家として、一体だれに質問できるのかを弁護側がたずねると、ブライアンは、自分が聖書の専門家だと言った。かくして法廷の許可を得て訴追者が弁護側の専門家証人になった。

ダロウは、ヨナの物語、地球が静止しているという話、地球が創造されたと考えられる年代（紀元前四〇〇〇年）、アダムとイヴの物語、カインがどのようにして妻を得たかについてブライアンに質問した。ブライアンは、聖書に述べられている奇跡を信じていると述べ、地球がどのくらい前に生まれたかは知らず、カインがどのようにして妻を得たかも知らないと答えた。

弁護側は、法廷で証言することを許されなかった専門家による文書での証言を記録に残すことを許可された。その一人、ジョンズ・ホプキンス大学の動物学者メイナード・メトカーフはこう論じた。「聖書と進化の事実の間には対立などありません。ほんの少しの対立もないのです。聖書の字義どおりの解釈は幼稚であるばかりではありません。神をも、人間の知性をも侮辱するものです」

やはり専門家の一人である、テネシー州の地質学者ウィルバー・ネルソンはこう述べた。「進化との関連でとくに興味深いのが、岩石の相対的な古さが、岩石の中にある化石が示す生物体の複雑さに密接に関連していることです。古い岩石の中には単純な生物体が見つかり、現在に近づくにしたがって、それぞれの有機体が複雑になっていきます。ヒトとその化石および文化的遺物も例外ではありません。したがって、テネシーでもほかのところでも、進化論を用いずに、地質学を学ぶことも教えることも、不可能だと思われます」

シカゴ大学の人類学者フェイ・クーパー・コール博士はこう書いた。「ヒトとその歴史に関連する点はほんのわずかしか検討されていませんが、すでに述べられていることだけからも、ヒトの体、胚の生育、化石という証拠は、動物界に属するほかの生物たちとヒトは密接に関係しており、現在の形へのヒトの発達は、莫大な時間を通して起こったという事実を強く示していると考えられます。以上に述べたことから、進化を教えずに人類学やヒトの先史時代について教えるのが不可能であることは、争う余地がないように思われます」

何週間かにわたって、この裁判は米国の新聞の第一面を大きく占め、世界中で報道された。ダロウ率いるチームの努力にもかかわらず、スコープスは有罪とされ、一〇〇ドルの罰金を科された。ブライアンがその罰金を払うと申し出た。裁判の間、ジョン・スコープスが証人席に就くことはついになかった。その必要がなかったのだ。スコープスは、進化論を教えたことを否定しなかったのだから。

ただ裁判の終わりに発言した。「裁判長、私は、不当な法令に違反したことで有罪にされたと感じています。これまでしてきたように、今後も、できるかぎりのやり方でこの法律に反対しつづけます。そのほかのどんな行動をとっても、学問の自由という私の理念――つまり、個人の、また信仰の自由をうたうわれわれの憲法が保証するような、真理を教える自由という理念に反することになります。罰金は不当だと私は考えます」

メンケンはモンキー裁判についての最後の特報でこう述べている。

七月一八日。ダロウは裁判に負けた。デイトンにくるずっと前にすでに負けていたのだ。しかし、それにもかかわらず、決着がつくまで、それも徹底的に真剣に裁判を闘ったことで、大きな公共奉仕をやってのけたように思われる。細かい点まですべて茶番めいているかもしれないが、これを喜劇と間違えてはいけない。これによって、この国の人々は、このわびしい片田舎で、分別もなく良心も欠如した狂信者に率いられて、ネアンデルタール人が組織的に団結しようとしていることを知らされたのだ。テネシーの人々は、あまりにびくびくしながら、あまりにも遅く、このネアンデルタール人に異議を突きつけたが、今や法廷は伝道集会と化し、権利の章典は、誓いを立てて法をつかさどる公務員によって冒瀆されている。そして、野蛮人が門前まで攻めてくる前に、兵器庫を調べたほうがいい州はほかにもある。

テネシー州最高裁に上告がなされると、有罪判決は手続き上の理由でくつがえされたが、法廷は、進化を教えることを禁じる州法を支持した。

テネシーからはるかに海を越えたところで、テイヤールはこの裁判とそこで検討された問題に、特別の関心をいだいていた。進化を否定し、聖書のきっちりした字義どおりの解釈を押しつけようとする同様の強い力と闘っていたからだ。だが、こちらの状況はもっと深刻だった。テイヤールが所属し、そして、今後も所属しつづけようと決意していたカトリック修道会は、聖書についての解釈を断固として守り、異論に対する許容度がゼロだった。邪魔されない権利のためなら、テイヤールは喜んで一〇〇ドルを払ったかもしれない。だが、そういう運命はたどらなかった。進化論を提唱したことで、テイヤールが受けた罰は流刑で、年月がたつにつれて、この流刑状態はさらに長期化することになる。

北京原人が発見されると、世の人々は、スコープス裁判の直前に発見されたアウストラロピテクスに対して示した反応より、ずっと熱狂的な反応を示した。テネシーの裁判によって世界中で進化論への関心が高まっており、人々は科学が議論の余地のない決定的な証拠を見つけるのを待ち望んでいた。彼らはスコープス裁判が提供できなかった証拠を期待していたのだ。それは、類人猿とヒトとをつなぐ本当のミッシング・リンクだった。つまり、ヒトの属性とともに、ヒトほど進んでいない霊長類の属性を備え、道具をつくったり、火を起こしたりすることができた生物の保存状態のいい骨格だ。

米国でスコープス裁判が進行していたころ、ヨーロッパでは、イエズス会にとってピエール・テイヤール・ド・シャルダンが大きなもてあまし者になりつつあった。彼はどうにかしなければならない存在だった。バチカンはテイヤールの地位を心得ていた。イエズス会の司祭であるとともに、ヨーロッパの知的エリートの間で幅広い聴衆や読者を集める傑出した科学者。神聖で議論の余地のないものと教会が見なす概念、すなわち原罪、アダムとイヴ、エデンの園、堕落、創造についての見解を支持しない人物。こうした教義への異議申し立ては到底容認できなかった。そのため、バチカンはイエズス会総長レドゥホフスキに、テイヤールを何とかするよう圧力をかけた。ちょっとつつくだけでよかった。ローマにいるイエズス会の指導者たちも、テイヤールは信用できないと感じていたのだ。テイヤールは、進化論を探究する論文と講演で逆らったことがあり、またやらない保証などなかった。叙階の儀式で司祭に任命されている以上、たやすく地位を剥奪したり、破門したりすることはできなかった。テイヤールには、彼が明らかに望んでいるとおりイエズス会の司祭でありつづける資格があった。しかし、教会が危険だと見なす内容の講演、談話、著作が次々に世に出るのに歯止めをかける方策を見つけなければならなかった。

イエズス会との間で問題が大きくなっていたものの、テイヤールは一九二五年の間じゅうパリで過ごし、ここで年を越した。このころは、テイヤールにとって実り豊かな時期だった。オルドスで見つけたものをもとに、ブールら同僚たちとともに優れた科学上の成果を出し、進化論に基づいて宇宙についての哲学をさらに発展させた。自分の理論と神へのキリスト教的な信仰の間には、対立などまったくないと考えていた。テイヤールにとって、進化の最終結果は「オメガ点」、すなわち進化の線がすべて集まる点だった。

ローマにいる上層部に強く迫られて、テイヤールは六カ条の要求に署名していた。それでも、イエズス会の神父たちは、テイヤールにフランスから出ていってほしかった。進化について公に発言するのを彼が控えるとは信じなかったのだ。テイヤールは指導的な学者だったため人々が耳を傾けた。そして、イエズス会の司祭でもあったから、何かを言えば教会の体面が傷ついた。ローマのイエズス会の権威者たちはテイヤールに圧力をかけつづけた。一九二五年の夏、ちょうど米国テネシー州でスコープス裁判が熱気を帯びはじめていたとき、まさにこの裁判で取り上げられているのと同じ争点をめぐって、テイヤールは上層部との激しい対立に巻き込まれた。教会との対決でテイヤールが用いた言葉まで、米国のモンキー裁判で使われたものそのままだった。すなわち、アダムとイヴ、原罪、創造、進化などだ。

クラレンス・ダロウとスコープスの弁護団にとって、聖書と進化論との間に対立はなかったが、それはテイヤールにとっても同じだった。一方、ウィリアム・ジェニングス・ブライアンと訴追者側や、バチカンとイエズス会の権威者たちにとっては、聖書と進化論以上にかけ離れた二つの世界観はありえず、この二つは折り合いのつけようがなかった。テネシーで進化論者が裁判に負けたのとだいたい同じころ、テイヤールは、祖国にとどまろうとする闘いをあきらめた。そしてオーギュスト・ヴァランサンに告げた。今ほしいのは、いろいろなことを片づけるための六カ月の時間だけで、それが済んだら渋々ながら中国に戻って再びリサンに合流する用意があると。

テイヤールは苦悩し、苛立っていた。何より、自分は一つの組織のおきてにしたがうことを誓ったが——そして頭の中、胸の内では確かにしたがっていたのに——その組織から公平な扱いを受けていないと感じていた。だが、自分の良心や、この世で自分が果たすべきだと考える役割を、裏切ることはできないとも感じていた。その役割とは、敬虔な信仰者であるとともに献身的な科学者であるというものだった。「私を苦しめるのは、自分に要求されているのは無駄な犠牲であるとはっきり感じていることだ。私にとって地質学は、心をしずめてくれ、気晴らしになるものなのに、あの方々は私が地質学によって堕落していると想像している。また、私の教えているのは純粋に専門的なことなのに、これらは危険だと考えている。自分たちが要求する外向きの態度を私がすんなりとるとはあまり信用していないのだ。あるいは、人々の目に過度にさらされるポストに就いているため、私が及ぼす『一般への影響』を恐れている」

のちに、テイヤールが友人のアイダ・トリートに説明しているところでは、地質学こそ自分の「根っこ」であり、その活力で自分を導いて「人類の問題、つまり人間的レベルにおける一体化、探求、組織（何より心理的なそれ）」へと前進させてくれるというのだった。この科学の外で生きることはできないと、テイヤールはひしひしと感じていた。

教会との関係で自分がどういう状況にあるか、彼にはわかっていた。消し去りようのない誤りを犯して、自分たちの評判に修復不可能な損害を与えたと、修道会から見なされていることに気づいていた。そのことが、手紙や、伝えられている会話のやりとりからわかっている。問題は、テイヤールとカトリック教会の間で信頼関係が失われていたことだった。

修道会および教会とテイヤールの対立には、さまざまなレベルがあったという点を理解することが大切だ。イエズス会は、バチカンからある程度自立した修道会だったし、今もそうだ。バチカンとは別個に管理運営され、独自の指導者を頂いている。それでもイエズス会は、教皇、枢機卿、検邪聖省(現・教理省)、そしてバチカン全体からどう見られているかをいつも気にかけている。そして今、指導的な科学者として、またイエズス会士としてのテイヤールの教えが、修道会にとってひどく困った事態を引き起こし、イエズス会とバチカンの間にも問題が生じかねなかった。フランスのイエズス会士たちは昔からローマのイエズス会上層部から、ある程度の自立を維持しようとしてきた。そのため、テイヤールはリヨンのイエズス会の管区長からの支援を期待していたかもしれない。しかし、テイヤールの見解は、イエズス会士にとって、あるいはどんなカトリック司祭にとっても、あまりにけしからぬもので、ローマの修道会のレベルでも、フランス国内の管区のレベルでも、必要な支持を得ることができなかった。リヨンの管区は保護を与えてくれなかった。

ところが、テイヤールは世俗世界では、とくにフランスの知的世界では地歩を固めつつあった。博物館でブールとともに取り組んだ仕事を通して詩人のポール・ヴァレリーと出会い、親しい友人になった。また、名高いフェミニストの女性文筆家レオンティーヌ・ザンタのサロンで、ほかの知識人とともにもてなされた。さらに、量子論に貢献したルイ・ド・ブロイの兄弟である物理学者のモーリス・ド・ブロイと頻繁に会い、進化について論じ合った。テイヤールの見解のゆるぎない支持者は、イエズス会士などカトリック教徒のなかにも数人いた。そのなかにはオーギュスト・ヴァランサンがいたし、進化論について好意的なことを書いていて、アンリ・ベルクソンとその仕事に大いに感服していたエドゥアール・ル・ロワがいた。

一九二五年の終わりごろ、イエズス会当局は、論争を呼ぶこの司祭をヨーロッパにとどまらせておくのは危険すぎると判断し、中国に戻るよう命じた。テイヤールは、不平も言わず運命を受け入れた。避けられない命令を受ける覚悟はできていた。そしてパリでの残された時間を、それまでにも増して懸命に博物館で働いて過ごした。自分が熱中するさまざまな問題にブールとともに取り組む機会は、これが最後かもしれないという気がしていたのかもしれない。また同じように、宗教の問題にも取り組み、出発前の数カ月の間にときおり講演をした。

一九二六年四月、テイヤールはマルセイユでアンコール号に乗って旅立った。これが中国への流刑であることはわかっていた。これよりのち、ヨーロッパに戻るときは、いつも一時的な訪問者として帰ることになる。教会の許しを得てヨーロッパにきて、命じられるとすぐに出て行かなければならなかったのだ。

テイヤールが、いとこのマルグリット・テイラール・シャンボンにあてて書いた詩情あふれる手紙から、フランスを離れたときにどう感じていたかが明らかになる。

一九二六年四月二六日、アンコール号の船上で

ボニファシオ［コルシカ］の前を通るのは、一九〇六年からこのかた、これで三度目です。きょうは海が灰色で荒れています。かつて、私が最初の目覚めを見出すことになるエジプト行きのときに通過した、藍色の湖ではありません。しかし、今私が乗っている船は、あのときに同じ東洋に、私を運んでくれた船よりしっかりしているし、遠くまで旅をすることになります。三年前より、一八カ月前より、年をとっているのは間違いありません。もう、かつてと同じように豊かに、同じように我を忘れるような感激をともなった発想が、私のうちに生まれはしません。ああ

いう発想、あの豊かさは、一人の人間の人生で長つづきはしないのです。けれどもその一方で、私は心の奥底では、自分が変わったとは考えていません。前より冷めた気持ちで、ほとんど喜びもなくですが、同じように、この世界をわがものにすることを目指しているのです。二五年にわたる経験から、自然を、また、物質のうちに漠然と漂っているのをかつて目にした魅力を、よりよく定義するにはどうしたらいいかを学びました。今では前よりはっきりものが見え、前よりしっかり自分の考えを守れます。前ほどはものごとに感じ入りません。いま追い求めているのは昔と同じ魅力なのに、魅力として私には映らないのです。かつては、目にするあらゆるものの表面から光がきらめき、私はあらゆるものにただちに喜びを感じました。その光は今では消えてしまったようです。さまざまな色、さまざまな場所を映した束の間の薄膜は、今では、涙が出るほど退屈です。愛するものを目にすることはもうありません。

ボニファシオの町と同じ名前の教皇が何人かいる。この点をテイヤールは見落とさなかったにちがいない。こんな気分になるのに、そのことが一役買ったのかもしれない。「物質」という言葉からは、一九一九年の論文の表題「物質の霊的な力」が思い出される。

船がエジプトの海岸に沿って進み、スエズ運河に近づくと、テイヤールはその二〇年前、二五歳のときにイスマイリヤに到着したときのこと、また、目の前に人生と冒険が広がっていたときの熱狂と興奮を思い出して物思いに沈んだ。「一〇歳若かったらすばらしいことができるのだがと、今では思います」とマルグリットあての手紙に書いている。

いとこに手紙を書いてからまもなく、テイヤールの気分は好転した。テイヤールは、フランスを離れるときの落ち込んだ状態で思っていたよりずっと、この世界と人々を愛する人間だった。実際、スタミナ、エネルギー、生きたいという渇望が大いにあった。四五歳の自分に、まだこれほどそうしたものがあるとは思ってもいなかった。大切な年月は、過ぎ去ったものではなく、この先だ。長い間落ち込んだままでいるには、テイヤールは楽天的すぎた。とくに魅力的な人々に出会おうとしていたのだから。

アンコール号の乗客のなかに、たいへん興味深い夫婦がいた。その夫婦、アンリ・ド・モンフレとその妻アルムガルトをテイヤールが見つけるのに、長くはかからなかった。夫妻は、アンコール号の次の寄港地ジブチを経由して、アフリカに自分たちがもつ「領地」であるオボクに行く途中だった。ある晴れた暖かい朝、船がスエズ運河を通って紅海に入るとき、テイヤールはいつものデッキの椅子に座ってノートにものを書いていたが、にわかに顔を上げた。だれかに見つめられているような気がしたのだ。目の前に背の高い筋肉質の男が立っていた。くつろいで自信ありげで、口ひげをたくわえ、日焼けした顔をしていた。二人は言葉を交わした。そして、航海の間、毎日話をした。テイヤールはモンフレ夫妻と友人になった。それどころか、この夫婦との間に結んだ親交は、テイヤールの人生でとりわけ長くつづく親交となった。この友情の変わったところは、テイヤールとモンフレ夫妻に、共通点が何もないように思われたことだ。テイヤールは、従順に流刑地に向かう敬虔な司祭、モンフレは、海賊とも、武器密輸人とも、麻薬の売人とも言われていた人物だった。もっともよく使われていたあだ名は「紅海の海賊」だった。この人は謎めいた人物だった。ヨーロッパ社会のルールにしたがうのを拒み、好きな商品を取引するのは自分の権利だと思ってアフリカに渡ったフランス人である。自由な精神の持ち主で、危ない暮らしをし、常に闇取引にかかわっていた。しかし、愛嬌があって、ひとを引きつけた。そしてアルムガルトは落ち着いた女性だった。テイヤールは、この夫婦が人生と冒険にいだく渇望に魅せられた。

テイヤールは彼らに引きつけられ、まだアンコール号に乗っている間に、アルムガルトにこう告白した。「アンリを、アンリが彼自身について語る言葉を完全に信用しています。けれども、それにもまして本当に、あなたを、あなたとアンリを愛しています。アンリについてひとがどこで何を言っているかなど気にしません。そんなことにはまったく興味がないのです」この出会いは幸運だった。気ままで、どんなルールにもしばられないこの夫婦の生き方を目にして、テイヤール自身の精神が解き放たれ、苦しみ痛めつけられていた魂が自由になったのだ。そしてアンリは、死んでもテイヤールとの友情は終わらせないと誓ったのである。

アンコール号は五月にジブチの埠頭に着き、新しい友人たちと別れるときがきた。テイヤールはモンフレ夫妻から、できるだけ早く自分たちの地所を訪ねるよう誘われた。そして、彼はこの招きに応じることになる。その時は、おそらく本人が考えていたよりも早く訪れただろう。

テイヤールは、今や意気揚々としてその後の旅を楽しむことができた。アデン、コロンボ、シンガポール、サイゴン、最後に上海に立ち寄った。船がサイゴンに数日間とどまったので、テイヤールはその間に列車でジャングルを通ってハノイに行った。この太古からの森林では、広範囲に及ぶ火事が起こっており、火の通り道にあったものは何もかも破壊されていた。それは恐ろしい光景だった。炎に包まれた木々と、恐怖に駆られてジャングルを逃げだす動物たちをテイヤールは目にした。疑いをいだいていない生物たちに向けて、自然が解き放ちうる力のすべてを火が象徴していると受け取り、畏れかしこまるとともに悲しんだ。「何年か前から、田園が後退し、堂々たる動物たち（バッファロー、ゾウ、トラ）が姿を消すのを目にして心を痛めています」と書いている。

船が上海に着き、列車が走っていなかったので、テイヤールは日本の小さな船で天津に行った。六月一〇日にリサンの研究室に行くと、さっそく同志に仕事を申しつけられた。一九二二年にテイヤールとともに調査したモンゴルの同じ遺跡で、リサンは一九二五年に化石を掘り出していた。仕事とは、それらをきれいにし、正体を特定することだった。

まもなくリサンは、そろそろ新たな遠征をすべきだと考えた。テイヤールとともに西に旅し、黄河に沿って甘粛省《カンスー》に行き、さらに標高約二〇〇〇メートルのチベット高原に入って、新たな化石を探したいと望んでいた。二人は、この新たな遠征に向けて入念な準備に取りかかり、通行許可証と必需品を手配し、キャラバンを集めた。列車で北京から南に向かって黄河まで行き、そこから東西に走る列車に乗って、はるか西まで旅した。「甘粛の蘭州《ランチヨウ》から中国領チベットまで行けるとリサンは考えていました」とテイヤールはマルグリットあての手紙に書いている。「ところが、そこでまったく通信手段もないまま、数週間足止めを食らうことになるのです」

テイヤールは旅について書きつづけた。「陝　州《シャンチヨウ》から一週間以上歩いてやっと、必要だったラバが見つかりました。ひっきりなしにラバの値切りをしてきました。そして、今やっと蘭州に向かっています（二〇日から二五日かかります）。陝州までのルートは通行しやすく、あまり障害はありませんでした」

中国はテイヤールが前にきたときより、はるかに危険な場所になっていた。一九一八年に監察長官（巡閲使）に任命されてから満州を統治してきた将軍、張作霖《チャンツオリン》が軍隊を引き連れて進撃し、馮玉祥《フェンユーシャン》と呉佩孚《ウーペイフー》の二人の将軍と、中国北部の支配権をめぐって争っているところだった。中国国民党は、この二人のイエズス会士が入りたいと望んでいた地域で、この将軍たちに対して攻勢に出ていた。そこでリサンは、西に向かう古いシルクロードにいたるルートを選んだ。ところが、およそ八〇〇キロ旅したところで、キャラバンは厄介なことに出くわしてしまった。馮将軍の連隊の一つと遭遇し、西に進むのを拒まれたのだ。

西安府《シーナンフー》の町の手前約五キロのところで、イエズス会士たちの目の前で道がふさがれてしまった。パリのマルスラン・ブールにあてた手紙で、テイヤールは自分とリサンは戦闘地域に踏み込んでしまったと述べ、つづけて、「われわれはこの前線を迂回するのは不可能だと気づきました」と書いている。悔しいことに、「渭河《ウェイホー》の渓谷が実は本当の落とし穴」で、「今年甘粛《カンスー》にたどりつくことは不可能で」あることにテイヤールたちは気づいた。抜け目なく計算し、経験を通して中国人のやり方に通じていたリサンは再び針路を変えた。テイヤールとリサンは今度は北、山西省《シャンシー》の高地に向かった。そして、そこに何週間かとどまって化石を探した。

天津に戻るとリサンは、古生物学上の遺物がもっとも豊富に見つかったモンゴルの砂漠をすぐに再訪しようと決めた。リサンとテイヤールは新たなモンゴル遠征に出かけ、博物館に置く化石が詰まった大きなケースを、七つ運んで帰ってきた。そして、テイヤールは再び仕事に取りかかり、中国の地質と古生物についての論文を書いた。ゴードフロワ神父への手紙で、このいちばん最近の危険かつ困難な旅で、リサンとともに見つけたものについて述べている。この旅でもまた、追いはぎを避け、ほんのわずかな装備と食べ物で間に合わせなければならなかった。テイヤールが書くには、今回、彼とリサンが発見したものは、「更新世の動物相として認められている、中国でもっとも古いものを含む、湖畔の広大な地層です。著しく多様な動物相を見出しましたが、残念ながら、人類と認められるものは何もありませんでした」。流刑の身であったとしても、テイヤールは望むだけの冒険を楽しむことができ、ヨーロッパから遠く離れているかぎり、だれからも妨げられなかった。

リサンとともに遠征で収集した化石をきれいにし、分類、分析する仕事がかなりはかどると、テイヤールは努めて北京をよく訪れた。パリにいられなくても、少なくとも北京には、テイヤールが切望する地球市民的《コスモポリタン》な知的環境にもっと近いものがあった。テイヤールは、前に中国に滞在したとき、この都市で、中国人も外国も含む学者の活気ある共同体を見つけて喜んでいた。そして今や、無期限にこの国で暮らすことを強いられている以上、この状況で、利用できるかぎりのものを利用したかった。北京で活用できる社交上、職業上、科学上のコネクションを活用したかった。テイヤールはそこで旧交を温め、米国人、イギリス人、フランス人など、活気ある社交グループをつくっている人たちと友人になった。

テイヤールは、北京協和医学院のデイヴィッドソン・ブラックや、ともに中国地質調査所と関わりがあったために知り合ったヨハン・アンデションなど旧知の研究者たちを探し出した。こうして旧交を温め、北京で科学に関するさまざまな集まりに出た。そうした中でテイヤールはアンデションに誘われ、中国を訪れたスウェーデンの王族を歓迎する一九二六年一〇月二二日の祝賀行事に参加したのだ。アンデションが周口店で発掘を再開したことにテイヤールは興奮していた。このスウェーデン人地質学者と同じく、龍骨山の洞窟にはすばらしい宝が隠されているという予感がしていた。そして晩餐会のあと、アンデションから、一時的に止まっていたプロジェクトを支援する決定を王子が下したと聞かされて歓喜に包まれた。

テイヤールは、そのあと何度か北京に行き、世界中から科学者が集まる催しに数回出席した。そうした専門家たちはみなテイヤールの評判を知っており、彼はこの人たちといろいろな考えや調査結果を交換した。

テイヤールの心の安らぎを打ち砕いたのは、フランスから受け取った知らせだった。アンスティテュー・カトリックでの役職を、ローマのイエズス会の権威者たちによって取り消されてしまったというのだ。テイヤールはまだパリの自然史博物館とのつながりを維持していたが、アンスティテュー・カトリックの職を失って、ヨーロッパでの立場が不安定になった。要するに、ヨーロッパに帰る道を閉ざされたのだ。この知らせを受け取ってから、友人あての手紙に、自分の根っこはパリにあるし、これからもずっとそこにありつづける、だれがそれを掘り出せようかと書いた。心の奥底では、自分は東洋を理解していないとも告白している。しかし、こちらには科学研究の大きな機会があったし、ヨーロッパでのテイヤールの立場に対してイエズス会に何ができるにしろ、テイヤールは今はこちらにいて、大きな科学上の冒険に参加する用意ができていたのだ。

自分の苦境をめぐる苛立ちや悲しみ、絶望から、そして、教会をなだめようと誠実に試みて、テイヤールは本を書きはじめた。『神の場』(*Le Milieu Divin*)と題されたこの本は、テイヤールが言うには「信心のためのちょっとした本」で、その中心は、信仰について、また、宇宙の中に人類が占める位置についての包括的な見方にあった。

この本に取り組む間、テイヤールは絶え間なく、ローマのイエズス会上層部やリヨンの管区長に手紙を書いて、フランスへの帰国を懇願した。中国で古生物学に取り組んで一八カ月を、そのあとパリで、見つけたものを分析して六カ月を、それぞれ規則的に過ごすというのはどうかと提案した。自分が博物館のブールに科学者として義務を負っており、そうした義務を果たさなければならないことを上長たちに思い起こさせた。そして、イエズス会からの返答を待つ間に『神の場』を仕上げた。テイヤールはこの本を誇りに思い、これを出版する許しが修道会から与えられるだろうという望みをいだいた。

帰国願いを何カ月かにわたって検討した末、イエズス会は態度を軟化させ、テイヤールにフランスに旅する許可を与えた。友人のヴァランサンとル・ロワがテイヤールのために管区長に働きかけ、管区長がローマの権威者たちに要望を提出していたのだ。テイヤールは里帰りできることを喜び、一九二七年八月二七日、上海で船に乗った。

ひとたびパリに着くと、テイヤールは『神の場』を出版する許しを強く求めたが、ローマのイエズス会の検閲者は如何ともしがたかった。地球中心のアプローチで、神を愛することと、地球を愛することを調和させようと試みたこの本は、反キリスト教的だと見なされた。異教的とさえ見なされたかもしれない。テイヤールは、教会を喜ばそうとする努力の一環としてこれを書いたのだから、皮肉なことだった。『神の場』は、原罪という考えへの異議申し立てを何ら含んでおらず、伝統的なキリスト教のシンボル、つまり十字架、洗礼、聖体を扱っていた。だが、自然、地球、すべての創造物への献身に、また、進化を暗示する成長と発達の概念に、教会は疑念をいだいた。当局はこの本について心配し、テイヤールが所有していた校訂されていない写しが、謎めいた状況で「姿を消して」ローマに現れ、そこで調べられた。

この間、テイヤールの友人のなかには、ヴァランサンやル・ロワをはじめ、自分たちの講演の中に彼の用語や考えを盛り込み、それらをテイヤールのものだと述べる者もいた。このことで修道会はさらに激怒した。一九二八年に、一人のイエズス会士がパリにやってきた。振舞いを変えないかぎり、中国よりさらに遠い場所に追放されることになり、科学の仕事をつづけることを許されなくなると、テイヤールに再び警告するためだった。

こういう状況では、中国にいたほうがいいとテイヤールは悟った。中国では絶えず厳重に監視されてはいない。流刑地に戻るのだ。あちらにはよき支援グループがいるし、古生物学のはかり知れないほど重要なプロジェクトがある。

テイヤールは、残されたフランスでの月日を、社交的な催しに参加したり、自分を愛してくれているイエズス会士たちと旧交を温めたり、親族を訪ねたりして過ごした。高等師範学校《エコール・ノルマール・シュペリウール》の学生たちに向かって、『神の場』で述べられている概念に基づいて講演をおこない、原稿の写しを配った。

そして論文「進化の概念の基礎」を書き、フランス国内で知的な営みをおこなうための隠れ家で、ブリュノ・ド・ソラージュ神父に写しを一部渡した。神父は、テイヤールがキリスト教の信仰と進化論を一体化させたやり方に感銘を受け、この主題について詳しくテイヤールの話を聴いた。知的かつ進歩的な考え方をする聖職者であるソラージュは、テイヤールの考えを理解した。彼の進化論の受け入れ方には、破壊的で危険なところや反キリスト教的なところなどなく、テイヤールは、科学と信仰を調和させるすべを見つけたのかもしれないと考えた。ソラージュは、テイヤールのとりわけ熱烈な支持者になり、そして見解の擁護者となった。

ブリュノ・ド・ソラージュは、勇気ある揺るぎない人物だった。第二次世界大戦ではレジスタンスに奉仕し、ナチスの強制収容所に入れられることになる。また、猊下《モンシニョール》という称号をもつ高位聖職者として、トゥールーズのアンスティテュー・カトリックの学長と教皇付きの聖職者を務めた。そしてローマで、テイヤールのもっとも頼りになる擁護者となった。カトリック教会は、重きをなすメンバーの間にテイヤールの理論への賛同が広がっていることに、この上なく苛立った。テイヤールはパリを発って、オーヴェルニュにある家族の地所に行き、そこでお気に入りのいとこマルグリット・テイラール・シャンボンとともに過ごしてから、南西に向かって旅をつづけた。そして、先史時代の芸術が見つかったピレネーの洞窟を数カ所訪れた。数多くの発見を成し遂げ、クロマニョン人の洞窟芸術の古さを証明したために、フランス人から今なお「先史時代の教皇」と呼ばれる友人のブルイユ神父と、テイヤールの戦友マックス・ベグエンが同行した。テイヤールたちはベグエンの父のシャトーに滞在した。近くにピレネーのアリエージュ地方の先史時代の洞窟がいくつかあった。この牧歌的な環境で、テイヤールは、あたらしい論文の最初の数ページを書きはじめた。彼はこれを「現象としての人間」(Le Phénomène Humain)と呼んだ。そして、のちにこのタイトルで本を書くことになる。

一九二八年一一月七日、テイヤールはマルセイユでシャンティイ号に乗船し、再び中国に向かった。そして途中アフリカに立ち寄った。オボクにモンフレ夫妻を訪ねるためだった。テイヤールは地質学者のピエール・ラマールとともに旅をしていて、彼とともにジブチで船からおりた。

アンリ・ド・モンフレがフランスを離れたのは一九一一年、三〇代初めごろのことで、紅海でひと旗揚げるためだった。そのころフランス領ソマリランドにあったジブチの街の北にあるオボクに根を下ろし、真珠の取り引きで大もうけした。アラビア語を覚え、アフリカの中のこの荒れ果てた無法地帯になじんだ。ソマリアとエチオピアの軍閥が、飽くことなく武器を欲しているのがわかると武器商人となり、財産を築き、アフリカの角《つの》周辺でふるう影響力をさらに強めた。そうなると、アヘンとハシッシュの取り引きにも手を染めるのは、大した転換ではなかった。そして、やってみると、これは武器より利益になった。一方、モンフレは科学にも興味があった。海岸に近い家から内陸に入ったところにある大地溝帯《グレート・リフト・ヴァレー》で、偶然にいくつかの化石を見つけていた。ここはまさに、二〇世紀にリーキー一家やドナルド・ジョハンソン、アラン・ウォーカーなどがアフリカのヒト科化石生物のもっとも重要な発見をすることになる地域だ。

テイヤールとラマールは、あちこちにのびるモンフレ夫妻の海辺の地所で温かく迎えられた。ラマールは、その何年か前にアフリカを訪れたときにモンフレに会っていた。モンフレはここでは有名な西洋人で、ヨーロッパ人旅行者はよくモンフレを訪ねた。テイヤールとラマールは、モンフレに歓待された。そしてこの科学者司祭と地質学者を一目見ようと、興味津々で訪れた多くの地元の人々にももてなされた。モンフレと客たちは探検趣味を共にしていて、日々内陸に入っていた。

ある日モンフレは、この二人の来客をほかの白人が行ったことのない山へのトレッキングに連れて行った。地元の人々はこの「海賊」を知っていて、畏れ敬っていた。そして、ほかに背の高い白人を二人もともなっているのを目にして、その敬意は強まった。三人ともエレガントなサファリ服を着ていた。ある時のハイキングで、三人はとくに毒の強いアフリカのスズメバチの巣を揺らしてしまい、テイヤールは数匹に刺された。一匹に刺され、ひどい痛みに苦しんだモンフレはテイヤールに深く敬服した。彼は何匹にも刺されながら、一言も言わずに痛みに耐えていたのだ。

テイヤールは、マルスラン・ブールにこういう手紙を書いている。

一九二八年一一月二六日、オボク

わが師、そして友へ

オボク（ジブチから海を六〇キロ行ったところ）でこれを書いています。ここには一二日前から滞在しています。友人のモンフレが、ここでしなければならない仕事があるからでもあり、ジブチの知事（シャポン・ボワサック、あるいはむしろその奥方）の気まぐれのためにここから動けないからでもあります。嫉妬か怨恨のせいで、この人は、ダンカリ族（地元の部族）の土地を私が旅することで、ド・モンフレが政治的扇動（！）か武器の取引（!!）をおこなうことが可能になると信じているのです。そして、このばかばかしい理由で、私たちを見張らせるために遠征隊をこちらに送ってよこしました。この事態は植民地で物笑いのたねになっており、おかげで私はダンカリ族の間で人気者になっています。けれども、本式の反乱に加わることができないよう、私は、ここから一五キロ離れたマッシーフ［山塊、地塊］を探検しに行くのを止められています。そこではダンカリの首長が、両手を広げて私たちを待ってくれているのに！

やがて、モンフレとテイヤール、ラマールは、不法に国境を越えてエチオピアに入った。モンフレはフランスの植民地当局にもっぱら軽蔑しかいだいておらず、この地域の先住民たちからは英雄とあがめられていた。先住民たちに助けられ、越えたければどんな国境も越えることができた。三人は、ひと月の間、岩の砂漠を探検してから内陸に向かい、ハラル高原に行った。ここは、聖書に書かれているエデンの園のような未開の土地で、バナナなどの果物が豊かに実り、ヨーロッパでは見られない種類の鳥や、アンテロープ、ヒヒが数多くいた。クリスマスに、テイヤールはジャングルの中でミサを執りおこなう場所として、カプチン会修道院を見つけた。一行はさらに南に旅をつづけ、エレル渓谷に行き、そこでテイヤールは旧石器時代の遺跡を調査した。

一九二八年一二月二八日、テイヤールはマルグリットあての手紙に、アファール地方を訪れたときのことを書いている。ヒトの祖先の起源について彼がいだいた直観は驚くほど正確だった。テイヤールは知るよしもなかったが、まさにこの地域で四五年ほどのちに、ドナルド・ジョハンソンが、歴史上もっとも有名なヒト科化石、「ルーシー」の名で知られるアウストラロピテクス・アファレンシスを発見することになるのだ。

ヨーロッパにいる敵たちに悩まされていたこの司祭は、そこから遠く離れたアフリカのこの地方を旅しながら自由を見出した。解放され、若返ったような気がした。一九二九年二月、テイヤールは再び船に乗り、今度はアンドレ・ルボン号で香港に向かった。そこから船を乗り換えて上海に行き、さらに天津に行く予定だった。アフリカを離れる前に、動物の化石が入ったケースを五つ、パリの自然史博物館にあるブールの研究室に送った。テイヤールの伝記を書いたジャック・アルヌーによると、テイヤールは一度、中国からモンフレのところにアヘンをもっていったことがあった。モンフレが

「個人的に使用するため」のものだったという。またテイヤールは、中国領トルキスタンに入ろうとしたモンフレを罠にかけて捕らえた当局に働きかけて、彼を救った。モンフレは、そこでハシッシュを受け取るはずだったのだ。それから、モンフレの息子マルセルが一人でサイゴンにいて商売上の困難に直面していたとき、テイヤールはマルセルを訪ね、援助を申し出た。

アンドレ・ルボン号の上で、テイヤールは、教会が現代世界と折り合いをつけられず、新しい考えと科学を受け入れられないことを批判するメモを書いた。教会は、「言葉による神学」という古来の立場にとらわれ、世界は前に進みつつあるということが見えないのだ。テイヤールはこう書いている。「世界を救うために、キリストを聖職者たちから救うべき時がきた」テイヤールは本物の反逆者となったのだ。

第10章　北京原人の発見

中国に戻るとテイヤールは古人類学のプロジェクトにどっぷり浸かった。周口店《チョウコウティエン》を一九二六年に初めて訪れていて、ここでおこなわれている調査に乗り気だった。初期のヒト科生物が見つかる可能性に当初は疑いをいだいていたが、予備的発見で、今ではこの場所からミッシング・リンクの化石が出る潜在的な可能性があるとすっかり信じていた。これはデイヴィッド・ブラックなども同じだった。

テイヤールがいない間に、ヨハン・アンデションの仕事が有望な展開を遂げていた。北京協和医学院が、アンデションの発掘作業を支援することを承知したのだ。中国でのヒト科生物の調査に、気前よく資金を供与するとグスタフ王子が発表したことを知って、この大学に資金を提供するロックフェラー財団が、それまでの方針を一転させたのである。財団はもうデイヴィッドソン・ブラックがこの調査に没頭するのに反対せず、周口店のプロジェクトに資金を提供した。

化石探しへの新たな取り組みを支えるために、財団は北京協和医学院内に人類生物学研究所と新生代研究所を設立した。発見される化石は、この研究所で保管され、分析されることになる。研究所の所長にはブラックが任命された。

一九二七年三月二七日、充分な資金を与えられて、周口店の洞窟の調査が本格的に再開された。野外調査を割り当てられたグループのメンバーたちは、ラクダのキャラバンのための大旅館に住まわされた。この中国の農村地域で、宿泊施設はここ一軒だけだった。ここで寝泊まりしたチームには、このプロジェクトのために雇われたスウェーデンの古生物学者ビルイェル・ボーリンと中国人地質学者が何人か含まれていた。また地元の住民六〇人が作業員として雇われた。プロジェクトを監督するブラックは北京に残ったが、しばしば周口店におもむいた。

このように周口店での作業を支援したロックフェラー財団は、中国でヒト科化石を探すことに強い関心をいだく、米国の別の組織と競っていた。それはニューヨークのアメリカ自然史博物館だった。この博物館は、自前のチームを送ることを計画していたが、今や二つの資金源から調査の予算がたっぷりついたので、アンデションは周口店をしっかり押さえておくことができた。博物館が送った米国チームは中国に到着すると、モンゴルでのみ発掘をおこなう許可しか得ることができず、そこでは恐竜の骨は見つかったが、人類の骨は見つからなかった。

一九二七年の発掘シーズンが終わるまでに、周口店のチームはヒトのもののような歯を見つけた。デイヴィッドソン・ブラックは有頂天になった。この歯によって、新しい種をシナントロプス・ペキネンシス（*Sinanthropus pekinensis*、北京の中国人）と名づけるための証拠がそろったと確信した。彼はさらに資金を供与してくれるよう、ロックフェラー財団に申請した。そしてそれを手に入れたのだ。ブラックの調査は、滞りなく進んでいた。

リサンは、テイヤールが北京の科学界からたいへん高く評価されているのに、自分はそうでないことを知っていて、この同僚がねたましかった。一九二九年三月の初めごろにテイヤールが天津に着くと、解消しようがない意見の違いがリサンとの間にあることが明白になった。テイヤールにとっては、太古の骨の一つ一つが一個の物語を語っていた。すなわち、生命について、過去について、進化について、神による創造についての物語だ。しかし、リサンにとっては、収集されるべき化石は、標識づけされ、展示されるべきものにすぎなかった。博物館の目的についてのこの二人の見解は一致しなかった。

またリサンの考えでは、博物館はフランスが外国に置いた前哨基地であり出先機関だった。そのコレクションは、中国人やほかの西洋人と分かちあうべきものではないというのだ。リサンは、テイヤールと二人きりで仕事をするのを好み、自分の見出したものを博物館の中にとどめておきたがった。ほかの人たちと共有したがらなかったのだ。リサンにとって、ここは「自分の」博物館だった。リサンは何年も中国に住んでいて、ずっと前に孤立主義的な習慣と意見を身につけていた。中国人を信用しなかったし、西洋人の間にも友人や協力者はいなかった。

一方、テイヤールは、知識と科学は人類のものであり、すべての人が分かちあうべきものだと考えていた。そのような国際的な協力と科学の結果の一例が、ヒトの祖先を明らかにするために、多くの国籍にわたる科学者が協力しあっていた周口店だった。テイヤールは社交的で、どんな生い立ちのどんな国籍の人とも打ち解けることができ、会話を大いに楽しみ、経験を共有した。北京ではいろいろな人に会ってアイディアをやりとりし、いつも北京への旅を楽しみにしていた。テイヤールとリサンの間の流儀と見解の不一致はあまりにも極端で、二人の間に衝突が起こるのは時間の問題だった。

当時、中国地質調査所が周口店を監督しており、このときの事業の責任者は、ベルギーで訓練を受けた中国人古生物学者の翁文灝《ウォンウエンハオ》だった。デイヴィッドソン・ブラックは名誉所長に任名され、テイヤールに古脊椎動物学についての名誉顧問の役割を引き受けてくれないかと頼んだ。テイヤールはこの役目を引き受けた。天津に常駐しろと、リサンから猛烈な反対にあったにもかかわらず。そして、周口店でおこなわれている国際的な取り組みに正式に加わったのだ。

そのときから、テイヤールは、ますます不機嫌になっていくリサンと天津で過ごす時間をさらに減らした。そして、機会があるごとに北京を訪れることになる。北京では協和医学院でデイヴィッドソン・ブラックの研究室から遠くない研究室を使わせてもらった。テイヤールにとって、中国地質調査所のこの新しい役職は、願ったりかなったりだった。これで、地質学、生物学、解剖学、古生物学、人類学という自分の興味の対象が組み合わさった大きなプロジェクトに直接かかわれることになったのだ。何年にもわたって教育を受け、野外調査の準備をし、懸命に研究を続け、化石を探すことへの熱意にあふれるテイヤールは、この多国籍な取り組みに加えるのにうってつけの学者だった。

一九二九年三月の終わりごろ、テイヤールはマルスラン・ブールあての手紙に、周口店ですでに見つかっていた数多くのもののことを書いた。

多くの友人と再会するために北京に通っています。早いうちに「シナントロプス」を見に行きました。周口店でいくつかのものが（きわめて満足のいく状態で）見つかったということをすでに上海で知って、仰天していました。今、ブラックは、ばらばらの歯を二〇個ほど大人の下顎骨の大きな断片を一つ、子供の完全な下顎骨（右側は完全で左側は第一小臼歯まであるもの）を一つ、大人の頭頂骨を一つ、子供の（小さい）頭蓋骨の断片を数個もっています。……これらに大いに〝excited〟な気分になったことを［テイヤールは、興奮したというのにフランス語の手紙の中でこの英単語を用いている］お話ししたいと思います。ブラックは本を出版しようとして（スケッチと写真はすべてそろって）おり、まず《ネイチャー》に論文を発表すると言っています。

翌月、テイヤールは、中国に戻ってから初めて周口店を訪れた。そして、前回訪れたときから、発掘がどれだけ大規模になっているかを見て驚いた。前は、広さ二・七平方メートルほど、深さ五メートルほどの溝が一つあるだけだったのが、今や長さ一二〇メートル、もっとも広いところで幅三六メートルの発掘現場があちこちにのびていて、爆発物を使って大きな岩が木《こ》っ端《ぱ》微塵《みじん》にされており、おおぜいの作業員が大量の土と破片の山を片づけていた。

一九二九年に周口店で発掘をおこなっていた中国人のなかで、もっとも若かった賈蘭坡《チャランポー》によると、その年、ビルイェル・ボーリンは発掘現場にいなかった。賈はこう書いている。

> 中国地質調査所の所長デイヴィッドソン・ブラックと協議したあと、翁文灝《ウォンウエンハオ》は裴文中《ペイウエンチヨン》を周口店のプロジェクトの責任者にした。その年の四月のすばらしい日に、裴《ペイ》、ブラック、テイヤール、楊鐘健《ヤンチヨンチエン》は、今後の発掘計画について話し合うために、発掘現場に到着した。一九二七年と二八年に掘られた領域の真ん中の区画の、化石を含んだ堆積物の五番目の層から底までを目標にすることが決まった。

以前は、ボーリン、地質学者の李捷《リーチエ》、楊鐘健《ヤンチヨンチエン》が現場管理の義務を分担していた。ところがこの年、責任はすべて裴《ペイ》に負わされた。裴はのちに賈《チャ》に、ブラック、テイヤール、楊《ヤン》が現場を去ったあと、憂鬱感に襲われたと打ち明けている。今や発掘作業の指揮者として一人きりになり、また、爆薬がなかなかきかない並外れて硬い五番目の層を掘削するという、不愉快な任務に直面していたからだという。

ところが、このたいへん高密度の五番目の層はそれほど厚くはなく、数カ月のうちに裴と作業員たちはこれを突き破って、その下の層に達することができた。第六層からは動物の化石が出てきて心強かった。そして、ひとたび作業員たちが第七層に達すると、化石が次々出てくるようになった。裴が述べるには、ある日、太いシカのあごの骨が一四五個見つかった。数が多かったし、状態がよかった。発掘チームは、ブタとバッファローの完全な頭蓋骨とシカの角さえ見つけた。そして、第八層で、さらに動物の化石を見つけた。

それから九番目の層で、発掘チームは、人類のものらしい数個の歯と、押しつぶされた頭蓋骨の各部に似た断片を見つけた。だが、この発掘事業による大発見はまだなされていなかった。初期の人類がここにいて、龍骨山に住んでいた痕跡を残したことが、裴ら訓練を受けた研究者たちにはわかっていた。それにしても、その人類の遺物は一体どこにあるのか。ここの洞窟のどこかに隠されているにちがいないと、だれもが感じている決定的な証拠はどこにあるのか。科学者たちは、人類学者が必ず手に入れなければならない、もっとも説得力のある証拠を必要としていた。その証拠とは、保存状態のいい頭蓋骨だ。

歯と心強い化石の断片が見つかった地点は、科学者たちの希望を反映して「猿人地点C」と称された。発掘作業はチームが交代するときにしばらく中断した。そして九月二六日に再開された。化石が埋まっているところが少なくなるにつれて、発掘領域は狭まっていった。まもなく、この地点には作業スペースがごくわずかしかなくなった。一度に数人しかそこに立てなかった。裴がそのスペースを調べ、まさに底に行き着いたと宣言しようとしたとき、ふと、現場の南側に裂け目があるのを目にした。ロープで測って、地表面から約四〇メートルの深さまでつづいていると見積もった。

裴が見つけた空間は、発掘チームによってあらわにされると、「猿人洞」と名づけられることになる。それは狭くて深い穴だった。調査者たちは、ここで見つかるよう彼らが望むものの名前をつけた。ヒトの祖先の頭蓋骨が見つかるよう望んだのだ。裴と作業員一人が、亀裂を通ってロープで洞窟の中

北京原人の最初の頭蓋骨が見つかった周口店の洞窟の最近（2005年）の様子（著者撮影）。

に下ろされた。腰にきつくロープを巻きつけた裴たちは、驚きながらそこに立っていた。すでに一一月になっており、本来なら野外調査は冬には中断することになっていた。ところが裴と発掘チームは、この開かれたばかりの空洞で多くの化石を見つけたのだ。それで、ここの調査をつづけることにした。

発掘現場で仕事をするための訓練を受けてきた裴は、経験は浅かったが、やる気満々で熱意にあふれていた。デイヴィッドソン・ブラックは、あるとき裴のことを「あっぱれな野外仕事師（corking field man）」と呼んだ。冬期のほぼ凍りついた地面を掘り進めるのは極度にむずかしかったので、裴は作業をやめて、冬を過ごすために家に帰るはずだった。しかし、彼はとどまることを決意したのだ。今や、新たに調査すべき有望な洞窟が現れた。どんな犠牲を払っても突き進もう。裴は、ペースを上げて作業をつづけるよう命令を下した。

そして、何カ月にもわたるつらく、しばしば失望をもたらす作業の末、一九二九年一二月二日月曜の午後四時過ぎに、チームは目当てのものを見つけた。のちに中国古脊椎動物・古人類研究所の技術顧問となる王存義《ワンツンイ》は、このときのことを賈蘭坡《チャランポー》にこう述べている。

> 日の入りが近づき、冬の風が吹いて、現場は凍えるような気温になりました。だれもが寒さを感じていましたが、みな、もっと化石を見つけようと懸命に仕事をしていました。穴のなかには四人がいましたが、三人の名前しか思い出せません。……みなもう亡くなりました。北京原人の頭蓋骨が見つかったとき、私はほかのところで作業をしていました。しかし、私も含め、みながその場所を以前に見ていました。多数の化石に、私たちのだれもが引きつけられ、みな一目見ようと下りていったので、裂け目の中がどうなっているか私は知っていました。普段、私たちは、明るいガスライトを用いていました。しかし、穴は小さく、そこで作業をする者はみな片手にロウ

ソクをもち、もう一方の手で作業をしたのです。

発掘作業に加わったばかりの賈は、このプロジェクトのもっともすばらしい瞬間、つまり頭蓋骨の発見にちょうど間に合ったのだ。寒かったためか、時間が遅かったためか、あるいはその両方か、あたりは静かで、聞こえるものは、時折リズミカルに鳴っては、だれかが作業をしていることを示すハンマーの音だけだったと、賈は書いている。

洞窟の中で何か興味深いものが見つかったと耳にするやいなや、裴文中《ペイウエンチヨン》は裂け目の中に急いで下りた。彼はこのたいへん狭い空洞の中にいた四人とともに、その物体を外に出そうと作業をはじめた。そして、それが何であるかに気づいて叫んだ。「何だ、これは？　ヒトの頭蓋骨だ！」夕暮れの静けさの中で、だれもがその声を耳にして、急いで何が起こっているのかを見にきた。長らく探し求めてきた頭蓋骨とおぼしきものが見つかったという興奮に、みなが包まれていた。

次に何をすべきかをめぐって、大きな議論が起こった。頭蓋骨をただちに動かしたらどうかと提案する者もいれば、何千年もここにあったのだから、もう一晩ここに置いておいても害はないと言う者もいた。この貴重な化石に損傷を与えかねないことは何もしたくなかったのだ。しかし裴は、宙ぶらりんの状態で長い夜を過ごすことにはだれも耐えられないと考えた。朝を待つより、頭蓋骨を動かそうと決めた。半分は硬い粘土に埋まっていたので、頭蓋骨を基質から切り離す作業をした。

裴にとって何より気がかりだったのは、この大発見のことを北京のブラックと翁文灝にどう知らせるかだった。その夜、裴は翁あての手紙を書き、朝早くにこれをもたせた発掘チームの一員を北京に急行させた。伝令が去るとまもなく、裴は考えなおした。伝令が北京に到着するのは夜遅くになってしまう。裴は、もっと早く知らせを伝えたかった。そこで村の電信局に行ってブラックに電報を打った。「頭蓋見つかる――完璧――ヒトのよう」

翌朝、裴は、自分が見つけたものを黄麻《おうま》布の袋に包んだ。北京のデイヴィッドソン・ブラックのもとにもっていこうと決めていた。あいにく気温が上がり、暴風雨が一帯を駆け抜けて、たちまち雪がとけ、北京への道と龍骨山とを隔てる川はあふれた。

ここで身動きがとれなくなった裴と同僚たちは、北京原人の頭蓋のまわりから粘土を取り除く作業をつづけた。現れたのは、デュボアがジャワで見つけたものより完全な頭蓋だった。目の上の隆起の保存状態が良好で、底部があった。岩石の破片がかなり取り除かれても、頭蓋骨はまだ湿った粘土におおわれていた。裴と助手たちは、その夜と次の日を費やして、炉端でこれを乾かした。

北京では、手紙も電報もにわかには信じられなかった。一二月五日、ブラックはスウェーデンにいるアンデションに手紙を書いた。「周口店の裴《ペイ》から電報を受け取りました。あした北京に、完全なシナントロプスの頭蓋骨をもってくるというのです!! 本当ならいいのですが」テイヤールはこの発見を知らされると、北京グループのほかの人々と興奮をともにした。

ひとたび頭蓋骨からほぼ粘土が取り去られると、裴はのりに浸したガーゼでこれを包み、漆喰でおおって厚い毛布でくるみ、ロープを巻きつけた。これは頭蓋骨を保護するためだったが、中国の農民が運ぶ典型的な包みのように見せて、ありがたくない検査を避けるためでもあった。周口店と北京の間には、検問所が置かれているかも知れない地点が数カ所あった。裴は自分が運んでいるものを当局に発見され、没収されるのを避けたかった。

一二月六日の朝、裴は、北京原人の頭蓋骨が入ったかさばる包みを高く持ち上げながら、激しく流れる川の浅瀬を歩いて渡った。そして、周口店の村で北京行きのバスに乗ったが、警察の検問所を通りぬけねばならず、不安になった。のちに語っているところによると、ほかにも化石をいくつか携えていて、警察にはそれらを見せて、大きな包みにも「同じようなもの」が入っているだけだと言うつもりだったという。包みを開けなければならなくなったら、いちばん外の層だけを開けて、頭蓋骨そのものはあらわにしないようにするのだ。「[警察官から] 包みを開けろと強く言われたら、石膏とガーゼはそのままにしておこう。それでも、中に入っているものを見せろと強く言われたら、まず私を逮捕するよう求めよう」

幸い、裴は問題なく警察の検問所を通った。包みは、ちらっと見られただけですんだ。そして、たそがれ時には、北京協和医学院の新生代研究所で、デイヴィッドソン・ブラックの前に立っていた。

それまで、ブラックの職業生活には、はっきりした目標がないかのようだった。母国カナダで医学を学び、イングランドで古生物学を学んだ。一九一九年、初期人類の調査にかかわりたいと望んで北京協和医学院の解剖学科に移った。ヨハン・グンナル・アンデションに出会って、周口店のプロジェクトに熱意をいだくようになり、一九二二年に、発掘現場で見つかった歯のレプリカを懐中時計の鎖からぶらさげてヨーロッパ中を旅し、懸命に発掘のための資金集めをした。

そして今、裴が北京原人の頭蓋骨をもって研究室に入ってきた。ブラックにとってすばらしい瞬間が訪れたのだ。

ブラックはドアに鍵をかけ、一晩かけて歯科医の精巧な道具で、その化石化した頭蓋骨をてっぺんに残っている粘土から切り離した。何時間にもわたる作業の末に現れたのは、ヒトに似てはいるが、いくつかの点で異なっており、保存状態がほぼ完璧なヒト科生物の頭蓋骨だった。夜明けに、ブラックは驚きの目でこの頭蓋骨を眺めていた。そして数時間後、テイヤールら、研究室に集合した科学者たちにこれを見せた。

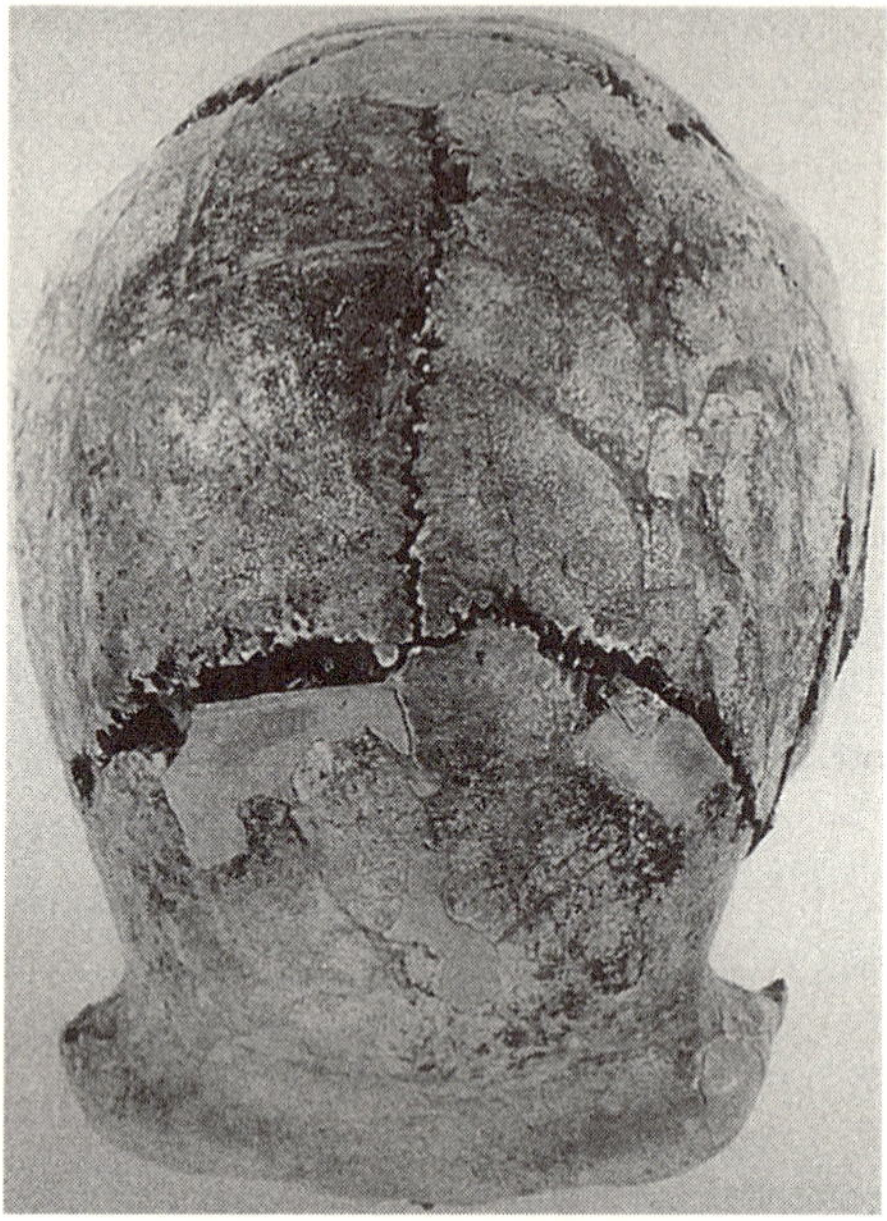

北京原人の頭蓋骨の最初の写真。1929年（Fondation Teilhard de Chardin, Paris）。

テイヤールは、周口店で発見された最初の頭蓋骨のことをこう述べている。「ヒトとサルの間の、望めるかぎり最高の典型的なリンクを示すもの」この重要な発見からほどなくして、テイヤールはマルスラン・ブールあてにこんな手紙を書いている。

一九二九年一二月一一日

わが師、そして友よ

一一月八日のお手紙ありがとうございます。三日前にこちらに届きました。……実は新年の「贈り物」としてお知らせしたいことがあります。（［ジャン・］ピヴトー［テイヤールの同僚であり、テイヤールとともに本を書いている人］からすでにお聞きになっているかもしれませんが）周口店でシナントロプスの「脳」頭蓋の大部分が発見されました。形が損なわれておらず、ほぼ完全にトラバーチン［厚い層をなす炭化カルシウムの堆積物］から分離されています（今では標本のへりだけがこれに付着しているようです）。——これが発掘区域のもっとも低い区域で発見されたところなのです。……まだ完全には分離されていないものの、すでに上の部分、眼窩から後頭部までが見えます。少なくとも鼻骨の一部は、まだトラバーチンのかたまりの中に閉じ込められています。耳道があり、大後頭孔もいくらか（?）残っているかもしれません。あごはなくなっています。それでもこれは驚くべきものです。だいたいピテカントロプスと同じくらいの大きさです（もう少し大きい?）。——しかし、はっきりした前頭部と頭頂のこぶ（ネアンデルタール人の頭蓋のそれにいくらか似たもの）があります。……要するに、この時点でシナントロプスは、ピテカントロプスからネアンデルタール人へと、きわめて正確に形態の移行を遂げているものとして現れているのです。——新たな発見が期待されます。冬になったため調査は終わっています。しかし私たちは、まだ底には行き着いておらず、この頭蓋骨が見つかった（化石に満ちた）地点には辛うじて手がつけられただけです。

北京の国際調査グループは、一九二九年一二月の発見に大喜びし、何カ月かのちには世界中の人々が、この仰天するような発見について知った。多くの国で、北京原人の重要性に力点をおいた報道がなされた。

テイヤールは、つづいておこなわれた北京原人の頭蓋骨の分析で、重要な役割を担った。それが見つかった層の地質年代を特定して、この頭蓋骨の年代を推定する仕事を助けたのだ。また、周口店で見つかり、北京原人によって用いられたとおぼしき石器を分析し、洞窟から見つかった証拠を解釈して、北京原人は火を用いたというもっとも重要な結論を導き出した。それから、周口店で成し遂げられた科学上の発見の重要性を証明する論文を数本書いた。それらは、ベルギーで出版されているカトリック教会公認の科学評論雑誌《科学問題評論》(*Revue des Questions Scientifiques*)(一九三〇年七月)と、《エテュード》(一九三〇年七月)、北京の地球生物学研究所の刊行物に載った。

翌一九三〇年の発掘シーズンには、同じ洞窟でまた完全な頭蓋骨が一つ、そして歯がいくつか見つかった。その次の年には、石器、および火が用いられた強力な証拠が出てきた。一九三二年には、保存状態のいい北京原人のあごの骨が見つかった。それから四年の間に、さらに頭蓋骨、骨の断片、道具がすべて良好な状態で発見されることになる。不完全なものも完全なものも、頭蓋骨にはローマ数字の番号がつけられ、一九三六年までにⅠからⅫまでがそろうことになった。周口店の発掘現場のこの層からは、ほぼ完全な頭蓋骨が合わせて五つ掘り出された。

今日の科学的な年代測定法は、ウランなどの放射性元素の崩壊速度を利用し、見つかったさまざまなものの年代を特定している。北京原人は、およそ六七万年前から四一万年前までの間に、断続的に龍骨山で暮らしたと推定されている。つまり、その年代は平均しておおよそ五〇万年前——ジャワ原人より二〇万年新しいが、クロマニョン人やネアンデルタール人よりはずっと古い。

周口店で発見が成し遂げられたあと、デイヴィッドソン・ブラックは再びヨーロッパへの旅に乗り出した。今回は、見つかったものの模型とスライドを携えており、これにはだれもが感銘を受けた。北京大学、研究所、公開討論会など、どこで話をしても聴衆から総立ちで万雷の拍手をおくられた。北京原人は今や、ヒトとサルをつなぐミッシング・リンクと認められていた。一九三二年に、ブラックは業績を認められてロンドンの王立協会の会員に選ばれた。一方オランダでは、ウジェーヌ・デュボアが、ピテカントロプスこそが唯一のミッシング・リンクで、シナントロプスはネアンデルタール人に

1929年に周口店で成し遂げられた北京原人の発見を支えた国際チーム。左から裴文中、王恒生、王恭睦、楊鐘健、ビルイェル・ボーリン、デイヴィッドソン・ブラック、テイヤール・ド・シャルダン、ジョージ・バーバー（北京の中国科学院古脊椎動物与古人類研究所の許可を得て転載）。

すぎないと主張していた。今日では、ピテカントロプスとシナントロプスのどちらもホモ・エレクトゥスという種に属し、ミッシング・リンクと考えられるものであることを私たちは知っている。

ただでさえ大きかった周口店の発掘規模は、頭蓋骨が発見されると、さらに大きくなった。さらに化石を探すには、もっといい方法が必要だった。裴文中は機械化された発掘方式を考案した。不規則に広がる発掘現場から出る破片を入れたかごを、ケーブルと滑車の仕組みで運ぶものだった。

これはブラックの最大の成功だったが、テイヤールの最大の成功でもあり、若き裴文中の学者人生の頂点でもあった。この三人の人生は、二〇世紀におけるとりわけ重要な発見の一つに参加したことによって、その後も絡み合うことになる。

第11章　テイヤール、ルシール・スワンと出会う

北京に住む知的な外国人の社会で大半の時間を過ごしていたテイヤールは、いつも新しい人々と出会っていた。その一人に、米国人芸術家ルシール・スワンがいた。

スワンは、一八九〇年五月一〇日、アイオワ州スーシティーで生まれた。長老派教会の寄宿学校に通い、一三歳のときに家族とともにシカゴに引っ越した。そして美術の勉強をはじめ、数年のうちに彫刻家としての地位を確立した。一九一二年、スワンは芸術家仲間のジェローム・ブルームと結婚し、それから一二年の間に、夫とともにフランス、日本、中国、タヒチと、あちこちに旅をした。しかし、結婚生活にはひずみが現れ、一九二四年、夫妻は離婚した。

スワンは美人ではなかったが、魅力的な女性だった。中背で豊満な体をし、表情豊かで、何かにつけてほほえみを浮かべるのだった。社交的で、旅で出会う多くの興味深い人々とのつきあいを楽しんだ。

一九二六年、スワンは三六歳でシカゴの仕事場を閉めた。ニューヨークに移って彫刻家として仕事をつづけ、米国の美術を専門とするアンダーソン・ギャラリーに作品を展示した。そしてまもなく、また旅の虫がうずきはじめて、かつて訪れたある場所にまた行こうと決めた。その場所とは北京だっ

た。

一九二九年、同じく旅を愛する冒険好きな女友達ベティー・スペンサーとともに、スワンは北京に到着した。二人は、紫禁城《ツーチンチョン》に近い、外国人の多くが住む市中心部にある、壮麗な庭園に囲まれた大きな家に滞在した。中国に住んでいた西洋人のおおかたは、たいへん快適な家で暮らしていた。メイド、料理人、料理人の助手、運転手、庭師などの使用人にかしずかれていた。スワンとスペンサーは西洋人の社交界で活躍し、定期的にディナーパーティーの主人になったり、客になったりした。

一九二九年のクリスマスにテイヤールが天津に戻ると、リサンが憤慨していた。テイヤールがこんなに長い間留守にしていたことに怒り、これを博物館に対して負っている義務の放棄と見た。「まるで中国人になりつつある」と非難し、「クーリー」呼ばわりした。それからさらに、そんなことを言われたら「『世間では』お返しに一発かます」ような侮辱の言葉を投げつけてきたと、テイヤールはブールあての手紙に書いている。テイヤールは、罵倒を黙って受け流した。ひとと深刻な対立を抱えたのは人生の中でこれが最初で最後で、テイヤールは、リサンとけんかするには紳士でありすぎた。テイヤールは並外れてひとにやさしい人間だった。友人のイエズス会士ピエール・ルロワは、テイヤールのことをこう述べている。


こちらと目が合ったときの目つきに、この人の魂が表れていた。こちらは、その共感によって安心させられ、自信を取り戻すことができた。この人と話すだけで気分がよくなった。こちらの言うことに耳を傾けてくれ、それを理解してくれていることがわかるのだった。この人自身の信仰は、愛がもつ無敵の力への信仰だ。愛しあわないことで、人は傷つけあうというのである。これは単純さではなく、この人の善良さなのだ。この人は、並外れてよい人なのだ。

テイヤールは落ち着きを保ち、リサンに対して腹を立てはしなかったが、天津を去って北京に移ることにした。イエズス会はこちらに家をもっていなかった。そのため、聖ヴァンサン・ド・ポールが一七世紀に創設したカトリック修道会であるラザロ会の修道士たちとともに、紫禁城そばの北京協和医学院に近い住宅に寄宿した。

テイヤールは西洋の知識人たちと社交的な催しに参加して、自由な時間を過ごした（標準中国語を話さなかったため、ほかの言語を話さない中国人たちと意思を伝え合うのは、不可能ではないとしてもむずかしかった）。オテル・デュ・ノールで外交団のメンバーたちとともに昼食をとり、友人たちとともに、お茶を飲んだり夕食をとったりした。外に知り合いが多かったので、ラザロ会士たちと食事をとることはめったになかった。外国人社会のディナーパーティーのホステス役の女性たちにとって、愛嬌があって、ひとを引きつけるこの司祭は、客としてこの上なく望ましかった。テイヤールは、どこに行っても歓迎された。

そうしたパーティーの一つが開かれていたドイツ系米国人科学者アマデウス・グラバウ夫妻の家でルシール・スワンはピエール・テイヤール・ド・シャルダンのとなりに腰かけることになった。障子で装飾された居間にある、漆塗りの紫檀のテーブルを囲む座り心地のいい籐椅子で、二人はゆったりくつろいでいた。スワンが中国で出会っていた外国人には科学者が多く、スワンはグラバウが地質学者であることを知っていて、テイヤールも科学者だろうとふんだ。そして相手のほうを向いてたずねた。「何学者《オロジスト》でいらっしゃいますの」テイヤールは笑った。そして、自分の科学研究と北京協和医学院で新しく就いた職のことを話した。スワンは興味をそそられた。それからテイヤールは、自分はイエズス会の司祭だと言った。

テイヤール・ド・シャルダンとルシール・スワン。1930年代の終わりごろ北京西山で（Fondation Teilhard de Chardin, Paris）。

二人は夜遅くまで話し込んだ。テイヤールは、自分は科学と信仰を、あいともなうものと見ていると話し、神、科学、進化についての自分の神秘主義的な見方を述べた。科学を深く掘り下げれば掘り下げるほど、確かに神がいると感じるというのだ。

スワンは魅了された。二人は惹かれあった。どちらも、まだ自分たちが親しさを増していくことが、どんな結果をもたらすかを理解していなかった。スワンは、何ものにもしばられない考え方をする離婚した女性であり、テイヤールは、イエズス会の司祭、すなわち貞潔を誓っている人間だった。

ルシール・スワンは、北京滞在を延長することにした。北京のいわゆる韃靼城《タタール・シティ》（内城）の西側にある、丈の高い優美な木木に囲まれた、放棄された寺院を改造した家に引っ越した。外国人社会の婦人たちに彫刻を教えて生計を立て、午後にティーパーティーを催した。テイヤールは常連客になった。

周口店で発見されたものは北京協和医学院の研究室に蓄積されていった。完全な頭蓋骨が六つ、頭蓋骨の断片が八つ、顔の骨のかけらが六つ、下顎骨が一五個、歯が一五三本、大腿骨の断片が七つ、上腕骨のかけらがいくつか、そのほか、さまざまな骨の断片である。そしてデイヴィッドソン・ブラックは北京原人の化石を詳しく調べはじめた。シナントロプス・ペキネンシスは実在した。まさにブラックが予言したとおりだった。ブラックの手ではじまった包括的分析は、そのあとを継ぐフランツ・ワイデンライヒを初めとする人たちがのちに引き継ぐことになる。ブラックがはじめたのは、周口店で収集された大人二五体分、子供一五体分の骨に基づいて北京原人の解剖学的構造を完全に再構成する仕事だった。解剖学的構造の推定と、発掘現場から出た石器や動物の骨から、シナントロプスの生活様式、栄養物摂取、社会構造、進化上の重要性について結論が導き出された。

北京原人は現生人類より背が低かった。男性は平均一五五センチほど、女性は一四五センチほどである。そのころニューヨークの米国自然史博物館に勤めていたハリー・シャピロが、シナントロプスを現生人類と比較した。ピグミーとブッシュマンが平均して一四〇センチから一四五センチほどであるのを別にして、現生人類は概して北京原人より背が高いと指摘した。しかし、それより前のヒト科生物はさらに小柄だった。ヒト科生物は背が着実に高くなってきたようだ。この結論は、アウストラロピテクス属の背丈が、それより新しいホモ・エレクトゥスより低かったと推定されていることからも裏づけられている。

北京原人の完全な鎖骨《さこつ》が一つ残っていて、科学者たちはこの骨から、北京原人は肩幅が比較的広かったと判断した。肩幅が広くて脚が短い、筋骨たくましいヒト科生物だったのだ。

北京原人は、おとがいがなかった。歯根より下側の顔の骨が引っ込んでいて、口が突き出ていた。額は狭く、眉のあたりが突き出ていた。といっても、先行する種よりは額が広かった。頭蓋骨が現生人類より小さくて平たく、目の上の盛り上がり（眉隆起）が比較的厚かった。そして鼻が低くて広く、ほお骨が高く、顔の幅が広かった。謎めいた調査結果の一つに、北京原人の頭蓋骨が現生人類の頭蓋骨よりずっと厚かったということがあった。

この絶滅したヒト科生物に、地下鉄（あるいはホテルのチェックアウトの列、あるいはショッピングモール）で出会ったと想像してみよう。相手はどのように見えるだろうか。ドナルド・ジョハンソンによれば、ネアンデルタール人は、ずんぐりしていて、ほお骨が高く、まゆげが太く、額が狭く、毛深い「野蛮な」人類に見えるだろう。それでも私たちは、振り返ってもう一度見したりしないかもしれない。相手がビジネススーツを着て、髪を刈り、ひげをきれいにそっていたらなおさらだ。これに対して、シナントロプスはたいへん奇妙に見える。変形しているように思えるだろう。そして、おとがいがないために目立つだろう。

北京原人はどのように暮らしていたのか。周口店で見つかった動物の化石を分析した結果によると、北京原人は哺乳動物、鳥、魚、カメ、カエル、草木の種や実、野菜を食べていた。周口店は狩猟採集民の共同体で、この人々は洞窟のまわりの野山を歩き回り、狩猟採集できるものなら何でももちかえった。この遺跡で見つかった石器から、このヒト科生物が道具を用いて狩りをしたり、捕らえた動物を解体していたことがわかる。また、このヒト科生物たちは火で獲物を焼いた。

石器は、アフリカで、二五〇万年前にさかのぼるとされるホモ・ハビリス（*Homo habilis*、有能な人間、器用な人間）を含むもっと古いヒト科生物が用いていたし、アウストラロピテクスさえ、小石を削って道具として用いたと考えられている。北京原人の道具は、それより前のヒト科生物のものより進んでいたものの、のちのネアンデルタール人やヨーロッパのヒトの石器ほど、高度なものではなかった。

　北京原人について、とりわけ興味深いことの一つに、冬が寒い場所に住んでいたということがあった。ジャワ原人は、いつも暖かい熱帯に住んでいた。しかし、北京原人は、中国北部の凍えるような冬を生き抜くために火を必要とした。そして実際、科学者たちは周口店で、北京原人が火を操り、これを用いて洞窟を暖めたり食べ物を焼いたりした証拠を見つけた。洞窟で見つかったもののなかには、焼かれたガゼルの骨など、黒焦げになった動物の骨があった。

　このヒト科生物たちは、大型の肉食動物による危険に絶えずさらされていた。霊長類は一般に小さな哺乳動物で、ヒト科生物一人など、トラやハイエナ、ゾウ、サイ、クマの相手ではなかった。生き残れるかどうかは、共同体としてまとまっていっしょに狩りをし、集団で身を守れるかにかかっていた。北京原人は、だれもがほかのみなを必要とする結束した集団を形づくった。人類学者のなかには、周口店の洞窟は、実は北京原人を獲物とする大型肉食動物がねぐらとしていたほら穴で、ここで見つかったヒト科生物の化石は、その肉食動物たちが捕らえて、食べるために自分たちの洞窟に引きずって行った個体の遺物ではないかと唱えている人もいる。

　この説の背景には、周口店で見つかった頭蓋骨の多くが砕けていたという事実がある。また、人類学者が提出した説の中には、北京原人は人食い人種だったというものもある。普段の食事の一部として、同じ種に属する個体の肉を食べはしなかったとしても、儀式として仲間を殺し、頭蓋骨を開いて脳を食べたかもしれない。この遺跡で見つかったものに砕けた頭蓋骨が圧倒的に多く、完全な骨格がないことに基づいて、フランツ・ワイデンライヒはそう主張したようだ。

テイヤールは、デイヴィッドソン・ブラックが編集していたシナントロプスの遺物についての研究書への寄稿文を書くのに、一九三〇年の初めの四カ月を費やした。また中国の地質についての論文をいくつか書きすすめた。ただし家や研究室では書かなかった。旅の間に書いたのだ。テイヤールは、再び野外調査旅行に出かけた。今回は北の満州、西のモンゴルに行き、古生物学に関係する遺跡をいくつか調査した。北京に戻ったのも束の間、また旅に出た。今度は米国自然史博物館が計画したゴビ砂漠への旅だった。

リサン神父の禁欲的で過酷な旅に慣れていたテイヤールは、この遠征でうれしい驚きに出会った。この旅の企画者側がはかってくれた便宜に驚嘆したのだ。この米国人たちは、砂漠でも質の高い生活を維持しようと決めていた。肉が不足すると、遠征のリーダー、ロイ・チャップマン・アンドリューズが、ライフルを携えてジープに乗って走り去り、やがて、後部にガゼルを一頭くくりつけて帰ってきたと、テイヤールはのちに語っている。リサンとの旅では、乗り心地のよくないラバの背に乗って旅していたが、米国の遠征隊は、ジープとトラック数台に加えて、ラクダを五〇頭抱えていた。リサンとの旅では、氷のように冷たい風に吹きつけられて凍えていたものだったが、米国人たちは、昼間は寒くないよう、毛皮の裏地が入ったコートを、そして夜には快適に休息するために、ぜいたくなヒツジの皮の寝袋をくれた。

遠征隊は、ゴビ砂漠でひと月過ごしたあと、一九三〇年六月二九日に、二五〇〇万年前からある干上がった砂漠の湖に到着し、野営のテントを張って「オオカミ・キャンプ」と名づけた。そして、数時間のうちに、シャベル形の歯をしたマストドン一五頭の骨を掘り出した。またさらに、少し離れたところの、三六〇〇万年前にさかのぼると推定される地層で、チームは、化石化した骨を掘り出した。巨大なブタや、ウマにもサイにも似た足に鉤爪のある動物など、太古の哺乳動物のものだった。遠征隊は、化石の入ったケースを合わせて九〇個米国に送った。そのなかには、今日でも米国自然史博物館で見られるものがある。

八月二日、モンゴルから戻ったテイヤールは、マルスラン・ブールあての手紙にこう書いている。

北京に戻ると、ブラックの研究室で二つ目のシナントロプスの頭蓋骨を見つけるという、うれしい驚きがありました。これは形も、また（幸いなことに）保存状態も一つ目のものとまったく同じです。この二つ目の標本には、初期の鼻骨や、そのほかいくつか細かい点が認められます。……ブラックは、すべての孤立したかけらの模型（たいへんよくできたもの）をいくつかつくりました。二週間すれば、標本としての完全な頭蓋骨から、頭蓋容積の推定値を出せるはずです。――シナントロプスとピテカントロプスの正体についてのお考えは、お伝えした私の第一印象と一致します。しかしブラックは、脳の発達にかなりの違いがあると断言しています。そして今や、ピテカントロプスに対して同じ差異を呈している頭蓋骨が二つあります。これで個体によるばらつきの可能性は小さくなります。

この二つの重要な点は、北京原人が何者なのかを理解するうえで、ずっと鍵だった。デイヴィッドソン・ブラックは、テイヤールが示した二週間という時間枠内で北京原人の頭蓋容量を見積もることができた。結論は、およそ九〇〇ccだった。現代のある学者の言い方を借りれば、北京原人は（頭蓋容量がおよそ一四〇〇ccの）現生人類とくらべて、「ものすごく頭がよかったわけではないが、ものすごくばかだったわけでもない」。脳容積がヒトとサルの中間であることからも、北京原人がミッシング・リンクの位置にいることが確認された。

テイヤールが提起したもう一つの点は、北京原人がもう一つのミッシング・リンクであるデュボアのピテカントロプスと同一の種に属しているというものだった。この仮説をめぐる論争はその後数年に渡って広がることになる。デュボアとブラックは、自分の見つけた化石は相手のものとは無関係だと主張した。しかし、おおかたの科学者は、中国のヒト科生物とジャワのヒト科生物は、同じ種、つまり今日私たちの言うホモ・エレクトゥスに属する二つの下位集団だと論じることになる。

そして、二〇世紀のうちにアフリカで同様の化石が発見されると、この論争はますます広がった。科学者のなかには、アフリカ、ジャワ、中国の三つの集団はすべて同じ種に属していると断言する者も出てきた。一方、アフリカのホモ・エレクトゥスにホモ・エルガステル（*Homo ergaster*、働く人間）という呼称を用いて、違う種だと暗示する者もいた。この区別は、アジアで見つかった頭蓋骨と、アフリカで見つかった頭蓋骨のわずかな違いに基づいている。ホモ・エルガステルの提唱者は、現生人類とネアンデルタール人は、この種の子孫だと考えている（その中間に、アフリカでもヨーロッパでも見つかっている、それより新しいヒト科生物である、ホモ・ハイデルベルゲンシスという種がいたとする）。その一方で、ヒトは、北京原人を集団の一つとして含む種であるホモ・エレクトゥスの子孫だと考える専門家もいる。

九月の初めごろ、テイヤールは、父が病にかかっていることを知らされ、ただちにフランスに向かった。そして、サルスナにいる両親のもとを見舞ってからパリに旅した。パリでは悪い知らせを受け取った。ローマのイエズス会当局者たちが、『神の場』の出版を防ぐことを意図して、再検討を命じたというのだ。加えてベルギーのマリーヌ教区の検閲係が、テイヤールの科学論文を《科学問題評論》に載せることを拒否していた。このころにはもう当たり前のようになっていたが、イエズス会はテイヤール・ド・シャルダン神父と妥協する気などさらさらなかった。

テイヤールが科学の世界で果たす役割は大きくなっていた。その考えは世界中で科学者による論争の的になっており、一般の人々の間でも関心を呼んでいた。そのなかで、イエズス会は、そうした考えが教会の地位を掘りくずしてしまうのではないかと恐れた。司祭が進化論を受け入れるだけでも充分悪いことだったが、その司祭が傑出した科学者であり、進化の研究で前進を遂げているとなると、教会にとってなおさら危険だったのだ。

第12章　黄の遠征とモンゴルの王女

パリにいる間に、テイヤールはジョルジュ・マリー・アールトと会った。第一次世界大戦の英雄として勲章を授けられ、自動車王アンドレ・シトロエンのもとで仕事をしていたアールトは、シトロエンの新たな冒険に加わらないかと誘ってきた。その冒険とは、無限軌道を備えた、いわゆる装軌車両である不整地走行車シトロエン・ケグレスP17に乗り、地中海から中国の海岸までの約一二八〇〇キロに及ぶ道のりをたどる遠征だった。これは「黄の遠征（Croisière Jaune）」と呼ばれることになる。アールトは、このような遠征を、アラスカで一度、アフリカで一度の計二度率いていた。アフリカへの「黒の遠征」でシトロエンの車はこの大陸をアルジェリアから南東岸まで横切り、さらにマダガスカルに渡った。だが、今回計画されていたアジア横断遠征は、シトロエンの企画したもののなかでも、もっとも野心的かつ大胆なプロジェクトとなった。車と人員は、自動車で通ることが不可能だと思われていた広い地域を進み、橋のない急流を越え、険しい山を登り、何もない広大なゴビ砂漠を、夜は凍え、昼は日差しに照りつけられながら横切って旅をする。そして、内戦に巻き込まれて無法状態に陥っている地域を含む、満足に地図に記されていない土地を通って進むのだ。

表向きの黄の遠征の目的は、シトロエンの車の性能を誇示することにあった。まだ自動車が走ったことのないところに行くのだ。しかし、主催者側にはほかの目的があった。この遠征を、東と西の象徴的な再結合とするのだ。七〇〇年近く前にマルコ・ポーロが探検した、アジアとヨーロッパを結ぶ伝説の絹の道、シルクロードを再び開くという長い間の夢を果たすのである。そしてまた、これは、一九世紀にはじまった自然探究の精神にのっとった科学的な調査旅行となるべきものだった。テイヤールは、地質学の専門知識をもっていたため、この調査旅行に引き入れられることになる。

テイヤールは誘いに応じた。ヨーロッパで自分を苦しめているものから逃れたくてたまらなかったし、父親はよくなっていた。それにテイヤールはいつも、アジアでどんな旧石器時代の遺物が見つかるかに興味をそそられていた。この旅で、北京原人に似たヒト科生物を発見できるかもしれなかった。

一九三一年一月、テイヤールは初めて米国に旅した。彼は米国の学界でもよく知られており、科学者として尊敬されていた。この機会を利用して彼はニューヨークで講演を二度、英語でおこなった。一度は米国自然史博物館、もう一度はコロンビア大学で。人々は北京原人の発見のことを知っており、講演は大入りだった。ニューヨークでテイヤールは、たまたまこの街にいたシトロエンの遠征の責任者と会い、黄の遠征に参加する最終的な手続きをすませてから、講演をおこなうためにシカゴに向かった。海と砂漠に慣れていたテイヤールにとって、ミシガン湖の景色はよい気分転換になった。

テイヤールは、さらに列車でサンフランシスコに行った。そこでアジア行きの船に乗る予定だった。彼は寄り道をしてグランドキャニオンを訪れなかったことを後悔した。米国旅行には満足していた。行く先々で暖かく歓迎されていると感じたし、米国式の暮らし方と、科学と科学者に対する米国人の態度はテイヤールに合っていた。カリフォルニアではバークレーを訪れ、人類学の教授や学生たちと会った。

それからテイヤールはプレジデント・ガーフィールド号で太平洋を渡った。船はハワイで停泊してから日本に向かった。日本でテイヤールは京都の寺社を訪れて時を過ごし、「偶像のない黄金の祭壇」を見つけて満足した。そして、ひとたび中国に戻ると遠征の用意を整えた。

黄の遠征は技術上の大きな企てだった。どんなに厳しく油断ならない土地も、シトロエン社のつくる車なら切り抜けられることを証明するのが目的だった。アジアを横断するこの歴史的な試みへの参加者として選り抜かれた人々は二つのグループに分けられ、二チームはそれぞれお互いに向かって進むことになった。分遣隊の一つはベイルートから東に、もう一つは天津から西に、中国の西側の国境にあるヒンドゥークシ山脈の中にある、パミールの峠を目指して旅した。テイヤールは、天津から出発するチームの一員だった。決められた地点である中国西部の砂漠にあるオアシスの町アクスで二つのチームは落ち合い、いっしょに旅をつづけて北京に行くことになっていた。

シトロエンの半装軌車両《ハーフトラック》は、道のない土地を旅するために特別に設計された接地面《トレッド》を備えており、テイヤールのグループには七台あった。トレッドに欠陥がある車が一台あったため、このグループは予定どおりの日に出発できなかったが、一九三一年五月一二日の朝までに問題は解決し、その朝に隊は西に向かった。

出発から一〇日後、テイヤールは、いとこのマルグリットにあてた手紙にこう書いている。

五月一二日から、美しいモンゴルをもう八〇〇キロ進みました。二日目、吹雪。三日目、砂嵐。今は見事な天気です。この数日の間にすでに、ゴビ砂漠の構造について、じつに“illuminating”である「「光明を投げかけてくれる」と言うのにフランス語の中でこの英単語を使っている」重要な地質学上の事実をいくつか集めました。この先を考えると心強いことです。思い描いてきたような迅速な調査は、可能なうえに実り豊かです。快適な旅です。岩の尾根が交差し、ガゼルが棲息し、白や赤のラマ教寺院が散らばり、質素な服を着たモンゴル人が行き来する、海のように広大なこの土地は、きわめて〝captivating〟［魅惑的］です。

この遠征で、テイヤールは中国の地質について理解を深めた。それに、ものを考えるひまがたっぷりあった。チームが中央アジアの奥深くへと進んでいくなかで、彼は独自の進化論を発展させていった。荒涼とした険しい山、深い渓谷、太古の川底の息をのむような景色に囲まれて、神について思いを巡らせ、また、自分の信仰が、進化についての自身の解釈とどうかみあうのかについて考えた。

ある夜遅く、山の連なる砂漠で遠征隊のメンバーは、司祭をどれだけ受け入れているかを示すために、このイエズス会士を罪のないやり方でからかった。一人が、説教師を描いた寸劇を披露したのだ。すかさず、テイヤールは逆襲した。「それはドミニコ会士です」旅行が終わったあとジョルジュ・マリー・アールトは妻あての手紙にこう書くことになる。「テイヤール・ド・シャルダン神父は教会の君子だが、持ちうるかぎりの冒険の精神を備えていた」

ヨーロッパ人たちが、この地域を突っ切って旅することを許されたのは、ひとえに、中国人の同僚を連れていたからだ。そして、このグループのヨーロッパ人のなかで、中国人たちがだれよりも信頼していたのがテイヤールだった。チームがどこかの土地の境界に辿り着くたびに、地元の当局が要求してくる新たな土地の通行許可文書への署名者に選ばれるのは、いつもテイヤールだった。

六月二六日、遠征隊は、防備を撤去された砦に到着した。廃墟の中に壁一枚と塔四本の跡があり、焼けた形跡があった。そこは、ゴビ砂漠とタリム盆地を結ぶ道が、新疆から南東に向かう道と交差する中央アジアの無人の十字路だった。焼け落ちた砦を調べると、壁のとなりに漢字が刻まれた岩が見つかった。通訳を務めるペトロと呼ばれていた男が、急いで駆けつけて読んだ。「西に行かぬよう。

危険あり。ラクダを山に隠して待て」

三〇人ほどの隊員たちは、この謎めいた警告のまわりを取り巻いた。そして、その不吉なメッセージはごく最近書かれたことがわかった。どこかの遠征隊の隊長から隊員たちへの警告だったのかもしれない。このあたりの辺鄙《へんぴ》で住民もまばらな地域では、路傍の岩が伝言板代わりに使われていた。

「神のご加護を……」とだれかがつぶやいた。だがチームは先を急いだ。

その十字路から一〇〇キロほど走り、チームは、カルリク・ターグの雪をかぶった頂を望むハミ・オアシスのはずれの村に六月二八日に到着した。村は焼かれ、棄て去られていた。ぼろをまとった見るからにチュルク系の男が急いで近づいてきて、かろうじて理解可能な言葉で言った。「進むな。西に行くな。戦いがある……」。一行は、状況を理解しようとした。「だれが戦っているのか」と通訳がたずねた。男は答えた。「みんな」。その頃、トルキスタンは激しい内戦に陥っていたのだ。

しかし一行は西に進みつづけた。次の日、地方政府の軍隊と反乱者たちの激しい戦いに遭遇した。多くの人が死んだり死にかけているのを目にした。担架兵として従軍経験があったテイヤールは、遠征隊の医師であるドラストル医師がけが人の手当てをするのを手伝った。

一行が高原の砂漠を突っ切って進むなかで、テイヤールはこう書いている。「調査の何よりも大きい報酬は、もっとも深く、もっとも無垢な状態で現実が現れる点にまで達することができることである」遠征隊がトルファン盆地に下りていくなかで、テイヤールはその自然状態に近づいていた。この盆地は、もっとも低い地点では海面より一五〇メートル低く、タリム川がロプ・ノールに流れ込んでいた。テイヤールは、この湖の周辺を、アジアのさまざまな地域のうちでも、「とりわけ神聖で神秘的なところの一つ」だと感じた。

この原初の谷は、太古の山並み、を残してそびえ立つ天山《テンシャン》山脈に囲まれていた。鋭敏な科学者だったテイヤールは、自分が観察している累層が、きわめて古い化石を秘めた堆積物を含んでいることがわかっていた。ここを掘ったら、はかり知れない価値をもつ成果があったかもしれない。だが、立ち止まることはできなかった。この地域は危険で、住民は少なく、粗暴だったし、何よりチームは、決められた集合地点にたどりつかなければならなかった。

しかし、まもなく一行は新たな困難にぶつかった。匪賊である新疆の知事キン元帥がチームのメンバー一同を即刻逮捕したのだ。西洋人に閉ざされていたこの地方を無事に通行できるよう保証する取り決めが、遠征がはじまる前にキンとの間で結ばれていた。そのキンが、ここにきて要求を突きつけてきた。要するに身代金だ。「貧しく、道に問題のあるこの国で、多くのものに事欠いている地元当局は、それでも、これまであなたがたの通行に便宜を図ってきた」とキンはテイヤールと同行者たちに言った。一行は状況を理解した。

遠征隊の隊長はパリに無線で連絡した。無線機器とシトロエンの車をよこさなければ、このグループが西に進むことは許さないと、一行を逮捕した者たちは説明していた。シトロエンの経営陣は、モスクワを通じて車と無線機器を知事に送ると約束した。旅行者たちは、許可を与えられて新疆の首都ウルムチまで行き、相手側が身代金を待つ間、そこで半ば監禁されていた。地元の指導者との交渉はおおかたテイヤールが――文化的な感性と個人的魅力を発揮して――通訳のペトロに助けてもらいながらおこなった。

テイヤールはウルムチから、マルグリットあてにこんな手紙を書いている。

一九三一年八月二七日

私たちは、丈の高い木々に囲まれた、ウルムチを見下ろすパゴダ［仏塔］の中に住まわされています。眺めは見事です。標高五〇〇〇メートルから六〇〇〇メートルの頂に雪がちらちら光る山山が果てしなく連なる天山山脈。数日前、標高二、三〇〇〇メートルに達するモミの林の中を歩きました。シャレー［アルプスの小屋］の代わりにキルギスのユルト［円形のテント］があるのでなかったら、ここはアルプスだと思うところです。ゼラニウム、トリカブト、ウサギギクのじゅうたんが広がっています。けれども残念ながら、こういう遠足は例外です。ここでは私たちは、たいてい退屈しています。五〇歳の私にとって、北京で仕事がたくさん待っているときに時間を無駄にするのは、苛立たしいかぎりです。ただ、多くの時間を失うのは、あらゆる人の経験から、新疆で冒険をするときに考慮すべき対価の一つではあります。

ひと月に及ぶ抑留生活の間じゅう、チームは手の込んだ昼食と夕食を、そしてそれにつづくローブをまとったモンゴルの踊り子による異国情緒あふれる舞いを楽しんだ。ここでテイヤールは、モンゴル貴族の女性で、パルタ女公とも呼ばれた、トルホウトのニルギドマと知り合いになった。彼はシトロエン・チームのほかのメンバー数人とともにニルギドマに誘われて、その豪奢なユルトを訪れた。そこには見事な毛皮と赤と黒の漆器が備わっており、カウンターには最高のアルザスのキルシュ（サクランボのブランデー）と、もっとも高価なコニャックが置かれていた。

ニルギドマは、いつも香水をつけ、パリ風の髪型をしていた。手の爪を長く伸ばして赤く塗り、完璧なフランス語を話した。そして、アントワーヌ・サン＝テグジュペリと空を飛び、イザドラ・ダンカンから歌を習ったという冒険談を話してくれた。そんなフランス好きの貴族が中央アジアのステップの真ん中で、このように孤立して暮らしているというのがテイヤールには信じられなかった。この人がかつて広く西洋を旅してパリで暮らし、敬服するフランス文化の中から多くのものを吸収したことをテイヤールは知った。遠征隊のメンバーのなかには、パリの社交界の催しでニルギドマに会ったのを思い出す者もいた。

女公は、このイエズス会士との会話を楽しみ、人生について、また、宇宙の中で神が占める位置について意見を交わした。貴族であるこの新たな信奉者にテイヤールは心を奪われた。何年かのちに、ルシール・スワンがニルギドマの像を彫刻することになる。一方、抑留生活がつづくなかで遠征隊の人々は次第に辛抱できなくなり、解放を早めたいと望んだ。そこで、メンバーはアンドレ・シトロエンに無線メッセージを送って身代金についてたずねることにした。だが、どうしたら、疑いを呼ばずにそれができるだろうか。

グループは、隠れみのとして、にせのお祝いを計画した。フランス人たちは、第三共和制を称える国民の祝日をでっちあげ、旗や音楽を用意した。三色旗を揚げた旗ざおに高出力の無線送信機のアンテナが隠れていた。遠征隊を護衛する中国人兵士たちの注意をそらし、モールス信号を送るキーの音と、送信機に電力を供給する発電機の音をかきけすために、チームは蠟管《ろうかん》式蓄音機をもちだして祝日を祝うための軍楽を鳴らした。

蓄音機を操作する責任を負ったテイヤールは、レコードのなかから軍楽の曲がおさめられていると思う一枚を選んだ。フランス人たちは、軍楽が聞こえてくるのを気をつけの姿勢で待った。中国の兵士たちもフランス人たちの姿勢にならった。レコードが回りはじめると、こう歌う女性の声が聞こえてきた。〝Parlez-moi d'amour …（愛について話してちょうだい）〟。フランス人たちはまばたきもせず、向き合った中国人たちも、それにならって不動の姿勢を保った。無線メッセージは、蓄音機から発せられるラブソングに隠れて送られた。

九月の初めごろ、身代金がついに届いた。セダン三台と、枠箱数個分の無線機器である。すべてアンドレ・シトロエンがパリから送ったのだった。こうして遠征隊のメンバーたちは解放され、そこで二つのグループに分かれた。一つは北京に向かって発ち、テイヤールが属するもう一つのグループは、ベイルートからくるチームと落ち合うために西への旅を再開した。計画どおり二つの分遣隊は、天山山脈山麓の町アクスで出会った。一九三一年一〇月八日のことだった。もう一方のチームにあいさつをした最初の人物はテイヤールだった。東に向かったグループの一員だったアンドレ・ソヴァージュは、テイヤールと出会ったときのことを、のちに回想している。ソヴァージュの考えではテイヤールは、

水の上を歩くこともできた。……控えめでありながら、注意を引かずにはおかない特徴をもつ、並ぶ者のない流儀の持ち主だ。ハープシコードの音色を帯びたその声、話し方、笑い声に変わることのないほほえみは、どんなにものごとに注意しない人にも強い印象を与えた。教会中心主義的なところは全然なかった。物腰も身振りも気取りがなかったが、いわば一個の石碑のような、飾り気のなさがあった。ひとを温かく迎えたいと心を砕く一方、大理石のようでもあった。

二つのグループは一つのチームになって北京に向かった。途中、テイヤールはめざとく砂の中に先史時代の石器を見つけては、研究室にもちかえるために収集した。数キロ進むごとに、砂の中に赤みがかった石器を見つけては、止まるよう運転手に命じるのだった。それらは、シベリアから領域を広

1931年のベゼクリク。中国北西部のトゥルファンから40キロほどのところ。「黄の遠征隊」が立ち寄った。(Fondation Teilhard de Chardin, Paris)。

げた初期のヒト科生物の文化的遺物だという仮説をテイヤールは立てた。トゥルファンの近く、ウルムチの東にあるベゼクリクで、テイヤールは地質調査用のハンマーを持ち出して尾根のてっぺんの岩をいくつか砕いた。ゴビの地質構造を新疆のそれと結びつける証拠を探っていたのだ。それが見つかれば、中央アジアの地質学的な同質性がはっきりとらえられるのだった。

一九三二年の元日、黄の遠征のメンバーたちは天山山脈の陰から抜け出した。午前九時、グループは布教所のそばにやってきた。テイヤール神父が一同をその教会に導きいれ、新年のミサを執りおこなった。しっかりした長靴と、毛皮のえりがついた、ずっしりとした冬用のコートを身につけた男たちが司祭を囲んで立った。中国式のランタンで照らし出されたキリスト教のさまざまな図像が取り巻いていた。テイヤールは次のようにはじめた。

友人のみなさん、神の前で新しい年をはじめるために、けさ中国の奥深いところにあるこの小さな教会に私たちはいっしょにいます。神の姿は、ここにいる人々すべてにとってまったく同じではないことは確かです。それでも、私たちはみな人間なのですから、より高い、自らを超えたところに至高のエネルギーが存在し、それは優越しているのだから、私たちの知性と意志を拡大したものと認識しなければならないという思いを一人として逃れることはできないのです。この大きな力をもつ存在の前で、私たちは今年の初めにいっとき心を落ち着かせなければなりません。私たちみなを包み込むこの普遍的な存在に、まず、愛する人々、ここから遠くはなれていても同じくこの新しい年をはじめようとしている人々と私たちを、共通の生の中心でするように再び一つに結び合わせてくれるようお願いしましょう。

テイヤールのメッセージの普遍的な性格を、旅の仲間たちは見逃さなかった。テイヤールは自分たちの一員なのだ。今や一行は帰途についていたが、冒険はまだ終わっていなかった。一月三〇日、テイヤールはマルグリットあての手紙にこう書いている。

北京からの鉄道路線の終点、われわれの災難つづきの冒険の目的地である包頭《パオトウ》に到着しました。……われわれがここに到着する二日前、小さな村を通っていたときに、半匪賊の兵士の一団が、われらが輸送車隊にいきなり激しく発砲してきました。輸送車隊はそのときいくらか散らばっていました。私のすぐ前の車は弾丸を一五発ほど、とりわけ牽引していた付属車《トレーラー》に受けました。私の車は銃撃されませんでした。われわれは撃ち返し、それがあまりに激しかったので、たちまち「敵」は白旗を掲げました。そして、誤りを犯したと説明しました。幸いだれも何ともなく、われわれの遠征に大いに関心が集まっただけでした。

テイヤールの手紙とこの事件について述べた文章の中でマルグリットは、いとこは、旅で直面した危険を控えめに言い表わすのが普通だったと書いている。マルグリットは黄の遠征について別の資料（ジョルジュ・ルフェーヴルの本）を引用しており、それによると、この村で一行が遭遇したのは、普段、黄河左岸のアラシャン砂漠とオルドス砂漠の間を荒らしまわっていた、兵士の服を着た常習的な匪賊の一団だった。

待ち伏せはプロの仕業だった。追いはぎ数人が軍の正式な検問所の係員のふりをして、キャラバンを止めようとした。遠征隊の隊長は、わなではないかと疑って、止まらないよう命じた。キャラバンが検問所を通るやいなや、まわりに隠れていたほかの者たちが出てきて、激しく発砲しはじめた。チームが激しく撃ち返すと白旗が揚がり、間違いがあったと謝罪がなされた。匪賊の指導者は、お茶と一緒に上の人間の名刺を差し出した。そこには中国語でこう書いてあった。「独立騎兵隊将軍」

二月一二日の正午、シトロエン・チームは、大喝采に迎えられて北京の外国人地区にあるフランス公使館の敷地に乗りつけた。テイヤールは、帰ってこられたことがうれしかった。フランスにいる兄弟の一人にあてた手紙に、この旅でもっともよかったのは、この大陸を直接知ることができたことだと書いている。「結果的にアジアについての理解をほぼ倍にすることができました。そのために支払う対価としては、五〇という年齢でも、人生の中の一〇カ月は高すぎはしません」

グループが北京に到着してまもなく、テイヤールは、到着の前日の二月一一日に八六歳の父が死んだという知らせを受け取った。彼は悲しみに満たされた。父は多くのものを与えてくれた。「疑いなく、明確な志を、また、それ以上に、あらゆるものが築かれる土台となる懐の深い平静さを」

テイヤールは、同僚の中国人、楊鐘健《ヤンチヨンチエン》とともに山西省に旅をするよう中国地質調査所から頼まれた。そして、この遠征を終えたあとの九月に、ポルトス号に乗ってフランスに帰った。フランスには四カ月滞在し、その間に、さらなるありがたくない知らせを受け取った。エドゥアール・ル・ロワなど、ほかの人たちの書いたテイヤールの著作に似たものが、次々に禁書目録に載せられているというのだ。ル・ロワは、本を禁書にされて自らの言葉を撤回した。それにリヨンでは、テイヤールに対して好意的な見方をしない人物が新たに管区の神父になっていた。

落胆したテイヤールは、パリでは宗教以外のことに取り組んで時を過ごした。イエズス会の仲間などに向けて、北京原人の発見について講演を二度おこなった。そして一九三三年二月、アラミス号に乗ってフランスを発った。途中シンガポールとサイゴンに立ち寄り、古生物学について講演をおこなっている。北京に帰ってみると、中国は日本軍の侵攻を受けて混乱のさ中にあった。情勢は悪化しており、中国地質調査所の科学的資料は安全上の理由から、すべて北京協和医学院に移されていた。

テイヤールは、山西省の累層を調査するために現地に戻った。そこでの発見は、中国の地質について以前に出した結論を補強するものだった。彼はアジアに地質構造の連続性を見てとり、アジアの地質構造がヨーロッパで研究した累層に似ているのに気づいた。六月二二日、テイヤールは再び中国を離れた。今度はデイヴィッドソン・ブラックと一緒に米国に向かったのだ。二人は、七月に開かれる第一六回国際地質学会に出るために首都ワシントンに向かった。船には友人たちが乗っており、航海の間じゅう日程表に社交の予定が詰まっていて、書きものには手が回らなかった。

一方、周口店では大きな興奮が湧き起こっていた。その頃、龍骨山のてっぺん近くにある山頂洞と呼ばれる新しい洞窟が調査されていた。この発掘によって出てきた宝のなかに、すばらしい状態の頭蓋骨が一つ、それに宝石として用いられたのかもしれない穴を開けた貝殻と、石器がいくつかあった。これらはすべて、北京原人よりずっとのちの時期、つまりわずか一万年前のものだった。また、調査チームはダチョウとゾウの骨も見つけた。テイヤールは、これら新たに見つかったものを分析して時を過ごしていた。だが、それでもあまり慰められなかった。再燃した修道会との問題にひどく苦悩していたのだ。友人たちにあてた苛立ちに満ちた手紙で、世の中は動いているのに教会は静止状態にあると不満を言いつづけた。何カ月もよく眠れなかった。

テイヤールとブラックは、龍骨山から出た北京原人の化石を分析して、北京原人は火の使用法を修得していたと推論した。テイヤールは周口店の洞窟の地面や壁の泥の中の残留物を調べ、そこにたまっていた炭素は火によって生じたのだと結論づけた。テイヤールの考えのなかには、のちの化学分析で疑問を投げかけられたものもある。研究者のなかには、洞窟のなかにあった黒い物質は炭素ではなくマンガンだという人もいる。しかしテイヤールは、北京原人が火を起こすことができた証拠をほかにも見つけた。原人骨とともに見つかった化石化した動物の骨を分析したところ、焼かれた痕跡があったのだ。そこから導き出した結論は、北京原人は、火を使用して制御したもっとも古い私たちの祖先であるというものだった。七〇年後に世に出た二本の論文によって、テイヤールの分析は裏づけられている。

一九三三年七月、テイヤールとブラックは、北京原人について調べた結果をワシントンの会議で発表した。彼らはこの興味をそそるヒト科生物についてそれまでのところ、わかっていることを論じた。二人の発表を聴衆は興奮しながら待っていた。ブラックが北京原人の歯をもって到着するといううわささえあった。このころにはブラックの評判は神話に近いものになっていたし、テイヤールの名声は高まる一方だった。周口店は孤立した場所で、近くにヒト科生物の遺跡はなかったため、会議の参加者たちは、これと比較できる遺跡を中国で探そうと決意した。会議は、西は四川省にまで及ぶ、中国のいくつかの地域の調査を翌年おこなう任務を依頼した。

会議が終わるとテイヤールは、国際地質学会議の催しである列車による米国横断の旅に参加した。これは変わった旅だった。列車は夜にだけ動き、昼間は一カ所——毎日違う場所に止まる。参加している古生物学者や地質学者は昼間は土地を調査し、化石を探して過ごすのだった。調査隊はミズーリから、オレゴン街道《トレイル》をたどって国を横切り、オレゴン州クレーター・レイクで旅を終えた。車両のうち一台が、テーブルと椅子、黒板、映写機とスクリーンを備えていて会議ホールの役目を果たした。標本を分析するために研究施設が置かれた車両さえあった。寝室となる車両もあった。ただし、これには二種類があった。夫婦で参加している人たちは、広々として居心地のいい部屋を与えられ、配偶者をともなっていない参加者は同性どうしで、もっと狭苦しい客室を共有した。

ある日、カンザスの平原を掘って長く疲れる一日を過ごした晩に、テイヤールは床に就く支度をしていた。見回して服をかける場所を探してから、彼は列車の前のほうの、夫婦者の参加者たちがもっと贅沢な旅を楽しんでいる場所に、悲しげにちらっと目をやった。そして同室のベルギーの科学者アルマン・レニエに顔を向けて言った。「われわれの仲間のプロヴスト氏は奥さんを連れてきて、特別な客室を割り当てられるという恩恵を受けましたね。ここは一つ、その如才なさで、われわれ二人の奥さんを見つけてくれてはいかがですか」そしてレニエにウインクし、となりの客室のほうに首を振った。そこには、年齢うん十歳の有名な女性古植物学者が一人で眠っていた。

旅の終わりにテイヤールはカリフォルニアに行き、そこですばらしい時を過ごした。米国訪問は前にも楽しんだことがあったが、今回は、とくに旅に参加したかいがあった。南カリフォルニアの地質は多様で興味深かったが、それ以上にまわりに広がる、手つかずの自然の景色をいとおしんだ。日の光に照らされた山々、緩やかに波打って連なる丘、緑したたるオークの木が、砂漠ではサボテンとユッカ（イトラン）に取って代わられる。「こちらの暮らしは単純で慣習にとらわれません」とテイヤールは書いている。「星の下で眠り、昼でも夜でも時刻を問わずバーで高いスツールに腰かけて食事をします。静けさがほしいと言えば、だれからもわずらわされません。ひと月ここにいて、カリフォルニアになじんでくつろいでいます」

しかし、中国が手招きしていた。テイヤールは、デイヴィッドソン・ブラックら同僚たちとともに、北京原人を調査する仕事を再開したくてしかたがなかったのだ。

第13章　ルシール・スワン、北京原人を復元する

一九三三年の終わりごろ、テイヤールは中国に戻り、まもなく周口店に戻った。発掘チームは山頂洞に注意を集中させ、そこからは旧石器時代後期の人工遺物や化石が次々に見つかっていた。北京原人より何十万年もあとに生きたヒト科生物のものだ。それは、氷河時代の終わりという遅い時代に、ここで暮らしていた解剖学的現生人類だった。一九三三年のおおみそか、テイヤールはパリのブルイユ神父あての手紙にこう書いている。

発掘シーズンを終えるため、一五日前にブラックとともに周口店に戻っています。崩れた屋根の除去がやっとはじまりました。（ペイ［裴文中］が、破片を取り除くためにケーブルと滑車を設置しており）私たちは、次の春になったら「文化区域A」に入れるところまできています。今や、「山頂洞」で掘られていないのは小さな一角だけです。そこは、高さ一二メートルくらいの小さな白亜の部屋（つまり、シナントロプスの埋葬場所とは完全に無関係）で、石筍《せきじゅん》や鍾乳石におおわれています。全体の印象は、シナントロプスの「洞窟」とは大きく異なっています。

北京協和医学院の研究室で、デイヴィッドソン・ブラックは、参ってしまうほど働きすぎていた。心臓に先天的な欠陥があり、一九三四年の初めごろ、深刻な心臓疾患の兆候を示して入院した。安静にするよう、彼は医師たちから忠告されていた。だがブラックは、そういうわけにはいかないと言い、まもなく研究室に戻ってしまった。多くのことを成し遂げていたし、行く手にもたくさんの仕事があるのだから、ペースを落とすわけにはいかないと感じていた。ブラックのチームにとって、二月はたいへん実り多い月だった。チームは、山頂洞から出た頭蓋骨を分析し、大量の情報を集めたのだ。

二月一五日、テイヤールはパリのマルスラン・ブールに状況を知らせた。

ブラックは「上洞人」の頭蓋骨の図を仕上げたところです。頭蓋骨の一つはまったく完璧です。ほかの二つはかなり損傷を受けていますが、使える部分も少なくありません。ブラックは、先入観から結論を出すことがないよう注意しています。私の印象では、これは奇妙にクロマニョン人に似ています。私たちは「予備報告」を作成しているところです。山頂洞で見つかったほかの動物のなかに、今まで卵だけを通して存在が知られていたダチョウ一羽の残存物（大腿骨二本と脊椎）があったことは、すでにお話ししました。

三月一五日から一六日にかけての夜、ブラックは研究室で仕事をしていた。午後七時ごろ助手のポール・スティーヴンソン博士が入ってきて、三〇分ほどブラックと話してから去った。スティーヴンソンがその夜のうちにまた研究室に行くと、ブラックが床に倒れていた。机は書類と、周口店から出た化石でおおわれていた。スティーヴンソンは助けを呼んだが、ブラックが死んでいるのは明らかだった。まだ四九歳だった。遺体は医学院の「冷蔵室《コールド・ルーム》」に運ばれ、葬儀の手配がなされた。

この悲劇的な損失のことを次の日に大学のスタッフから耳にしたテイヤールは悲嘆にくれた。ルシール・スワンあての手紙にこう書いている。

わが友ルシール

南にいるあなたに届くよう望みながら、à tout hazard〔急に〕この手紙を書きます。きのうペイピン〔北京〕に帰ってきて、一二日付けのあなたからの大切な手紙を見て喜びました。胸のうちと頭の中で受け止めました。確かに、私たちにとってすばらしい見通しだという気がします。……私があなたに何かを与えることができたら、お返しにあなたは、あなた自身の暖かい光ばかりでなく、その鋭くしっかりした現実感覚によって私を助け、私に欠けているところを埋めてくれます。まだ多くのことを教えてくれなくては。それに私たちは、自分たちを取り巻く物質を「非物質化」するために、何かしてもいいかもしれません。

今、この世を、その物質的な闇から救う必要性を強く感じます。すでにご存知のとおり、おといブラック博士が世を去りました。この早すぎる人生の終わりが不条理に思われること――まわりの友人たちがこの運命を、自制して平静に、しかし盲目的に受け入れていること――PUMC〔北京協和医学院〕の冷蔵室に横たわる哀れな遺体に「光」がまったくないことに私の悲しみは深まっており、心は嫌悪感に満たされています。――どこかに思考と自我の逃げ道があるのでなければ、この世は、恐ろしいまでに間違っているということです。そして私たちは立ち止まらなければいけません。――が、立ち止まらなければいけないとはだれも認めないので――信じなければいけません。この信念を目覚めさせることが、今までにも増して、私の義務でなければいけません。私は自らに、そしてデイヴィーに――私にとって兄弟以上だった人の遺体に誓いました。

最期は、あっけないものでした。自分はずっとよくなるという誤った感じをブラックはいだいていました。研究室にきて友人数人と会い、陽気にしゃべっていました。それから一人になり、机の近く、地図と化石に囲まれて亡くなったのです。不条理です――あるいは、むしろすばらしいことなのか。

今や私たちは船を救おうとしています。そこで私は舵をとらなければなりません。グリーン博士〔医学院の事務局長ロジャー・グリーン〕から、そうするよう頼まれました。――何よりまずはっきりしていることは、先に進まなければならないということです。計画は変更されません。おそらく私は上海に行くでしょう（到着するのは二四日になるかもしれません）。そして私たちは、南京から漢口まで旅することになります――その一方で、私たちの資料を研究してくれる人類学者を世界のどこかで探すのです。おそらく日ごとに、失ったものの大きさがはっきりしてくるでしょう。

テイヤールは周口店で助けを必要とし、周口店のチームの地質学者である友人ジョージ・バーバーに電報を送った。そのときバーバーは、ハワイで火山について講演をし、ヒロの近くでボートに乗っていた。三月一七日の午前三時、無線電報が彼の船室にもたらされ、バーバーは起されて、それを読んだ。「きのうデイヴィッドソン・ブラック死す　心臓病」

周口店で重大な転換が必要になり、自分とテイヤールは、今や発掘作業の継続に責任を負っているのだとバーバーは知った。そして、すぐに中国行きの船に乗った。一〇日後、エンプレス号が上海に着き、埠頭沖に錨を下すと、急使が乗り込んできてバーバーに名刺を手渡した。それには、こんなメッセージが走り書きされていた。「税関の桟橋で待つ。テイヤール」バーバーは、あわてて上陸してテイヤールと落ち合い、ともに近くのホテルに行って昼食をとった。二人は、ブラックについての思い出にふけって二時間を過ごし、テイヤールはブラックの最後の日々について語った。「私にとって兄弟のようだった」と繰り返し言った。二人は、今何をしなければならないかを話し合った。

テイヤールは、いっとき北京原人調査プロジェクトの責任者を引き受けた。しかし、神父はほかの仕事にもかかわっていたので、チームは、デイヴィッドソン・ブラックの常任の後任としてフランツ・ワイデンライヒを雇った。ユダヤ人であるワイデンライヒは、ヒトラーのドイツでフランクフルト・アム・マイン大学の教授職を追われ、最終的にシカゴ大学客員教授の職を見つけていた。北京原人研究へのワイデンライヒの取り組みは、計り知れないほど貴重な成果をもたらした。彼は第二次世界大戦のあとも、米国自然史博物館で客員の職に就いて、仕事をつづけることになる。

ワイデンライヒは、大物の後釜に座ろうとしていたのであり、自分でもそれがわかっていた。ブラックは北京原人の事業の責任者として、並外れて愛されていた。ワイデンライヒは、ブラックのようにとっつきやすい人間ではなかったし、同僚たちと気安い関係を結べなかった。初めのうちなど、中国人作業員たちが化石を扱うやり方に疑いをいだいてさえいた。頭蓋骨ばかりが発見されると感じ、作業員たちがほかの骨の化石を捨てているのではないかと恐れた。そして、しばらく現場でその作業ぶりを観察してやっと安心した。

ワイデンライヒの運営スタイルは、ブラックよりずっと形式ばっていた。周口店の発掘現場を、三つぞろいのスーツを着て訪れるのだった。あれこれとうるさく、金に細かった。財団の金が一般にどう処理されるかがわかっていなかったようだ。たとえば、使われなかった資金をとっておけないことがわかっておらず、不必要なまでに熱心に支出を節約した。だが解剖学者としては優秀で、見つかっ

ルシール・スワンの仕事に基づいて周口店に記念碑としてつくられた北京原人の像（著者撮影）。

た北京原人の遺物を見事に記録し、何十年もたった今でも、私たちはワイデンライヒが注意深く書いた記録のおかげで、シナントロプスについて多くのことを知ることができるのだ。

ワイデンライヒの計画は、北京原人について自分たちが明らかにしてきた細かなデータを総合するというものだった。そうした情報のピースを組み合わせて、シナントロプスが実際にはどんな姿をしていたのかという、血の通ったイメージをつくりだしたいと思っていた。そのためには、解剖学と彫刻の両方がわかっている人物で、身近におり、ワイデンライヒ自身が指導監督できるだれかが必要だった。これらすべてに当てはまる人物が北京に一人いた。米国人彫刻家ルシール・スワンだ。

ワイデンライヒはスワンをフルタイムで雇い、北京原人を復元する仕事に取り組ませた。スワンは、このヒト科生物についてわかっている科学上のデータを何もかも利用して肖像をこしらえることになった。平日は毎日、北京協和医学院のワイデンライヒの研究室に行き、ワイデンライヒおよびその助手と密に協力しあった。助手は、クレア・（ヒルシュベルク・）タシジャンという若いドイツ人女性で、研究室に置かれていた化石の管理責任を負っていた。スワンはデータを集め、測定をし、シナントロプスについての報告を読み、化石の模型をつくった。それからすべての情報と模型を仕事場にもっていき、このヒト科生物の彫像に取り組んだ。これは科学の問題でもあり、芸術の問題でもあった。数カ月でスワンは彫像を数体完成させた。それらは、今もそうだが当時も、北京原人の姿を非常によく表わしていると考えられた。

スワンはワイデンライヒのもとで雇われ、頻繁に医学院を訪れることで、テイヤールとこれまでより親しくつきあうようになった。午後のお茶の時間や、しばしば夕食の時間に会うだけでなく、仕事の間じゅう会うようになったのだ。接触が増して二人の親密度は強まり、また深まっていった。

テイヤールは友人を必要としていた。著書を出版する許しがいつまでも下りず、また、フランスに帰る許可をいただきたいとの嘆願を再三無視されて、教会による扱いに苛立っていたのだ。姉や妹、従姉妹との親しいつきあいを楽しみ、女性といっしょにいることには慣れていたので、ルシールは中国で同じような役割を果たしてくれるかもしれないと思った。

ルシール・スワンは肉感的で、男性とよくいちゃつき、快活で興味をそそり、男たちの心を引きつけた。テイヤールと出会ったころは、北京の外国人社会で結婚相手候補の複数の男性に追いかけられていた。だが、司祭との関係が発展しはじめると、まもなく求婚者たちを棄て、自分の時間と関心をすべて司祭に捧げるようになった。

スワンがワイデンライヒのために仕事をしはじめると、彼女とテイヤールは毎日会うようになった。彼が旅に出ていないかぎりは。そして、テイヤールは世界中に友人がいたが、ルシールには親友はそれほどいなかったので、テイヤールがルシールを必要とするよりも、ルシールのほうがテイヤールを必要としていた。二人は親密に言葉を交わして何時間も過ごすのだった。よくピクニックに出かけ、市街を出たところにある北京西山に行き、そこで景色を眺めながらおしゃべりを楽しんだ。ルシールにとって、テイヤールはいちばんの親友であり、相談相手であり、この感受性の鋭い人になら、心の奥底にある考え、願い、欲望を打ち明けることができた。

ルシールは恋に落ちつつあった。そしてテイヤールも、自らを守りながらテイヤールなりの仕方でルシールを愛していた。手紙での呼びかけは〝Dear friend〟（大切な友）から〝Lucile, dear〟（大切なルシール）、さらに〝Dearest Lucile〟（だれよりも大切なルシール）になった。そして最後には、ただの〝Dearest〟（だれよりも大切な人）になった。

しかし、この関係には紛れもない不平等があった。テイヤールはルシールを親しい妹か従姉妹のように見ていたが、ルシールがテイヤールを見る目には、そのような関係のプラトニックな障壁は存在しなかった。ルシールは大人の女性で、女性としての正常な欲求があった。結婚歴があり、ある種の親密さを男性に望み、当然、それを相手から与えられるような関係を期待した。つまり、セックスを求めていたのだ。

テイヤールはこのことに気づいていたが、ルシールのために貞潔の誓いを破る覚悟はできていなかった。自分はすでに教会の信頼を裏切ってしまったと感じていて、そのためになおさら、貞潔を棄てまいと決意していたのかもしれない。だが、二人の求めるものの決定的な不一致に気づきながらも、テイヤールはルシールを突き放さなかった。ルシールとの親しい交わりをあまりにも必要としていたのだ。

ルシールも、たとえ相手が、誓いを破らないと言い張る司祭であっても、テイヤールのことをあきらめたくなかった。自分が望む親密な関係を求めて圧力をかけつづけた。初めはやさしく、のちにはもっと執拗に。相手が司祭であることは理解していた。あるいは少なくとも、理解していると言ってはいたが、人間としての普通の本能と欲望がそういう理性的な理解に逆らって働いていた。そして、二人が多くの時間をともに過ごすなかで、相手が（ときおりだが）法衣《カソック》を着ているときも、この男前の男性への欲望を抑えるのはむずかしかった。ほかにも男友達をつくったらどうか、さらには、結婚したらどうかとテイヤールから言われるといつも、それはできないと答えるのだった。二人の関係は、進行するにしたがって込み入ったものになっていった。

　テイヤールは、デイヴィッドソン・ブラックが死んだあとでさまざまな責任を引き受けていた。しかし、ひとたびフランツ・ワイデンライヒが北京原人調査プロジェクトの責任者の役割に落ち着くと、それらの多くから解放された。ロックフェラー財団からは、ブラックの計画の多くを実現するうえで大きな裁量権を与えられていた。そのなかには、ジョージ・バーバーを発掘現場で特別なプロジェクトに参加させるというものがあった。ワイデンライヒが責任者になって、二人とも好きにできる時間が増えたので、テイヤールとバーバーは、共同調査に出かけることにした。

　二人は内陸奥深くへの調査旅行に乗り出し、中国南部の絵のような風景が広がる広西《クワンシー》省の桂林《クウェイリン》やそれより遠くへと足を伸ばした。二人は、この国の地質を調べ、各地域の地質を比較した。また、初期の人類が居住していた証拠を探していた。あるときバーバーは、テイヤールが山中のせせらぎで裸になって水浴びをしているところを写真に収めた。しばらくしてからその写真を見て、テイヤールはこう述べた。「ローマにいる私の修道会の指導者が、川の真ん中にいるこんな私を見たら、早まって法《カソ》衣《ック》を脱いでしまったのだと考えるでしょうかね」

　旅の間にテイヤールは、ルシールにあててこんな手紙を書いている。

一九三五年一月二八日、桂林、（広西）

大切なルシール
　この前の手紙は南寧《ナンニン》から送りました。――インドシナに近いところです。そして今、私たちは広西のほぼ北部、湖南《フーナン》からあまり遠くないところにいます。ここが、来ようと計画していたもっとも遠い地点です。……毎日、中国南部の第三紀と第四紀の地質に関して、私たちの見方を裏づける新たな観察結果が得られています。――先史時代については、周口店のようなものは見つかりませんでした。けれども、南寧と同じくここでも、中国の先史時代の興味深い一時期の文化（穴居人、貝を食べる人々）の状態のよい証拠を手に入れています。残念ながら、洞窟はすべて中国人化石ハンターたちによって荒らされていて、切れ端がほんのいくつか残っているだけです。

テイヤールとバーバーは、調査旅行が終わったら、香港から船で北京に帰ることになっていた。テイヤールはルシールに香港からまた手紙を書くと約束した。そして一九三五年二月八日、発信地が香港になっているその手紙の終わりにこう書いている。「A bientôt［それではまた］大切な人よ／私を信じてください。／草々／ピエール」
　北京に帰ると司祭は毎日、お茶の時間に友人の女性彫刻家のもとを訪れた。二人は、身近な社交グループの友人たちとピクニックをした。そうした遠足は、よく天壇《ティエンタン》公園の木々の下でおこなわれた。明朝の皇帝により一四二〇年に建てられた円形の荘厳で神聖な建物が三つある大きな公園だ。また、ルシールはテイヤールの仕事を手伝った。論文の多くをタイプし、時には英語に翻訳した。テイヤールは手紙の中でルシールのことを「羅針盤」とか「光」と呼んでいる。だが肉体的な欲望は、ルシールのテイヤールに対する気持ちの重要な要素だった。そして、とても抑制しがたくなってきていた。

バレンタインの日に、ルシールは日記にこう書いている。

私は分別をもって振舞っているし、落ち込んでもない──けれども友よ──あなたがいないと暮らしが味気ない──とるべき道を見つけるのを助けてくれなくては──友情は愛の最高の形──それにとてもたいへん──私は女としての原始的な本能が強い──けれども、ああ、愛する人よ、何というやりがいのある努力なのかしら。

愛情に肉体的に報いるようにとルシールから絶え間なく圧力を受けて、テイヤールはセックスの意味について考えざるをえなくなった。こういう求めへの反応として、また、自分たちの関係の性格を自らに対して明らかにするために「貞潔の進化」と題された文章を書いた。それは、女性に惹かれながら、誓いを立てているため、肉体的な愛を経験することができない男性の宣言《マニフェスト》だった。この文章で述べられている女性像はダンテの描くベアトリーチェの姿だった。すなわち、今の自分を乗り越えて神に向かって進むよう、男を励ます女性だ。

テイヤールとの関係を完全な形にできないことに深く苛立っていたルシールは、そのせいで落ち着かなかった。ある時は、唐突に北京を離れ、田舎で一人時を過ごし、自分の苦境について考えた。また、ある時は、旅から北京に戻ったテイヤールに、ニューヨークで彫刻を展示するため、長期間北京を離れるという知らせを突きつけた。一九三五年三月二九日に、テイヤールはルシールあてにこんな手紙を書いている。

大切なルシール

今回は、あなたがここを離れ、私があとに残される。そこが何よりつらいところです。けれども、それを自分の務めとして喜んで受け入れましょう。あなたの人生の苦痛を何でも引き受けたいから。――私の夢、私の望みは、ただひたすらあなたの力、あなたの喜びとなることです。ルシール……

あなたは東に行く。数日後には私もここを発ち、西に向かいます。私たち二人の人生は、地球を「取り囲む」象徴的な意思表示をしているかのようではないですか？――信じてください。きょうの別れは何ごとの終わりでもない。新たな人生のはじまりでしかないのです。

大切なあなたに神のお恵みがあるよう。

ピエール

ちょうどこのとき、ブルイユ神父がテイヤールとワイデンライヒを訪ねてきた。テイヤールはブルイユを連れて忙しく北京をめぐり、周口店を訪れて、古生物学上の大発見である北京原人の遺物を見せた。四月の初めごろ、ルシールあてにこんな手紙を書いた。

天津駅のプラットホームであなたと別れてから、もう八日が過ぎた。――ブルイユと私は天津に二日だけいました。日曜の夜には［北京の］ペイタンに戻りました。それからは決まりきった生活がつづいています――ただ、午後五時［テイヤールとルシールのいつものお茶の時間］になるとまだ少し戸惑います。

大切なあなたに神のお恵みがあるよう。そして、あなたにとって大きな海がいつも穏やかで明るいように。

草々

ピエール

きょう（日曜の朝）私たちは明時代の墓に行きます（ブルイユと裴《ペイ》と私で）。木に咲く花を見るたびにあなたのことを思うでしょう。

ワイデンライヒが自信をもって職務を引き受けているのを見て、テイヤールは心おきなく旅に出ることができた。ブルイユとともにシベリア横断鉄道でウラジオストクからモスクワに行き、そこからパリに帰った。

テイヤールはさらにイギリスに行ってイギリス地質調査所の集まりに出た。そしてパリに戻ってからマルタ、ボンベイ、カシミールに旅し、そこで地質学調査旅行に参加した。テイヤールの生涯を研究したマドレーヌ・バルテルミ・マドールによると、一九二三年から一九四六年までの年月に、テイヤールが一カ所に連続一五日を超えてとどまったことはなかった。

テイヤールは、これだけ駆け回っていても、モンフレやモンゴルの公女ニルギドマを含む数多くの友人たちと、手紙をやりとりしたり訪ねたりして、連絡や接触を保った。六月一六日にパリからのルシールあての手紙にこう書いている。

二週間前、ヌイイで〝海賊〟［モンフレ］と、彼のこの上なく立派なご家族と昼食をとりました。このようなときには私自身、この家族の一員になり、前と同じように温かい友情のありがたさをかみしめます。モンフレは、イタリア軍によってアビシニアをまとめたいと望んでおり、複雑な（個人的、政治的）理由で、確信をもってムッソリーニを支持する者としてしゃべったり、

1935年4月7日、北京の北にある明朝（1368－1644）の墓を訪れたテイヤール・ド・シャルダン（左）とブルイユ神父。撮影者は、北京原人の最初の頭蓋骨を発見した裴文中（Teilhard de Chardin collections, Georgetown University）。

ものを書いたり、講演をしたりしています。八月にここで戦争がはじまると予想されます。ニルギドマはパレスチナから故郷に戻るところです。新聞社によって、イスラムの問題について調べるべくモロッコ、エジプトなどに派遣されているのです（なぜ、モンゴル人であるこの人が？）――書いた記事のなかに、すでに紙面に掲載されたものがあると聞いています。月末に会うつもりです。

北京原人は今や前より細かくその姿が肉づけされていた。すなわち、五〇万年前のヒト科生物で、環境によく適応して何十万年もアジアで生きた種に属し、北京の南西にある洞窟に痕跡を残した存在としてである。北京原人を発見した国際チームは、過去との進化上のつながりをなす北京原人の重要性を、人類の起源を探る世界中の人々に説明することに忙しかった。人類学にとって次の一歩は、サルとの共通のルーツから私たちにいたる進化の中に、北京原人をもっとしっかり位置づけることだった。

アフリカでは、一九三〇年代にルイス・S・B・リーキー（一九〇三‐一九七二）がオルドゥヴァイ渓谷を掘りはじめていた。アフリカで宣教師の両親の下に生まれた古生物学者リーキーは、ジャワと中国ですでに発見があったにもかかわらず、人類のもっとも古い起源は、アジアではなくアフリカにあると確信していた。

それから数十年間に、リーキーと二人の妻、息子たち、義理の娘が、私たちヒトの祖先の連なりにおける次の環を発見することになる。そしてまさに、この人たちが見つけたものが、私たちの属に含まれるもっとも古い種となった（アウストラロピテクスはもっと原始的で、ホモ属に含まれるとは見なされていない）。リーキー一家はアフリカで、二二〇万年前から一六〇万年前のものとされる不完全な骨格や頭蓋骨を見つけ、道具を用いたことからこのヒト科生物を、ホモ・ハビリス（有能な人間、器用な人間）と名づけた。このヒト科生物の化石が分析され、ルイス・リーキーの「アウト・オブ・アフリカ（出アフリカ）」説の正しさが確認された。今や、私たちの祖先がどう発達したのかが以前よりはっきりして北京原人は一層重要なものと見なされている。まさに、ヒトの祖先として、火を起こして使用したことがわかっている最初の人類だったからだ。

今日生きている、私たちにもっとも近い親類は、アフリカに棲んでいる。ボノボを含むチンパンジーとゴリラだ。遺伝子を調べて出されたこうした結果が知られるようになったのは、ほんの数十年前のことにすぎない。その前は、ヒトは遺伝的にどの類人猿にも、つまりアフリカの類人猿にも、アジアの類人猿にも同じくらい近いと科学者は考えていた。二〇世紀の初頭には、私たちが類人猿のなかから出現した場所は、アジアだった可能性も大にありうると多くの科学者が考えていた。しかし分子レベルの証拠は、アフリカ起源説に著しく有利だった。ヒトはアジアの類人猿より、アフリカのチンパンジーに遺伝子的に近いことが示された。したがって科学者は、二〇世紀のうちに、類人猿とヒトの共通の環を探そうとアフリカを詳しく調べはじめた。

今日のヒトにつながる系統は、六〇〇万年前もしくは七〇〇万年前ごろにチンパンジーの系統から分岐した。二一世紀の初めに、アフリカでたいへん古いヒト科生物が二種類発見された。一つはサヘラントロプス・チャデンシス（*Sahelanthropus tchadensis*、チャドのサヘル人。サヘルは、モーリタニアからチャドまで広がるサハラの境界に広がる半砂漠地帯）。もう一つはオロリン・トゥゲネンシス（*Orrorin tugenensis*、ケニアの村トゥゲンにちなんで名づけられたもの）。これらは、私たちの祖先がチンパンジーの祖先から枝分かれしたころに近い年代にさかのぼる。

第14章　北京原人、姿を消す

一九三五年の秋、テイヤールは、ヒマラヤのソルト・レーンジ山脈のふもとの丘陵地帯に旅した。またインド北部、パンジャブ州のソハン渓谷にある旧石器時代の遺跡を調査し、そこで、ものを切る道具や削る道具を見つけ、北京原人と同年代のものだと判断した。一二月にはジャワに行った。友人であるドイツ生まれでエール大学の地質学者ヘルムート・デ・テラが同行していた。ワシントンで開かれた一九三三年の国際地質学会議で初めて出会ったのだった。四〇年ほど前にウジェーヌ・デュボアがジャワ原人を発見したソロ川沿いの遺跡を、この二人の科学者は訪れた。

この遺跡では、古生物学者のG・H・R・フォン・ケーニヒスワルトが一九三〇年代初めごろから、さらに発掘をおこなっていた。テイヤールとデ・テラは、到着するとケーニヒスワルトに付き添われて、一〇日にわたって野山でトレッキングをした。その間、一行は現地住民の小屋で眠り、地元の人人を雇って、地面を掘って化石を探すのを手伝わせた。そしてソロで、ケーニヒスワルトが継続的に発掘をおこなっており、周口店で見つかったものに似た化石が出た遺跡を訪れた。彼らは、ジャワは初期のヒト科生物文明の十字路の役目を果たしたのかもしれないという仮説を立てた。ある部族が中国から南に旅し、ある集団がインドから南東に旅をしたのかもしれない。今日では、ジャワ原人も北京原人も、ホモ・エレクトゥスの一種と考えられている。アフリカで——いちばん最近では一九八四年にケニアのナリオコトメで、また一九八六年にオルドゥヴァイ渓谷で、そして一九九一年にソ連のグルジアで骨が見つかったヒト科生物もみな、ホモ・エレクトゥスだと考えられている。

この旅を通してテイヤールは、進化についての科学的研究こそ、人生の重要な目標だという考えを心の中で固めた。キリスト教を進化の奇蹟と調和させるためにも、この仕事をつづけようというエネルギーを与えられた。しかし、船で中国に帰るときには、ルシールとの関係という差し迫った問題が頭にのぼっていた。ルシールとは一年近く離れ離れだった。そのために二人の関係の将来という問題が浮かび上がっていた。ルシールは、もっと関係を深めたがっていた。修道会との間で問題を抱えて苦しんでいたテイヤールは、もっとも大切な友を失いたくなかった。

ルシールへの手紙の中で、テイヤールは禁欲主義の問題を取り上げた。禁欲主義を、宇宙のとりわけ根本的なおきての一つを否定するものと見ているためルシールがこれに反対していることは理解していると書いた。しかし、性的関係が結ばれる理由は生殖だけではないと指摘した。性行為は愛の表現でもある（この点でテイヤールの見方は、セックスは生殖のためだけのものだというカトリックの教えと異なる）。そして、こういう形の男女の愛は、自分にとってはありえないということを説明した。テイヤールはルシールに、この問題にはあまり深入りしたくないと述べた。時間をかせごうとしたのかもしれない。

テイヤールにはまだ旅の予定があったので、対立は避けられた。少なくとも一時的には。一九三六年の初めごろにテイヤールが北京に帰ると、届いていた手紙で母親が二月七日にサルスナで死んだことを知った。彼はフランスに帰った。そして一年後、フランスから中国に戻ると、また米国への航海に出た。一九三七年二月二五日に中国を船で出発し、シアトルで陸に上がり、列車で東海岸に行った。

北京原人についてあちこちで講演をすることになっており、ニューヨークの米国自然史博物館に渡すために、周口店から出た最高の頭蓋骨の模型をもってきていた。フィラデルフィアで、ヘルムート・デ・テラとその妻ローダの家に滞在した。そして、この街で自然科学アカデミーが後援する初期人類についての国際シンポジウムに出席し、講演には、この二人も同行した。

テイヤールは、進化説の中でシナントロプスが演じる役割を説明し、人類の発達の過程でヒト科生物が理性的な生物になった時点について考えを述べた。テイヤールは、その瞬間を、水が沸点に達する瞬間にたとえた。そうした考えが明確な形になったのは、旅の直前のことだった。しかし、これは彼が生涯にわたっていだいてきた、さまざまな考えの集大成だった。それは、かつてフランスとスペインで観察した洞窟芸術、人類の発達の歴史で最初の抽象とシンボルによる思考の表れから示唆を受けたものだった。

テイヤールの講演はかなり注目され、たとえば、三月二〇日付《ニューヨーク・タイムズ》には、初期人類についての国際シンポジウムでテイヤールがおこなった講演のことを伝える記事が載った。その記事はテイヤールをイエズス会士として紹介し、テイヤールの話の要点と、ヒトと類人猿に共通の祖先があるという考えを伝えていた。多くの人がテイヤールの見解を、ヒトは類人猿の子孫だと言っているのだと誤解した。自分の考えが誤解され、発言が人々によってセンセーショナルに扱われているのを見て、テイヤールは勘違いを正そうとさらに新聞のインタビューを受けた。だが、すでにダメージがもたらされてしまっていた。進化を、枝分かれしていく変化であり、そこから種が出現する現象として説明するのと、人間が「類人猿から生まれた」と言うのとでは、まったく話が違う。米国のカトリック教徒はそのころ進化論に敏感だったので、テイヤールは人気を失っていった。

マサチューセッツでテイヤールは、イエズス会の大学であるボストン・カレッジで式典に出席し、そこで名誉学位を受け取る予定だった。しかし、評判が立ったあと、大学の当局者は考えを変えた。到着するとすぐに、名誉学位と講演の誘いは取り消されたと告げられた。ボストンの大司教ウィリアム・ヘンリー・オコネル枢機卿は、それまでこの大学の式典に出席していたが、テイヤールが栄誉を与えられるのなら出ないと言った。オコネル枢機卿は、テイヤールが進化について述べたこととして報道された内容に機嫌を損ねたのだった。

それからまもなく、ローマのイエズス会当局が米国のメディアの注目を知ったようだ。バチカンの新聞《ロッセルヴァトーレ・ロマーノ》に載ったテイヤールに批判的な記事を通してかもしれない。イエズス会の上層部は、卒中を起こさんばかりにいきりたった。テイヤールはフランスに向かい、到着するとリヨンの管区長に強く叱責され、ローマからの命令書を渡された。追って通知がくるまで、パリにとどまらなくてはならないというのだった。だが、メッセージを送りつけられないうちに、テイヤールはひどい熱と寒気に襲われてクリニーク・パストゥールに入院した。そして、マラリアと診断された。

病に倒れたにもかかわらず、テイヤールは病院で仕事をしようとした。イエズス会との問題が再燃し、進化についての公の発言は、純粋に科学の文脈の中でのものであってもやめるべきだと考えた。その代わり、できるだけ説得力のある形で進化の完全な哲学を書いて出版すべきだと決心していた。この考えは甘かったのかもしれない。何と言ってもテイヤールは、著書の出版を拒まれたことがあったのだ。だが、進化論を説く、きちんと組み立てられた議論を読めば、イエズス会はこれを受け入れ、そのあとは自分の邪魔をしないだろうとテイヤールは考えたのだ。

病院には、見舞い客がおおぜいきたので、まともに仕事をすることはついにできなかった。何週間かあとに退院し、中国に向かって旅立って初めて、仕事を再開することができた。

テイヤールが戻った中国は騒然としていた。一九三七年七月七日、北京と周口店を結ぶルート上にあるマルコ・ポーロ橋（盧溝橋）で、重大な結果をもたらす事件、盧溝橋事件が起こった。この事件をきっかけに、軍事行動の準備ができていた日本と、深く分裂した弱い中国の間で、日中戦争の火ぶたが切って落とされた。周口店での発掘は二日にわたって止まり、束の間再開されてから、日本軍が南に進んで周口店の周辺を制圧すると中止された。

侵攻してきた日本軍は龍骨山で作業員を数人拘束し、調査プロジェクトについて尋問した。作戦の指揮をとる日本の指揮官は、とくに北京原人の遺物を見たくてしかたがないようだった。まだ中国側が支配していた首都では、調査チームが北京協和医学院の倉庫に化石をしまい、さまざまな選択肢を検討した。

テイヤールは、安静にするようにと医師から忠告されていたにもかかわらず、中国に戻ったあとも旅をつづけていた。一九三七年一二月には、ヘルムート・デ・テラとともにビルマ（ミャンマー）に行った。二人はそこで石器文化の残存物を発見したが、化石は見つからなかった。テイヤールは一九三八年四月の初めごろまでビルマにとどまってから、再び発掘をおこなうためにG・H・R・ケーニヒスワルトとともにジャワに行った。中国には五月に戻った。

北京でテイヤールは再びルシールに会った。二人は問題を一時的に忘れて、いっしょに旅をし、女性宣教師の一団とともに日本を訪れた。その帰りに、日本と中国の間の政治的な敵対関係が強まっていたため、日本人船長が突如日本に引き返した。船は神戸で桟橋に着いたものの、テイヤールたちが泊まる場所はなかった。一行はやっと、中国に行く船を見つけ、中国に上陸すると列車で北京に向かった。テイヤールは、なじみ深い首都の周辺にくるとほっとした。「ほこり、青空、リンゴの花びら、人力車、荒廃、尾に笛をつけて頭上を通り過ぎるハトたちが発しつづける音」。だが中国の政治状況は危機的だった。

六月、テイヤールは人間、物理、霊性、進化についての哲学を組み立てていた。人類の現在と未来についての科学的な考察を融合させた、説得力のある議論を導き出そうとしていたのだ。その成果である『現象としての人間』はテイヤールの代表作となった。しかし出版されるのは何年も先のことになる。

この本には、テイヤールが人生の大半をかけて取り組んできた仕事が盛り込まれた。テイヤールの基本的な哲学は、人間こそ、進化を理解するための鍵だというものだ。『現象としての人間』は、生命以前、生命、思考、生存の四つの段階を通して話が進む。第一部では物理学を見渡し、宇宙の物理法則を述べる。

それから、テイヤールは生命の起源についての仮説を提示している。単純なものからもっと複雑なものへの生命の進化、地球上の生命がどのように植物から動物へ、単純な形の動物から魚、両生類、脊椎動物、そして、ヒトを含む哺乳動物へと前進したかを説明している。

ヒトにあっては、思考、認知、意識という複雑な要素――ほかの哺乳動物と私たちを区別するもののすべてが発生した。ここでテイヤールは、noosphere《ヌースフィア》（精神圏）という概念を掲げた。この言葉は、精神、知性を意味するギリシャ語ヌース（*noos*）からつくったもので、生物圏を含み、その上に広がる領域、思考と観念の領域のことだ。

最後に、この本は未来に関して、すなわち人間の生存について論じる。テイヤールにとって宇宙は一個の有機体だった。創造された実在すべてに内的レベルと外的レベルがあり、宇宙には二種類のエネルギーがある。それは、測定できる物理的な力と、人間の思考の中に存在する力だ。テイヤールによれば、進化の未来が行きつくのは「オメガ点」、すなわち進化を通じて収束が起こる究極の地点である。この本には、神とキリスト教に触れているところは少ない。おもに終わりのほうだ。これは基本的に進化についての本であって、宗教についての本、少なくとも教会が考えるような宗教についての本ではなかった。あまりイエズス会の気に入らなかったのも不思議ではない。

テイヤールは、洞窟芸術を研究して、初期のホモ・サピエンスでさえ、動物と違ってシンボルでものを考え、何かを創造することができたことを学んでいた。何百万年にもわたる進化の末に、意識をもつ動物として道具をつくり、すでに北京原人がしていたように火を征服し、意識を発達させ、芸術、言語、思考を生みだす動物が地球上に棲むようになった。また、戦争を目の当たりにして、人間の集団化が連帯ばかりでなく紛争の発生をも意味することを学んでいた。意識が現れたあとの進化は危険をはらんでいた。このことから、テイヤールは、生存の、また人類と地球の未来という問題を考えている。

テイヤールは、生態系と環境に関する問いを自らに投げかけている。一般的に戦争が終わったときには何が起こるのか。人口は戦前のペースで増えつづけるのか。資源をめぐる競争はどうなるのか。人間の集団、すなわち国、部族、民族集団は互いにどう反応するのか。人類の「精神温度」は危機的境界に達しうるのか。人間の思考と創造性の発生につながった進化に導かれて、われわれは崩壊にいたるのか。テイヤールは、進化の最終的な結果をめぐる、これに頭を占められ、こうした考えに方向づけられて、歴史上たいへんな時期にこれを書いたのだ。

テイヤールにはやらねばならないさまざまなことがあった。ニューヨークで自分の科学上の仕事について講演をおこなわねばならず、一九三八年九月に船でシアトルに行き、そこから列車で東に向かった。ニューヨークで話をしたあとは、フランスに向けて発ち、フランスには一九三九年の初めまで滞在して、マルグリットを含む親類や友人を訪ねた。五月の終わりごろ、米国にいるルシールにあてた手紙にこう書いている。「日差しあふれるカリフォルニアであなたが待っていてくれるとは幸いです！　おそらく……マルグリットが（この人のことはよくお話ししましたね）ニューヨークまでついてきてくれるでしょう。彼女は［エイブラハム・］リンカンについて本を書くために米国とワシントンを見ておかなければならないのです」

テイヤールはニューヨークに戻って米国自然史博物館で講演をした。シカゴでも話をし、それからカリフォルニアのバークレーで開かれた米国地質学会の集まりでアジアの地質について語った。そしてやっと、カリフォルニアではなくバンクーバーでルシールと再会し、八月五日、二人は上海行きのエンプレス号に乗った。ひと月にわたる船旅の間、たいてい一緒に過ごし、その間、テイヤールが新しい本のためのさまざまな発想のいくつかを明確な形にするのをルシールが助けた。ヒトラーがポーランドに侵攻して第二次世界大戦がはじまる二日前の八月三〇日、二人は中国に到着した。

テイヤールは、そのあと、この年の終わりまでずっと『現象としての人間』に取り組みつづけた。彼は絶え間なく修正をおこなっていた。この本を出版したいという要望はローマで強い反対に直面するとわかっていたからだ。イエズス会士として、修道会から許可が下りなければ、出版社と接触して本を出す手はずを整えることはできなかった。そこで、言わなければならないことを言いながら、バチカンやイエズス会当局との摩擦を最小限にとどめる方法を探しつづけた。ルシールとは毎日会った。ルシールは、校正を手伝い、下書きをタイプしていた。二人は長い時間を一緒に過ごしたため、二人の間の緊張と、両者の関係にルシールがいだく不満が、ついに表面化した。

一〇月にルシールはテイヤールあてに長い手紙を書いている。それを送ることはついになかった。ルシールの死後、彼女の文書のなかに見つかったのだ。その手紙には、こういう部分がある。

この深い憂鬱と、きのうのような爆発の原因は何なのでしょう。事態が変わっていないのは確かです。少なくともあなたの態度は変わっていません。ただ、私がそれを前よりよく理解しているというだけです。「理解」してはいないかもしれないけれども、少なくとも、前より多くのことを知っています。すべての根っこは、あなたが本当に、おおかたの人とは違い、もっと高い水準で生きているということだと納得しています。私は、いつもあなたを普通の人と考えてきました――確かに、ほかの人より優れていますが、それでも、ほかの男性と同じものを必要としていると。今では、そうは信じていません――あなたには、ある種のよそよそしさと冷たさがあり、私は、遠慮なく温かい愛を与えることで、それを何とかすることができると考えてきました。けれども、あなたは、それを求めているのかしら。あるいは、理解しているのかしら。あなたは確かにひとを愛するけれども、違う水準で愛するのです。……あなたは嫉妬とか、あまりほめられたものではない感情を経験しないから、そういうものを理解できないのです。そういうものは「平均的な」人間では、まったく普通のことです――けれども、とにかくすべてがごちゃごちゃです。私があなたの水準に合わせていることができず、あなたが、本当に理解していないから、与えたいと思わないものを私が求めるからです――そしてそれが、みにくい不平等の原因になるのです。そして、こういうことになって、私は死にそうな気持ちです――とにかく何ということかしら。

この手紙は、さらに数ページつづいているが、ルシールは手紙をテイヤールに送る気になれなかったようだ。これを書いたことでいくらか気が晴れたのかもしれない。二人の関係は現状を維持した。日本が中国に侵攻して以来、盧溝橋事件を経てさらに侵略を進めていくなかで、脅威が迫っているという感覚が北京の外国人社会の中で強まってきていた。ヨーロッパで戦争が勃発すると、日本による占領がもっと過酷になるのではないかと恐れて、多くの外国人がアジアのほかの土地やアジア以外のどこかに向かった。自分たちを取り巻く外国人社会がやせ細っていく中で、テイヤールとルシールはさらに近づいていった。

ほかの人々とともに米国人も、米国がもつ中国権益に迫る危険を感じ、ロックフェラー財団がこの国で科学研究活動を長期的に保護しない、あるいはできない可能性を認識していた。米国と日本の間で、まもなく戦争がはじまる恐れも大きかった。何としても北京原人を日本軍から守らなければならなかった。

なぜ戦争中に、気がかりなことはほかに数多くあったにちがいないのに、日本の侵略軍は五〇万年も前の先史時代のヒト科生物の遺物に興味をいだいたのか。そう不思議に思われるかもしれない。ところが日本軍は確かに北京原人を奪うことに関心をいだいていたのだ。人類学者ハリー・シャピロの著書『謎の北京原人』の中で具体的に描かれているように、日本軍は一九四二年二月にジャワ島を占領すると、ジャワ原人の頭蓋骨を没収した。ここで調査をしていたG・H・R・ケーニヒスワルトは日本軍に拘束された。ジャワの化石のおおかたはうまく隠されたが、頭蓋骨は日本軍による捜索で発見され、そのあと姿を消してしまった。

何年かのち、戦争が終わったあとで、シャピロは米軍の諜報将校に、なくなった頭蓋骨を見つけるのを手伝ってくれないかと頼んだ。日本軍が降伏したあと、まもなくその将校はなくなっていた頭蓋骨をもってきた。それは東京帝室博物館で見つかったのだった。

北京原人の場合、日本が遺物を所有したいと望んだのには特別な理由があったかもしれない。中国人は北京原人の遺物を誇り、周口店にあった先史時代の共同体は、現代の中国人すべての祖先の代表だと信じていた。北京原人の化石は民族と国の誇りの源で、中国人が自分の国をもつ権利の象徴だった。日本軍が打ち砕きたかったのは、この愛国主義的な気持ちだった。北京原人の化石を持ち去ることで、中国人の心を打ちのめすことができると日本軍は考えたのかもしれない。ともかく、そのような理由から、北京協和医学院の研究者たちは、慌てて北京原人の遺骨を隠すすべを見つけようとしていた。

テイヤールは中国での戦時下の歳月を、不安でいっぱいの憂鬱な状態で過ごした。テイヤールに会った人たちは、相手がどんなに悲しげであるかに気づいた。人類のあすをも知れぬ状態について考えているようだった。また、天津のリサン神父の博物館の将来も気にかけていた。

テイヤールは、原稿の修正を終えると、タイプしてもらうためルシールのところにもっていった。ルシールは写しを三部つくり、北京を訪れていた米国の外交官ジョン・ワイリーが一部をもっていき、ジョージタウン大学のエドマンド・ウォルシュ神父に送った。また、ローマのイエズス会本部にも、この本を出版する正式な許可を求めるテイヤールの手紙とともに一部が送られた。テイヤールは、権威者たちが自分の要望に応えてくれるとは期待していなかった。ローマの人々にはテイヤール・ド・シャルダンのほかにも気がかりなことがあった。少なくとも、そのように思われた。

一九四一年、米国と日本の関係が極度に悪化し、中国に住んでいた米国人はこの国を去りはじめた。ルシールはできるだけ出発を遅らせようとした。危険が高まっていく間、自分の家でのアフタヌーンティーでテイヤールなど西洋人たちをもてなしたり、テイヤールとともに田舎にピクニックに行ったりする生活をつづけていた。しかし米軍当局から、状況が危機的になる前に去るよう、圧力をかけられていた。米国人として、いつ日本軍に捕虜にされるかもわからなかった。

一九四一年八月八日が、ルシールが中国を去る最後の機会だった。米国に向かう最後の船に寝台が一つ残っていた。その船に乗るために上海行きの列車に乗るルシールに、見送りにきたテイヤールは、自分はあとに残るが、離れ離れになるのは一時的なことだと請け合った。そして、別れ際、涙をぬぐうルシールに「神のお恵みがあるように。ルシール」と言った。

テイヤールは、悲しみに沈んで部屋に戻った。そして三日後、ルシールに手紙を書いた。

大切なルシール

あなたが中国を離れる前にこの手紙が上海に届いて、私の心の奥深くにあるものをあなたに伝えますように！　この一二年間に、とくにこの何カ月かの間にいろいろなものを与えてくれたあなたに神のお恵みがありますように！——そしてわれわれがまたいっしょになれますように——すぐにでも……

お幸せに——この上なく大切な人——

何もかもうまくいっています——けれどもあなたがいないのはさびしい。

テイヤールとルシールが再び会うのは、六年以上あとのことになる。二人はニューヨークで、大きく異なる状況下で会うことになるのだ。

今やテイヤールには、ほかに対処すべき厄介なことがあった。流刑状態は厳しさを増していた。ニューヨークで世界宗教会議が開かれ、アルベルト・アインシュタインが講演をすることになっていた。テイヤールがこの会議で論文を発表するために旅をすることを、ローマにいる上層部は許してくれなかった。道理を説いて教会を納得させようとする試みははねつけられていた。上海に行ってフランス語学校アリアンス・フランセーズで講演をすることすら、イエズス会は許さなかった。郊外を束の間訪れる許可すら下りず、テイヤールは戦時中の北京で身動きがとれなかった。

テイヤールは、シカゴで家族のもとにいるルシールにあてて手紙を何通か書いた。ルシールは返事をよこした。

大切なテイヤール……大切なピエール。あなたはいつもしっかりと私と共にいてくれています。……いつも人生のすばらしさを引き立ててくれます。……私たちはどれだけ笑ったことでしょう!! PT［ピエール・テイヤール］、あなたがあなたであることを私はありがたく思います。それに、いっしょに何度かした長い散歩。どれももうできないのがどれだけさびしいことか。……けれども、間違いなく私たちはまたいっしょになれるという気がします。

また、一九四一年八月にはフランツ・ワイデンライヒが北京を発ってニューヨークに向かった。ワイデンライヒはニューヨークでは米国自然史博物館で人類学の客員研究員として歓迎された。彼は医学院のグループから、貴重な北京原人の化石を米国にもっていってほしいと言われたが、米国と中国の当局から許可を得ることができなかった。この持ち出しはあまりにも危険であり、途中で化石がどこかの国に没収されてしまうかもしれないと懸念されたのだ。ワイデンライヒは、米国大使と北京に駐留する海兵隊の司令官の両者を説き伏せて、米軍の正規の経路を通して化石を送ろうとしたが断られた。

北京原人の化石の模型だけをもってワイデンライヒが去ったあと、中国地質調査所の所長翁《ウォン》 文灝《ウエンハオ》は米国大使に手紙を書いて、化石を安全に送る手配をしてくれるよう嘆願した。ほかにも何人かが要請の手紙を送ったが、こうした試みのどれ一つとして実を結ばなかった。時間はなくなりつつあった。日本と中国の間で戦闘がはじまる前、東京帝国大学の人類学者長谷部《はせべ》言人《ことんど》と、助手の高井《たかい》冬二《ふゆじ》が北京を訪れていた。裴文中《ペイウエンチヨン》によると、この訪問は、ひとたび日本軍がこの都市を支配下に置いた際には、北京原人の化石を押収するための下準備としておこなわれたという。長谷部と高井は一九三七年に、龍骨山を占領した日本兵たちに付き添っていた可能性もあるという説さえ唱えられている。

そして、恐れられていた日がやってきた。一九四一年一二月八日、日本軍が北京協和医学院を接収したのだ。一二月七日にハワイで日本軍が真珠湾《パールハーバー》を攻撃し、米国が第二次世界大戦に突入した直後のことだった。彼らが真っ先にしたことの一つは、くまなく調べて北京原人の化石を探すことだった。日本軍は大学の職員数人をしょっぴいて、厳しく問いただした。だが何も出てこなかった。裴《ペイ》は、日本の人類学者たちからも政府の役人からも質問を受けた。彼によると大学の米国人理事は五日にわたって尋問されつづけた。しかしチームは秘密を守った。

長谷部教授に付き添われて日本兵たちが大学の解剖学科に押し入り、金庫をこじあけたが中はからだった。兵士たちは腹を立てて今度は裴を、数日にわたってたいへん厳しく尋問した。そして、日本で教授の職に就かせてやるともちかけて買収しようとし、日本による後援のもとで周口店の発掘プロジェクトを再開し、調査団長にしてやると約束した。そしてしまいには、裴が忠誠を誓うべきは、自らの人種、日本人と中国人の両方が属する家族だと怒鳴りつけ、悪者である西洋に立ち向かうよう要求した。これが効を奏さないと、彼らは裴のことをアメリカのスパイだとののしった。

裴は回顧録の中で、化石がどこに隠されているのかは、米国人たちが賢明にも教えてくれなかったので知らなかったと主張している。尋問のあとしばらくして、「ジョージ」と名乗る日本の情報機関員が裴のもとを訪れた。その人物は、自分の任務は化石を見つけることだと話した。そして、長時間にわたって説教を垂れ、今だに見つからない遺物について情報を入手しようとできるかぎりのことをした。日本軍は、捕らえた米国人職員たちを厳しく尋問し、化石のありかを明かすよう圧力をかけた。

しかし、やはり成果を得られなかった。長谷部は尋問について、また、日本が北京原人の骨を見つけることの重要性について報告を書いた。長谷部が北京から送った急送公文書は東京で天皇に渡された。研究者のなかには、天皇はこの報告を読んで、あらためて努力をせよ、化石の捜索にもっと人員を投入せよとの異例の命令を北支駐屯軍に対して発したと考える人もいる。北京にいる中国と米国の当局者たちには、北京原人の化石を何とかしなければならない、それも急がなければならないことがわかっていた。

日本軍による捜索がはじまってから数日後、クレア・タシジャンに監督された中国人作業員たちが北京原人の化石を隠し場所から取り出した。彼らは、これらを軍の輸送でニューヨークの米国自然史博物館に送るべく大きな木枠箱を二つ用意した。作業員たちは、化石を一つ一つ綿でくるみ、包装用テープを巻きつけた。それから注意深く包みを木枠箱の中に並べた。周口店で見つかった重要なものが何もかも二つの木枠箱の中にあった。四〇体分の遺物に石器と動物の化石である。中国人たちは、自分たちの最大の科学上の宝を他国に委ねようとしていたのだ。

中国に残って医学院で仕事をしていた米国人メアリー・ファーガソンが、のちに語っているところによると、彼女は秘密の包装作業を目撃した。その後、米軍当局者が大理石が敷かれた大学の中庭を横切り、門を通って二つの木枠箱を運ぶと、米海兵隊が運転する車が外で待っていて、それに箱が載せられるのを目にしたという。海兵隊員たちは、北京にある兵営に木枠箱を移送したと考えられている。

この海兵隊員たちは中国から撤退することになっており、この貴重な積荷を米国に運ぶ任務を負っていた。万里の長城を望む、遼東湾《リャオトン》の秦皇島《チンホワンタオ》の港に装備ごと列車で移動するための準備がおこなわれている間、二つの木枠箱は兵営に置かれていたと考えられる。プレジデント・ハリソン号が一九四一年一二月八日に秦皇島に入港する予定で、海兵隊はこの積荷とともに乗船し、太平洋を渡って米国に行くことになっていた。ところがプレジデント・ハリソン号は日本の戦艦と遭遇して浅瀬に乗り上げてしまい、秦皇島にはついにたどりつかなかった。

北京原人が収められた木枠箱が、目的地の米国に届くことはついになかった。姿を消してしまったのだ。そして、それから六五年以上の間、数カ国の政府やいくつかの組織が、北京原人を、あるいは、その運命についての何らかの情報を見つけようとしてきた。

何が起こったのかについて、わかっていることはたいへん少ない。木枠箱は海兵隊に預けられたが、兵営に到着したかどうかはわかっていない。海兵隊は木枠箱を大学の門から外に出したという証言もあるし、兵士たちは木枠箱を大学の敷地、あるいは外に埋めたという証言もある。また、木枠箱は北京の海兵隊の駐屯地で目撃されたという未確認の報告もある。それに、木枠箱の見かけについても、中身についても、見解は一致していない。北京原人の遺物をめぐっては何もかもが不確かさの厚いベールに隠されている。まるで、もともと存在していなかったかのように。

第15章　ローマ

一九四二年一一月、別の教会当局者に要望を検討してもらい、やっとのことでテイヤールは上海に行ってアリアンス・フランセーズで講演をおこなう許可をイエズス会から得た。聴衆のなかには、多くの国籍にわたる宗教者や一般の人々がいた。おおかたは中国に逃げてきていた難民で、そのなかには、白系ロシア人や、ナチスから逃れてきたヨーロッパ人もいた。そして聴衆はテイヤールの話を好まなかった。進化を単なる理論ではなく、明白な事実だと見なしているとテイヤールは非難された。聴衆のロシア人のなかには、共産主義を受け入れていると糾弾する者もいた。

テイヤールは、北京に戻ると、自分を取り巻く世界が全体的な崩壊に直面しているなかで、仕事に慰めを求めた。ルシールからの手紙は、ときおりしか届かず、テイヤールからの手紙が向こうに届くことは、さらにまれだった。ルシールは一九四三年の春から四五年の秋まで、テイヤールが書いた数多くの手紙を一通も受け取らなかった。四一年一一月二六日に、シカゴからテイヤールにあてた手紙にこう書いている。「だれよりも大切なピエール――手紙を書くべきかどうか迷います。私がそちらを発ったときのとおりにあなたの計画が進んでいるのなら、もうすぐアメリカにいらっしゃるはずですね!!」ところがテイヤールは、何をする計画を立てていようが、北京を離れることを禁じられていたのだ。ルシールはテイヤールにこう述べている。「ごくわずかな人に会うだけです。週三回、母を医者に連れていくとか……けれどもこういうことがいつまでもつづくわけではありません。……本当に気にしていないのです。……けれども、ああピエール、あなたのお話を聞けないのがさびしい!! そして、あなたが本当に、本当に、本当に恋しい！」

一九四三年三月一二日、日本軍は、北京に残っていたイギリス人と米国人を収容所に引っ張って行った。イエズス会士たちは、北京市内にとどまることを許された。ここには今や外国人はほとんどいなかった。テイヤールにとって、また、ここに残された者すべてにとってさびしい時期だった。次の冬は、とくに寒く、暖をとるための燃料は乏しく、食べ物も乏しかった。残っている数少ない外国人は意気消沈し、テイヤールに、幸福について講演をしてくれないかと頼んだ。テイヤールはクリスマスのすぐあと、一二月二八日にそれをおこなった。

ローマでは、戦争が荒れ狂うなかでイエズス会の検閲係がテイヤールの原稿をせっせと吟味していた。一九四四年三月二三日に、その一人が一〇ページにわたる報告を書いた。手書きのラテン語で、テイヤールのフランス語文からの引用が数ページ添付され、イエズス会総長にあてられていた。『現象としての人間』の出版を許可してほしいというテイヤールの求めを拒否すべき根拠を、この報告は言い立てていた。反対すべきだと述べられていた考えの一つは、テイヤールの進化に関する扱い方だった。

今日この報告は、秘密にされている。今では教会は進化についてのいくつかの考えを妥当なものとして受け入れている。ゆえに、これは教会にとって具合の悪いものだとイエズス会は感じているらしい。ところが二〇〇六年六月二七日に私がローマにあるイエズス会の文書保管所を訪れたとき、この文書が、図らずも束の間、私の手の中に置かれてから持ち去られた。今日もイエズス会はテイヤール

・ド・シャルダンを、極度に厄介で扱いに注意を要する話題と見なしている。この報告はテイヤールの見解を厳しく批判しているので、私にも、ほかのだれにも見てほしくなかったのだ。今では、進化論は世界中の学校で、科学的に裏づけられた理論として教えられている。そのため、このような抜きん出た知性が本を出版するのを、その人がこの理論を支持しているからといって妨げたという事実は、イエズス会にとって今なお不愉快なのである。この文書のように、イエズス会の中にいる研究者を含めおおかたの人が、依然として見ることを禁じられているものが、テイヤールの人生に関連する文書のなかには数多くある。

一九四五年の八月末、テイヤールはルシールにあててこんな手紙を書いている。

だれよりも大切な人

こちらでは何もかもうまくいっているということを知らせるために、短い手紙を書きます。あなたがこちらを離れてから私は五歳年をとりました――けれども外側は、だいたい前と同じだし、内側はなおさら同じ――とくにあなたにとってそうです（そうであればいいと思います）。――北京ではこの長い年月の間、ほとんど何事もなく、むしろ退屈でした……

この手紙がすぐに無事に届くよう望んでいます。もしチャンスがあれば、必ず米国経由でフランスに行きます。

草々＋＋＋

PT

この手紙は秋の初めごろにシカゴに届いた。テイヤールからの手紙がルシールのもとに届いたのは二年半ぶりだった。一二月二〇日に書かれた、テイヤールが北京からルシールに送った最後の手紙には「愛をこめて、PT」と記され、ルシールも返事に同じように記した。ルシールは四六年の初めごろに首都ワシントンに移り、一月四日にテイヤールあての手紙にこう書いている。「ああ、ピエール、すぐに会えればいいと思います!!! いちばん大切な人へ、ありったけの愛をこめて」

一九四五年のクリスマス、共産党が中国を席巻しはじめてから、テイヤールはついにフランスに帰ることを承認してもらった。イエズス会は、神を信じぬ共産主義者に乗っ取られようとしている中国にテイヤールを残しはしなかった。テイヤールは、米海兵隊の司令官であるウィリアム・ウォートン准将に、飛行機で上海に行けるよう手配してもらい、そこから、東ではなく西に行くイギリスの船ストラスモア号に乗ることになった。米国に旅してルシールに会いたいと望んでいたが、四六年三月に中国を発つ準備ができたときには、そのチャンスはなかった。北京はまだ戦場で、共産党軍が勝利しつつあり、中国を離れるのにほかの選択肢はなかったのだ。

テイヤールが戻ったヨーロッパは明らかに、かつてあとにしたヨーロッパではなかった。イエズス会士など多くの司祭が、レジスタンスとのつながりのためにナチスに逮捕されていて、なかには、強制収容所に送られた者もいた。宗教は戦後のヨーロッパでは戦前のようには信じられなくなっていた。戦争とその残虐行為に人々は幻滅し、神や組織宗教への信仰は弱まった。教会に通う人の数と教会の影響力が低下していくというヨーロッパ社会の傾向は、ここにはじまった。

こうしたことから、イエズス会はますます批判に用心深くなり、聖書に反すると考える見解に不寛容になった。中国を離れたとき、テイヤールは新たな流刑先が必要になるとは想像もしていなかった。ところが、パリに到着するとすぐに、フランスでも、それにヨーロッパ大陸のどこでも歓迎されていないことが明らかになった。イエズス会からはまだ危険すぎる人物と見なされていた。叙階の儀式で司祭に叙任されていたので、テイヤールを排除するわけにはいかなかった。テイヤールから聖職を剝奪せよとか、テイヤールを追放せよという命令は、バチカンが下すしかなかった。しかし彼には名声があったため、そういうことをすれば修道会の体面が傷つく。だが、キリスト教への人々の信仰を揺るがしうる場所にテイヤールがいるのを、イエズス会は容認しなかった。

テイヤールは、すべてのイエズス会士に求められていた従順さを守っていたので、教会当局はヨーロッパを去るよう命じることができた。一九四六年、ローマからの新たな圧力を感じて、テイヤールはアフリカに移ることを考えた。この地で見つかっている古人類学にかかわる遺物に興味があり、有名な発掘現場を訪れたいと望んだのだ。

一九四六年の夏、テイヤールはニューヨークのフランツ・ワイデンライヒに手紙を書き、テイヤール自身とジョージ・バーバーを入れて、南アフリカ調査チームを結成するというのはどうかと提案した。タウング・ベイビーの発見者レイモンド・ダートが一九二〇年代にここではじめた、人類の起源についての調査をつづけようというのだった。

ワイデンライヒは熱意のこもった返事を寄こし、友人を助けたいと意気込んだ。ワイデンライヒの口利きによって、テイヤールはニューヨークのウェナー・グレン財団のヴァイキング基金から、南アフリカへの旅と現地での調査を支える二五〇〇ドルの助成金を与えられた。その間に、修道会から圧力を受けたにもかかわらず、パリで講演をし、数多くの聴衆が集まって支持してくれた。テイヤールは進化と精神圏《ヌースフィア》について語り、大いに関心を集めた。宗教についてのテイヤールの見解は、進化論に依りながらも神秘主義的な用語で言い表わされ、戦争で幻滅していた人々の心に訴えかけた。パリでは、中国での流刑から帰ってきた勇気ある司祭に、すべての人の目が向けられているかのようだった。フランスでもっとも権威ある研究機関であるコレージュ・ド・フランスの先史学の教授の候補にさえ挙がった。この椅子は、テイヤールの親しい友人であるブルイユ神父が退いて空席になろうとしていた。

六月一八日、テイヤールはパリからルシールあてにこんな手紙を書いている。

だれよりも大切な人
五月二一日の大切なお手紙にもっと早くお返事を書かなかったことを許してください。まだパリの暮らしに浸りきっているのです。――一日中いろいろな人（あらゆる類《たぐい》の人）からじかに声がかかったり、電話などで論文や講演を頼まれるのです。すべてが並外れて興味深く、興奮させられます。けれども、書きものをするひまがありません。返事の済んでいない手紙がテーブルの上で積み重なっています……

実際、フランスへのテイヤールの帰国は大いに注目をもって迎えられた。新聞や雑誌にはこれを伝える見出しが躍り、未刊行の原稿の写しが出回った。いたるところで人々がテイヤールに会ったり、インタビューしたり、考えを聞いたりしたがった。パリの知識人にとってばかりでなく、多くの一般の人にとってもテイヤールは名士だった。そして若いイエズス会士たちにとって、手本として見習うべきモデルだった。彼はムッシュー通りのイエズス会の敷地内にある雑誌《エテュード》の編集本部に住んでいた。庭園で昼食をとるといつも、庭園を見下ろす窓から若い司祭たちが首をのばして、会話を聞こうとするのだった。

テイヤールとルシールは手紙のやりとりをつづけたが、二人とも忙しく、会う約束はしなかった。戦前には二人とも、海を越えて、講演をしたり友人を訪ねたりしに行ったことを考えると、これは不可解に思われる。今や何年も会っていなかったのに、どちらも、船や飛行機に乗って相手に会いに行かなかった。

一九四七年一月五日、テイヤールはイエズス会士たちと、トゥールーズの郊外で会った。彼らは『現象としての人間』の出版を許可すべきかどうかを決める任務を負っていた。二日間にわたって会い、原稿のさまざまな要素について何十もの異論を聞かされたあとでは、テイヤールにとって、出版を拒まれることは明らかだった。理屈の上では、テイヤールは科学については、出版したいものは何でも出版できるはずだった。ところが、イエズス会はこの本は純粋な科学を超えていると主張し、これを却下の理由とした。今では、この決定は、一九四四年に検閲者の報告がイエズス会の総長に送られたときに、すでにローマで下されていたことがわかっている。この新たな茶番のあと、テイヤールは挫折感をかかえてパリに戻った。ヨーロッパで過ごす日々は残り少ないと気づいていた。だがそれでも、イエズス会の権威者たちともう一度闘わなければならないとも感じていた。

テイヤールには、たいへん有力な友人が一人いた。教皇ピウス一二世に近い人物、モンシニョール・ブリュノ・ド・ソラージュだ。九月にフランス領ピレネーの町カルモーの近くにあるシャトーで、ソラージュとイエズス会の指導的な神学者アンリ・ド・リュバックがテイヤールと会った。モンシニョールのいとこがこのシャトーの持ち主で、神学に関する集まりの場としてここをよくモンシニョールに貸していた。三人は、ローマで検閲者が持ち出した異論に反撃しようと、数日かけて原稿を修正した。しかし結局、当局を説き伏せることには成功しなかった。

テイヤールはパリで広く講演をつづけた。ソルボンヌ、ギメ美術館（古代ギリシャとエジプトの遺物、アジアの美術と宗教を専門とする美術館）、アンスティテュー・カトリックで話をした。それまでにまして広く知られ、講師としてヨーロッパ中でひっぱりだこだった。そして、『現象としての人間』に取り組みつづけた。充分に修正を加えればイエズス会は考えなおしてくれるかもしれないという望みをいだいていた。そして四七年の終わりごろに、進化をめぐる含意の一部を変更した修正版の原稿を、ローマで検討してもらうために送った。

その頃、テイヤールはハーヴァードに勤めている知り合いから手紙を受け取った。バークレーの人類学の教授チャールズ・キャンプが南アフリカに行くと書いてあった。テイヤールはキャンプに手紙を書いて、いっしょに行ってもいいかどうかたずねた。健康状態が微妙だったので、長らく待っていた旅の準備をするのを先延ばしにしていたのだ。六六歳で、体が弱っていると感じており、すぐに疲れるため、一人旅はしたくなかった、キャンプは、テイヤールが加わることを承知し、二人は旅の準備を進めた。

一九四七年六月一日の夜、イエズス会に活動を調査されている時に、テイヤールは深刻な心臓発作に見舞われた。ウディノー通りにあるクリニーク・サン・ジャン・ド・デューにかつぎこまれ、そこで二週間危篤状態にあった。見舞いに訪れたおおぜいの友人とは、話すこともできなかった。そして、充分よくなると、すぐにパリの西、サン・ジェルマン・アン・レーの森に近い、無原罪の宿りのアウグスティヌス会修道女の医院に移された。そして、ここで看護を受けて、ゆっくりと安静にしていれば心配はない程度の健康状態に戻っていった。

医院にいる間に、テイヤールはリヨンの管区長からの手紙を受け取った。それは、哲学についてこれ以上書くのを控えるようにとの、ローマにいるイエズス会総長からの要求を伝えていた。テイヤールは職業的な神学者ではなかったが、テイヤールが哲学と宗教について書いたものに教会は苛立った。テイヤールの議論は簡単に片づけることができなかったからだ。総長からの要求には、承知しなければ、テイヤールの本は、恐れられている禁書目録に載せられるかもしれないと暗示されていた。これに気づいてテイヤールはただちに総長に手紙を書き、自分は修道会に忠誠心をいだいていると請け合った。

管区長さまが最近、私に関する八月二二日のお手紙を伝達してくださいました。神の御名にかけて、私を信頼してくださっていいことは言うまでもありません。この世はキリストにおいてのみ完成しうると、そして、キリストは、教会への内面からの服従を通してのみ見出しうると、あまりにも強く――そして日増しに――確信しております。

テイヤールは、修道会との関係を修復するには思い切った行動をとらなくてはならないことがわかっていた。彼はローマにおもむいてイエズス会総長と差し向かいで話し合うことを考えた。検邪聖省にある自分についての身上調書は分厚く、そこには彼自身の言う「多くの浮遊機雷」が含まれていると知っていた。テイヤールにとって、ローマには手ごわい敵がいたが、ブリュノ・ド・ソラージュからの支援もあった。一九四七年の春、ソラージュは、テイヤールと、進化についてのその立場を強く支持する論文を、雑誌《ビュルタン・ド・リテラチュール・エクレシアスティーク》に載せていた。宇宙にある何もかもが進化するのだから、人間の考えることも進化するとソラージュは書いている。神学の問題は、永久につづく流動のただなかで、超越的な価値をどう維持するかにある。もっと具体的に言えば、

この偉大な科学者の仕事は、キリスト教において深い重要性をおびている。すなわち、世界的に名高いこの力強い思想家、読者を魅了する書き手、さらに、この紳士テイヤール・ド・シャル

ダンはほかのだれよりも巧みに次のことを示した。進化そのものは、目的因論的なものでしかありえず、霊性に向かって前進しており、霊性によってしか説明できない。そして前提として存在する超越者としての神を終わりに置くのだから、神が前提としてあるということを。

こういう献身的で強力な支持者こそ、テイヤールが教会との対立のなかで心から必要としていた人だった。最終的にローマに行ったときに、テイヤールはソラージュに支援してもらうことになる。差し当たっては、自分に対してさし向けられた教会の強力な勢力に立ち向かうことができるよう健康を取り戻すしかなかった。テイヤールは日ごとに回復していき、心臓発作からちょうど六カ月後の一二月一日、医院から退院し、普通の暮らしを再開した。

快方に向かう間、テイヤールはよくルシールに手紙を書いていた。ひとたびパリのイエズス会の家に戻ると、米国を訪れてルシールやそのほかの友人たちに会いたいという願いを新たにした。その友人たちのなかにローダ・デ・テラがいた。ローダは、このころにはすでに、テイヤールの協力者にして友人のヘルムート・デ・テラと離婚していた。ローダは、ニューヨークに住み、テイヤールと文通をしており、急速に親しくなっていた。ローダは看護婦であり、テイヤールはめんどうを見てくれる人を必要としていた。加えてローダは、ファラー・ストラウス出版社の経営者であるストラウス家の人だった。ローダと親しくしていることで、テイヤールは看護婦の資格をもつ人に世話をしてもらえるとともに、ニューヨークの出版社へのつてが手に入った。本を出版する許可を与えられることがあったら、これが役に立つかもしれなかった。

ローダは、テイヤールの米国旅行のお膳立てをした。また、テイヤールが米国自然史博物館で科学上の研究をおこなうために会わなければならない人たちと、ニューヨークで会った。一九四八年二月半ば、テイヤールは船で米国に渡った。冬の大西洋は荒れていることが多く、このときも荒れ、まだ体が弱かったテイヤールは、うねる海を進む船の上で移動するのを助けてもらわなければならなかった。二月末にニューヨークに到着した。

船が停泊位置に固定されるとき、テイヤールはデッキにいて、桟橋で乗客を待っている出迎えの人たちを見下ろした。そして、ローダもルシールもそこにいるのを目にして、どきっとした。ぞっとさえした。横に立っている知り合いのほうを向いて言った。「L［ルシール］とR［ローダ］があそこにいます。それぞれが車を持ってきています」

この二人の女性に、同時に会うのは気まずかった。ローダは看護婦で、あちこちを回るのに彼女の助けが要るのだと、テイヤールはルシールに説明した。ルシールはワシントンに戻り、テイヤールは、会いに行くと約束した。数週間後、テイヤールはルシールに手紙を書いた。「だれよりも大切な人……しばらく前のセントラル・パークのサクラと同じく、花咲くマグノリア［モクレン］を目にするのは心地いいことでしょう。私たちは――そうでなければいけませんが――新たな時代に応じてお互いを『再発見』しますよ。それから、ワシントンに到着するのは水曜になります」

ワシントンでルシールとテイヤールがいっしょに過ごした時間は充分楽しかったが、緊張感はつづいた。テイヤールはジョージタウン大学のイエズス会の家に寝泊まりしてワシントンで一週間を過ごした。米国のイエズス会士たちと交流したり、講演をしたり、いろいろな人に会ったりするのに忙しかった。大使館のパーティーにまで行った。ルシールに自分の気持ちを話すひまはなく、ルシールはローダに深く嫉妬していた。ルシールは、ニューヨークに戻ってきたテイヤールと会った。そのとき何かが起こって二人の関係の性格は変わってしまったらしい。テイヤールあての、日付のない手紙にルシールはこう書いている。

ゆうべは取り乱して本当にごめんなさい。私って潔くなくて負けっぷりが悪いの。でも本当のことを言ってくれてありがとう。じつは自分でもずっと前からわかっていたのでしょうけれど、ワシントンでは、自分は間違っているのかもしれないと思ったのです。がっくりくるようなことは受け入れにくいものです。あなたは私にとっては変わっていないとおっしゃるけれど、もちろん、それは本当ではありません。あなたはそう信じているとしても。本当ではないと請け合います。

何年も前にこうお書きになりました。一度ならず何度も。「私たちの間に生まれるものは、いつまでも生きつづけます。……私は知っているのです」知ってなどいないのではないかと私は思いました（だれも、知ることなどできません）。でも私は信じたかったし、状況のせいで、それに私たちの年齢のせいで、大いにありうることのように思え、それで、その考えの上に自分の暮らしを築いたのです。

相手をなだめようとする手紙のやりとりがさらにつづき、その中で二人ともお互いへの愛情を言葉に表わした。そして、春の終わりにテイヤールはパリに帰った。二人は、腹を割った話し合いをしなければならなかったが、それをしていなかった。また会わなければならないことはわかっていた。それによって、元どおりに戻ることになっても、永遠に別れることになっても。そして同じ問題が教会とテイヤールの関係にも重くのしかかっていた。

テイヤールは、訪れたことはなかったが、ずっとローマをキリスト教文明の中心と考えていた。この地を「人類の中軸」と呼んでいた。そのローマが、教会との――そして、このときは知らなかったがルシールとの——問題にテイヤールがけりをつける大詰めの舞台となる。

一九四八年一〇月の初めごろ、テイヤールは、自分を非難する者たちと対面するためにローマにおもむいた。その三〇〇年ほど前にガリレオが異端審問と向き合うためにしたように。イエズス会は、テイヤールの講演や著作など、彼らが忌み嫌うものについて意見を交わすためにテイヤールとじきじきに会うことを承知していた。テイヤールは、友人のジャンヌ・モルティエに手紙を書いている。この女性とは、一九三九年にパリの人類学博物館《ミュゼ・ド・ロム》でおこなった発表の一つを手伝ってもらって出会った。

一九四八年一〇月八日、ローマ

友に

ご親切にも見送っていただいたことにお礼を述べるため——また、旅が申し分なかったことをお伝えしておくために、この手紙を書いています。ブリーク——シンプロントンネルの入り口でやっと目を覚ましました。だからマッジョーレ湖へと下っていく途中の驚嘆すべき景色を楽しむことができました。しかし、ウンブリアに入る前に夜の闇が訪れてしまいました。——残念です。真夜中にローマ駅のプラットホームで友人が待ってくれていました。——私が問題なく床に就けるように。これが私の最初の朝、四日の朝です。それからラテン語の学習をはじめています。少し好奇心が表われている——けれどもおしなべて共感に満ちた歓迎を受けています。こちらには本当の友人がいないのでなおさらそうなのです。泊まる場所は「教皇庁立」聖書研究所ではなく（ここには部屋はありませんでした）、離れの家（別の地区にあり、「文筆家」という種類に属するイエズス会士のための部屋）に見つけました。つまり、バチカンとじかに接する区域にいるのです。――聖ペテロ大聖堂［サン・ピエトロ大寺院］から数百メートルのところで、そのクリーム色のドームが、私たちの家の裏庭を見下ろしています。ここの地域社会はたいへん多様性が（国籍の点でも職業の点でも）あり、大きすぎて、心地よいとは言えません。

モルティィエに手紙を書く前に、テイヤールはルシールに短い手紙を書いていた。そのひと月前、オーヴェルニュのレ・ムーランの近くにある兄弟の地所にいたとき、ルシールがパリにきていた。二人は会わなかった。テイヤールは、相手が自分にどんな気持ちをいだいているのか確信がなかったが、それでもなおルシールに強い愛情を覚えていた。ルシールがパリにいるという話を耳にして、こんな手紙を書いている。

一九四八年九月三日、レ・ムーラン

この上なく大切な人
パリからのお手紙を受け取るというのは、わくわくします！――パリが気に入ったとは、幸せな気持ちです！――多くの古いものとこうして新たに接することであなたの心が若返り、あなたがご自分の人生の道筋を、そして結果的にあなたの神を知ることを望みましょう。
いずれにしろ A bientôt［また今度］。
だれよりも大切なあなたに神のお恵みがあらんことを！

ルシールはまもなくパリを発ってスイスに向かった。オーヴェルニュではなかった。そしてテイヤールはパリに行き、そこからローマに向けて発った。パリを発つ前に、ベルンのルシールから便りを受け取った。テイヤールに会いにローマに行くかもしれないというのだった。そこでテイヤールはまたルシールに手紙を書いた。

一九四八年一〇月七日、ローマ

Lへ

日曜の真夜中（！）に楽々とかつ無事にこちらに到着したことをお知らせするために、この短い手紙を書きます。――私のいる場所は*la place St. Pierre*［サン・ピエトロ広場を指すフランス語］から数百メートルのところ――バチカンのまさにはずれです！――たいへんすてきな歓迎を受けました。ただし、私のことに関して明確な見通しをもつには早すぎます。――ベルンからのお手紙は、出発の直前に届きました。いろいろありがとう！――こちらにきたら知らせてください。いつかサン・ピエトロ大聖堂を訪れるときにここを訪ねるのがいちばん簡単でしょう（朝のほうがいい。たとえば午前一〇時よりあと、お昼前）。そして、私に会いたいと言えばいい。（ムッシュー通りの家と同じく）一階に小さな応接室があります。――それに立派なエレベーターがあります。……

ベルンで楽しく過ごしてください！

草々

テイヤール

二人が会うのには困難があった。ルシールは傷ついていたし、相手への気持ちは冷めていて、テイヤールに会う努力はおざなりになった。だがテイヤールは、とてもルシールに会いたかった。一〇月のうちにまた手紙を書いている。

私のL
影響力のある同僚と会うために、午後四時にここに戻らなければなりません。――そして、明日もだいたい一日中、新たな事態が起こるのをここで待っているかもしれません。
あなたは、明日の朝一〇時三〇分から一二時までの間に、ここを通るのがいちばんいいかもしれません。私は、時間があれば午後四時にフローラに行くかもしれないので。
ホテルの受付で、パリ行きの（シンプロン経由の）列車がやはり午前七時に出ることを確かめてくれませんか。明日の朝教えてくれればいい。
草々
PT
明日の朝あなたがこなければ、午後三時よりあとにここで（できるだけ）待ちます。

二人は束の間会った。だが、まもなくルシールはエチオピアに向けて発ってしまった。彼女は芸術家として、この国にあふれる明るい色彩と光に興味をいだいて、訪れたいとずっと思っていたのだ。テイヤールはローマに残って、自分の求めに対するイエズス会の答えを待った。ルシールとの関係は温かさと興奮を失っていた。ほとんど終わっていたのだ。
しばらくしてテイヤールは、総長は忙しすぎて彼には会えないと知らされた。そして、いずれにしろ、イエズス会はまだ、検討のために聖職者によって送られた『現象としての人間』二部が届くのを待っているとも。テイヤールはこの街に残って、総長に言い分を聞いてもらえる機会を待った。よくピアッツァ・デル・ポポロのカフェで椅子に腰かけて、エジプトからもってこられた背の高い方尖塔《オベリスク》を眺め、そのてっぺんに十字架を置くことがなぜ必要なのだろうかと考えた。古代のオベリスクを、異教のシンボルとしてそのままにしておくことはできないのかと。

ある晩テイヤールは、ローマにあるフランス人の教会サン・ルイジ・デイ・フランチェージに隣接する邸宅《パラッツォ》で開かれたカクテル・パーティーに招かれた。そして、混み合った部屋を見渡したところ、大敵である検邪聖省の人間であるドミニコ会の神学者レジナルド・ガリグー・ラグランジュ神父と目が合ってしまった。テイヤールの思想を理由に、バチカンがイエズス会に投げかけているさまざまな問題の背後にいるのがこの人物であることを、テイヤールは知っていた。テイヤールは知り合いのほうを向いて言った。「あれが、私が火あぶりになるのを見たがっている人ですよ」ほどなくガリグー・ラグランジュは、人ごみをかきわけてテイヤールのところにやってきて、その手を握り、オーヴェルニュの話をはじめた。

教皇ピウス一二世は、そのときバチカン市にいなかった。まだ休暇中で、ローマの南東およそ一九キロのアルバーノ丘陵にあるカステル・ガンドルフォの教皇の別荘にいた。このころテイヤールの友人が密かに教皇に拝謁した。彼は、テイヤールは北京でキリスト教的な好ましい影響力を及ぼしており、これは極東で教会の利益を増していると述べた。教皇はこう答えた。「テイヤール神父が優れた科学者であることは知っていますが、あの神父は神学者ではありません。論文の一つで、『神の問題を解決する』ことについて語っています。しかし私たちにとって問題などありません」バチカンはテイヤール・ド・シャルダンとその考えを理解していなかったようだ。イエズス会は救いの手を差し伸べることができたのに、そうしなかった。

まだ原稿の写しは検討から戻ってきていないとテイヤールは告げられたものの、イエズス会の総長は会うことを承知した。総長ヨハネス・バプティスタ・ヤンセンスは、テイヤールとその苦境に心から関心を示したが、テイヤールの求めについては心強いことを言ってはくれなかった。提示されているコレージュ・ド・フランスの教授の椅子に就くことは許されないとヤンセンスは言った。そんな地位に就くことを受け入れれば、大きなスキャンダルになるからだというのだ。そんな権威ある地位に就いたら、ただでさえ注目されているテイヤールはますます注目されてしまうとイエズス会は懸念していた。そして、進化論と原罪について、タブーである見方をとるテイヤールがこのような地位にのぼり、そうした見解を語る新たな場を与えられれば、イエズス会士の間で論争が巻き起こる。そして、検邪聖省にも深刻な波紋が広がってしまうと。

イエズス会もしくはバチカンから出版許可をとりつけるうえでも、ヤンセンスは力になってくれなかった。出版許可を得るための手続きは込み入っていた。許可の権限は半ば独立している検閲者たちの手に握られており、この人たちの報告がバチカンの高官とイエズス会の総長に送られるのだった。この手続きに介入しようとするのは、イエズス会の利益にはならない。そのようにちょっかいを出すのをバチカンは快く思わない。

テイヤールはローマにとどまった。やがて、『現象としての人間』を出版したいという要望への答えが検閲官から出された。返答はノーだった。一一月の初めごろには、自分の要望はどれも認められないことをテイヤールは理解していた。そして落胆してパリ行きの列車に乗った。

ローマへの旅は失敗に終わったのだった。教会との、また自らの修道会との間で深まる対立は解決していなかった。大学の主要な地位を提示され、これに就くことを強く望んでいたが、受け入れることは許されず、長い間心血をそそいできた原稿は却下された。ルシールとの関係も修復不可能なまでに損なわれていた。二人は、テイヤールが死ぬまで文通をつづけたが、親しさは失われていた。ローマへの旅はテイヤールの人生の陰鬱な転換点になった。それからは、何ごとにも前と同じような希望はいだけなかった。

テイヤールはフランスでの暮らしを再開した。それから一年半を、科学について講演したり、信仰をもつ人々に向かって話をしたり、オーヴェルニュに親戚を訪ねたりして過ごした。ソルボンヌで古生物学科長の地位に就いていた友人のジャン・ピヴトーに招かれて、この大学で連続講義をした。一九四九年二月には、ここで「自然の中での人間の意味と位置」について話した。八月には、オーヴェルニュにいる兄弟のところに行く前にイエズス会の施設で「人間と種の定義」について連続講義をしている。

一九五〇年三月、テイヤールは「生きた惑星のさまざまな局面」について講演をおこない、進化とヒト科化石の発見を扱った本について書評を書いた。また同じ月に雑誌《レ・ヌーヴェル・リテレール》に一連の論文を寄稿し、その中で、人類の進化と、無生物が初期の生物にどう変化したかという問題を論じた。テイヤールは科学について論文を書くことを許されていたが、こうした論文にバチカンは激怒した。

五月二二日、テイヤールはフランス科学アカデミーの古生物学部門の会員に選ばれた。新たに得たこの名誉によって、ローマのイエズス会本部とバチカンの攻撃からいくらか守られることを期待していた。しかし、このことで教会はますますテイヤールに腹を立てた。そして、さらに彼を孤立させて威嚇しようと試み、また、テイヤールの見解を支持する者を罰しようとした。その年、テイヤールを笑いものにするための本(『ピエール・テイヤール・ド・シャルダンの贖罪的進化』)がフランスで匿名で出版された。一部分で進化を扱った教皇ピウス一二世の回勅《かいちょく》「フマニ・ゲネリス」が八月一二日に発せられたすぐあと、イエズス会に属する学者でテイヤールの考えを支持する者は、その地位から離れるようバチカンから命じられた。その中には彼の友人アンリ・ド・リュバックもいた。

第16章　余　波

新たな圧力と、またもや流刑の身になる可能性を感じながら、テイヤールは南アフリカを訪れる準備を進めていた。数カ月を費やして、現地で成し遂げられている人類学上の発見を調べた。心臓発作でチャールズ・キャンプと旅をする機会を逃していたので、いっしょに行ってくれるようジョージ・バーバーに頼んだ。テイヤールにとって、面倒を見てくれるだれかと旅をすることは、心臓発作のあとでなおさら大切になっていた。バーバーは、南アフリカで落ち合うことを承知した。

今回フランスを離れたら、テイヤールが戻ることはもうないかもしれなかった。そのため友人たちは、いつの日にか出版できるよう文書類をジャンヌ・モルティエに遺言で譲るよう説き伏せた。イエズス会がそれらを入手すれば、出版は不可能になる。テイヤールは承知し、しかるべき手配をした。そして一九五一年七月一二日、ローダ・デ・テラに付き添われてイギリスからカーナヴォン・キャッスル号に乗って旅立った。テイヤールたちは七月の終わりごろにケープタウンに到着し、列車でトランスヴァールに行った。そこではジョージ・バーバーが待っていた。テイヤールはバーバーから南アフリカの発掘調査についての報告書類を渡され、注意深く読んだ。体が弱ってはいたが、再び野外調査に乗り出して調子はよくなっていた。古生物学的調査をするためにちょっとした山登りをすることさえできた。

この地では、一九三六年にステルクフォンテインでロバート・ブルームがアウストラロピテクスの発見という重要な仕事を成し遂げるなど、北京原人が見つかってからそれまでの年月の間に、あちこちで発見がなされていた。テイヤールは、そうした場所を訪れることができるくらいに調子がよくなっていた。八月七日には、ホスト役のクラレンス・ファン・リート・ロウ博士とともにジープで旅をし、ヒト科の化石を見つける作業がおこなわれている洞窟を見下ろす尾根に行った。そして、何年も前にヨーロッパのクロマニョン人の遺跡でしていたように、洞窟の中にロープで降りた。

九月にはバーバーが去ったが、テイヤールはそのあとも南アフリカにとどまった。ある日、フランスからジャンヌ・モルティエが送ってくれた知らせを受け取った。イエズス会のリヨンの管区長が変わったというのだ。状況が好転し、フランスへの帰国をを許されるかもしれないという望みを常にいだいていたテイヤールは、ただちに新しい上司がさまざまなことについてどういう気持ちをいだいているかを確かめる手紙を送った。だが、テイヤールの楽観的な見方はまたもや打ち砕かれた。テイヤールに対するローマの見方が見方なので、フランスに再入国したら彼は隠遁所に閉じ込められ、厳しい監視のもとで暮らすことになると、管区長アンドレ・ラヴィエ神父は丁重に伝えてきた。テイヤールに突きつけられた選択ははっきりしていて恐ろしいものだった。新たな流刑か幽閉か。米国で科学者としての職を見つけるよう、管区長は強く忠告した。

またラヴィエは、テイヤールは哲学については書きたいことは何でも書けると言い、書いたものを読むと約束したが、出版となるとまた別の話で、ローマからの許可が必要だと念を押した。そして、イエズス会の総長に手紙を書いて、修道会への忠誠を確言してはどうかと提案した。テイヤールは手紙を書き、もう二度と許可なく哲学上の考えを広めはしないと約束した。だが流刑の身であることには変わらず、むしろ前にもましてそうだった。フランスへの帰国は許されなかった。

一九五一年一〇月一八日、テイヤールは南アフリカを発って米国に向かった。そして一一月二六日にニューヨークに到着すると、ウェナー・グレン財団で人類学調査の責任者を務めるポール・フェジョスを急いで訪ねた。財団にテイヤールの職を見つけるよう努めるとフェジョスは言ってくれていたのだ。米国で職を見つけるという問題がほぼただちに解決して、テイヤールはほっとした。フェジョスが研究職を提示してくれたのだ。テイヤールはパーク・アヴェニューと八四丁目の角にある聖イグナティウス・ロヨラ教会に隣接するイエズス会の家に泊まった。そこで暮らしていた修道会のメンバーからは、深い敬意と関心をもって歓迎された。流刑にされてフランスから離れているのは幸せではなかったかもしれないが、新たな仕事に満足を見出した。

そのころルシールはこの街に住んでいたが、テイヤールはたまにしか会わなかった。この時期にルシールに書いた手紙は、前ほど愛情に満ちてはいない。文通をはじめたころのように、単に〝Dear Lucile〟と呼びかけた。ルシールは、ローダがテイヤールと親しいことに心をかき乱された。再び傷ついたし、満足のいかない関係の中で年月を費やした恨みをいだきつづけていた。

テイヤールとルシールが再び同じ街で暮らすようになって、二人の困難な関係はテイヤールに重くのしかかった。ローダはのちに、九〇代になってからルシール・スワンのことをきかれた。するとほほえんで言った。「ルシールは、どう相手の土俵に乗ってやればいいのかを知らなかったのよ。テイヤールはガールフレンドがほしいのだと思っていた。でもテイヤールは母親がほしかったの。だから私は母親になってあげた」テイヤールが、ついにルシールと結ぶ気になれなかった形の親密な関係をローダと結んだということはありそうもない。ローダは、いまだテイヤールの親しい友人だった人とかつて結婚していた。女性との親密な関係は、相手がそういう人であればなおさら込み入ったものになり、テイヤールの道徳規範に反してしまったことだろう。

新たな旅が近づき、テイヤールは元気づいていた。ウェナー・グレン財団は、アフリカで古生物学に関する調査を再開することに関心をいだき、テイヤールを南アフリカに送る手配をした。テイヤールは、財団の事業「オペレーション・アフリカ」の一環である旅行の準備を熱心に進めるかたわら、フィラデルフィアとニューヨークでこのプロジェクトについて講演をした。テイヤールは進化についての考えを修正しつつあり、今や種分化（種形成）の概念に関心を寄せていた。生物学的な種分化の概念によって、「ヒト化」すなわちヒト科の発達を定義し、人類学と生物学の橋渡しをしたいと望んでいた。初期の社会で起こった社会化を、ヒトに起こった種分化の一種ととらえた。この見方では人間は、種となるうえで社会化が根本的な要素となっているという点で、ほかの動物と異なるのだ。

テイヤールは、南アフリカに行く途中でフランスを訪れる許可をリヨンの管区長に求めるという、大胆な動きに出た。ロンドン経由で旅をすると説明し、フランスに数週間滞在する許可を求めたのだ。予想どおり答えはノーだった。テイヤールは祖国にほんの短い間滞在することも許されなかったのだ。この申し出に対して管区長のラヴィエ神父は、テイヤールはまだ充分長くフランスを離れていないから、今戻る理由がないと釘をさした。

一九五三年七月の初めごろ、テイヤールは南アフリカへの旅に出発した。ケープタウンに短い間滞在して、過去数年の間に見つかっていた新たなヒト科の化石を調べた。それからヨハネスブルクに行き、レイモンド・ダートが発見したもっとも新しい化石を見た。そのなかにはアウストラロピテクスの下あごの骨が含まれていた。東アフリカにあるルイス・リーキーの発掘現場を訪れることを計画していたが、ケニアで、イギリスの植民地支配に対してマウマウ団が反乱を起こしたため、発掘現場は閉ざされてしまった。そこでテイヤールは、ともにローデシアにあるイギリスの考古学者J・デズモンド・クラークのリヴィングストン記念博物館とルサカの近くにある発掘現場を訪れ、ザンベジ川を下った。八月半ば、ヨハネスブルクからジャンヌ・モルティエあての手紙にこう書いている。

ケープタウンは、すばらしい青空でした（山々の頂は雪をかぶっていました）――それからというもの、そんな空がつづいています。そしてここの標高（およそ二〇〇〇メートル）にもかかわらず、今は春のような陽気です。――時々、中国北部に戻っているような気がします。――ヨハネスブルクは米国の都市に似ています。……ここが大好きです。科学に関して言えば何もかもがうまく運んでいます。この近くでアウストラロピテクスの遺跡を初めて見ました。先週は、ここから二五〇キロ北にある別の一連の有名な遺跡で過ごしました――そこでは多くのことを学びました。こちらの地質学者と先史学者は魅力的です。私は、この地域の問題をはっきり理解するようになりました。――それに、ウェナー《W》・グレン《Gr》財団に関連する問題も。――それから、この標高でも疲れません。不安はありますが、この三年間でこれほど気分がよかったことはありません。主なる神に見守られていて、今なお何かを期待されているというしるしをここに見てとりたいと思います。……科学に関する〝excitement〟の中で［テイヤールはフランス語の手紙の中で、「興奮」というのにこの英単語を用いている］、（かつてほど生き生きとではないにしても心を動かされます）私の基本的な世界観が、今までに増して明確に、また強力になるすべを見出そうとしているかのようです。今、「三重の考察」（個人の人生についての考察、人類自身についての考察、思考する人類についての神の考察）に関する論文について検討しているところです。これは、先行するもの［一九四八年の論文「私が見る三つのもの、あるいは、三つの点における世界観」］より先に進んだ内容になると信じています。

パリでは、モルティエがテイヤールの禁じられた著作の内容をラジオで放送することを思いつき、そのことを彼あての手紙に書いた。九月一〇日、テイヤールは返事の手紙にこう書いている。

私の文章を放送するというあなたの計画に関しては――この計画がまだ実行可能だとすれば――控えたほうがよいと思います。……私が受け取った手紙によると、今の時点でローマは依然として、けんか腰です。……本来の仕事に集中したほうがいい――相手を挑発することなく。

テイヤールはニューヨークに戻り、そこからもう一度、リヨン管区長のラヴィエに手紙を書いた。ラヴィエは、前にテイヤールの望みを斥けたときに、次の年にフランスを訪れる許可を申請したらいいとほのめかしていた。テイヤールが申請をすると、今回は管区長から認可を受けた。彼は国に帰れることになって喜んだ。ピルトダウン人の「発見」がいんちきだったと証明されたという知らせが一一月にあっても、浮き浮きした気分は白けてしまいはしなかった。ただ、チャールズ・ドーソンがこんなに多くの人をだましたことに驚きはしたし、その詐欺にまんまと引っかかったことがきまり悪くはあった。テイヤールは、のちにスティーヴン・ジェイ・グールドによって、何らかの形でこの詐欺にかかわっていたと批判されたが、この問題で無実なのは疑いない。

このころには、テイヤールは進化の概念を科学と信仰の両方の頂点にまで高めていた。テイヤールにとって、アインシュタインが相対性理論で成し遂げたように、時間の概念が空間の概念に統合されることで、進化は宇宙の第一動者（自らは動かず、ほかのものを動かすもの）になるのだった。一九五三年の論文「進化の神」（Le Dieu de l'Evolution）でこう述べている。「一〇〇年前、進化は、種の起源の問題、とくにヒトの起源の問題との関連で用いられた単純で局所的な一つの仮説だった。しかし、その後、あらゆる方向に拡大し、今や私たちの経験の総体にかかわっていることを認識しなければならない」テイヤールにおける神は、この広大な宇宙の創造者であり、進化を通して宇宙を前に進ませるのだ。

一九五四年六月、テイヤールは船でフランスに旅した。故郷のサルスナに行ったが、家族の中でまだ生きていたのは兄弟のジョゼフだけだったので、長居はしなかった。つづいてペリゴールに行き、そこでブルイユ神父に会った。二人は、印象深い先史時代の芸術が残っているラスコーの洞窟を訪れた。顔料を分析して、あちこちの洞窟で芸術作品の古さを証明していたブルイユは、ここでもそれをおこなっていた。

テイヤールは、夏の残りをパリで講演をして過ごし、また論争を巻き起こした。講演を聴いたイエズス会士たちはテイヤールの考えを敵視した。彼がフランスを離れている間に、テイヤールの信用を傷つけることに教会が精力を傾けていたからかもしれない。滞在は短かったにもかかわらず、テイヤールにとって厄介なことが起ころうとしていた。ヨーロッパの信心深い人々は、テイヤール・ド・シャルダンをとにかく容認できなかったのだ。七月三一日、テイヤールはローマのイエズス会本部から、すぐに米国に戻るよう命じる手紙を受け取った。

テイヤールは、ほかのイエズス会士たちが「模範的」と評しているほどの従順さを示したにもかかわらず、ヨーロッパにいるだけでイエズス会の指導部の不安をかきたてていた。今や年老いて体が弱っていても、教会にしたがって旅をするだけの力はあった。イエズス会はテイヤールをあわれみもせず、残された日々を、愛する祖国で過ごしたいという願いを理解してやりもせず、最後の流刑地に送ったのだ。

自ら思い描く科学上、哲学上の使命を果たすことを許されずに終わるのだと悟りながらも、テイヤールはニューヨークに戻った。彼は異国で一生を終えるという刑を宣告されていた。テイヤールの考えは、彼自身の信仰にとっても耐えられないものだった。それでもテイヤールは自分の考えをさらに精緻化し、自らの英雄であるガリレオについて論文を書いた。だが、書いた本を出版することはイエズス会によって差し止められた。

一九五五年三月三〇日、テイヤールはルシール・スワンあての最後の手紙を書いた。

ルシール

（三月二八日の）お手紙、merci, tant［どうもありがとう］。

そう、愚かにも私はまだ不安です――こんなに不安であるべきではないのです。

そして同時に私の人生にあなたが存在し、影響を及ぼしてくれることをはっきりと必要としています。

事態が「感情面で」次第に落ち着いていけばいい（間違いなくそうなる）と願います。――私たちはその間、最低限のこととして（あるいは、とりあえず「最適な」こととして）ひと冬に二、三回くらい会おうと努めてもいいかも知れません。――いずれにしろ、自分たちが「いつもお互いのためにいる」ことを二人とも知っています。――好きなときに電話してください。――何か重要なことや興味深いことが起こったら知らせます。夏にニューヨークを離れるので、その前に必ずあなたと会います。――「永住《パーマネント》ビザ」をまだ手に入れていないという嫌な問題があるため、私の計画はまだ漠然としています。

私にいろいろなものを与えてくれたし、今も与えてくれるあなたに神のお恵みがありますように！

心より affectueusement［愛情をこめて］。

ピエール

それから何日もたたない四月一〇日の復活祭《イースター》の日曜、ピエール・テイヤール・ド・シャルダンはニューヨークで死んだ。七四歳だった。その朝には、聖パトリック大聖堂でミサに出席し、午後にはセントラルパークを歩いた。そのあとはローダとその娘と過ごした。テイヤールたちは、その晩コンサートを聴きに行く予定だったが、代わりにローダの家に行った。午後六時ごろ、テイヤールは友人たちと立ち話をしていたときに突然倒れた。意識を取り戻すと、ここはどこなのか、何が起こったのかとたずねた。ローダはただちに医師を呼んだが、医師が到着したときにはテイヤールはこときれていた。大量の脳出血を起こしていた。

テイヤールの亡骸《なきがら》は防腐処置を施され、棺におさめられて聖イグナティウス・ロヨラ教会に運ばれた。火曜日にテイヤールのために鎮魂歌が歌われた。出席した数少ない人たちのなかにルシール・スワンがいた。棺はハドソン川に沿って、ニューヨークから北に一四〇キロほどのところにあるイエズス会の聖アンドレ修練院に運ばれた。地面はまだ部分的に凍っていたので、棺は墓穴が掘れるようになるまで数日間地下室に置いておかれた。テイヤール・ド・シャルダンがついに埋葬されたとき、友人や仕事仲間はだれ一人立ち会っていなかった。テイヤールが死んだ場所は、生前にテイヤールの考えが聴衆や読者を得た文化上の中心からあまりにも遠かった。だが、それも数年のうちに変わることになる。

テイヤールの死後まもなく、ジャンヌ・モルティエがテイヤールの本が出版されるよう手配した。

テイヤールは遺言で原稿をモルティエに譲っていたので、イエズス会はもはや出版を防ぐことはできなかった。かくして『現象としての人間』（一九五五年）、『旅の手紙』（一九五六年）、『神の場』（一九五七年）、『人間の未来』（一九五九年）がいずれもフランスで、そしてまもなくほかの国でも出版され、大きな歓呼の声で迎えられた。テイヤールの死後、その考えは関心を引き、今日では数カ国にテイヤール・ド・シャルダン協会がある。人々はテイヤールの理論を読んで高く評価しつづけており、進化についてのテイヤールの見方には関心が寄せられてきた。一九九六年には教皇ヨハネ・パウロ二世が司祭就任五〇周年を『賜物と神秘』という本で祝い、その中で、一九二三年にオルドス砂漠で書かれたテイヤールの「世界に捧げるミサ」を引用している。

傑出した遺伝学者テオドシウス・ドブジャンスキーはその著書『人類の進化』の中で、現代の科学と思想にテイヤールが及ぼした影響をこう要約している。

　この広大で無意味に見える宇宙の中にさびしくたたずみ、精神的に追い詰められている現代人にとって、進化に関するテイヤール・ド・シャルダンの考えは一縷《いちる》の望みをもたらしてくれる。彼の思想は私たちの時代が必要とするものと合っている。「テイヤールが『現象としての人間』に書いているように」「人間は過去には単純素朴に宇宙の中心と信じられていたが、そうではなく、それよりずっと美しいもの――昇っていく大いなる生物学的総合の矢なのだ。人間は、積み重なる生命の階層のなかの最後に生まれた、もっとも鋭敏な、もっとも複雑なものである。これは根源的な見通しにほかならない。それでは、このくらいにしておこう」

第17章　化石の発見はつづく

テイヤール・ド・シャルダンが亡くなってから半世紀の間に、人類の起源についての研究は著しく拡大している。周口店でもっとも盛んに発掘がおこなわれていたころのような規模の発掘プロジェクトは二度と実施されていないものの、今日の研究者は多くの分野の方法を盛り込んだ総合的アプローチを用いている。それによって、かつての研究者よりうまく化石を見つけたり、分析したりすることができる。それでも、地面に埋まっている化石を見つけるというのは、たじろぐような課題だ。どこを調べるべきか、そして、どのように探すべきかを知っておかなくてはならないからだ。この数十年の間に、新たに強い意欲をもった化石ハンターの一群が現れ、この人々が見つけたものが増えつづけて、私たちの系図の空白部分を埋めつつある。

新たな発見は、おおかたがアフリカで成し遂げられている。ここは今や私たちの種の祖先のふるさとのように思われる。私たち自身の属であるホモ属（ヒト属）は二五〇万年前から三〇〇万年前までの間に、この大陸の平原に現れた。ヒト科の新しい種ホモ・ハビリスが、それより原始的なアウストラロピテクス属から出現して、数十万年にわたってアウストラロピテクス属と同時にアフリカのサバンナに棲息していた。やがて、前からいたそうした生物は死に絶えた。一九三八年に南アフリカのクロムドラーイでロバート・ブルームが発見したような、がっしりとしたアウストラロピテクス属の動物は一〇〇万年間くらい生き、アフリカでホモ・ハビリスと、そしてそれよりのちのホモ・エレクトゥスとも共存してから姿を消した。リーキー一家によって初めて発見された華奢なアウストラロピテクス属の生物は、ホモ・ハビリスを間において私たちの祖先だったと考えられている。この動物もやがて絶滅した。

東部のセレンゲティ平原と、有名なタンザニアの野生生物保護区にまたがるオルドゥヴァイ渓谷が、リーキー一家と協力者たちが大発見を成し遂げた現場だ。ここでルイス・リーキーがまず一九三一年に石器を見つけた。しかし、ヒト科生物の探索が本格的に再開されたのは一九五九年、メアリー・リーキーがイヌに散歩をさせていて頭蓋骨を見つけたあとのことだった。その頭蓋骨は、頭蓋が小さく歯が大きかった。したがって、ホモと呼ばれる資格のない生物のものだった。ルイス・リーキーは、これをジンジャントロプス・ボイセイ（*Zinjanthropus boisei*、東アフリカの人間）と名づけた。これは今日ではアウストラロピテクス属の一種で、およそ一七五万年前のものとされている。この頭蓋骨は詳しく調べられ、オルドゥヴァイ渓谷はこれによって有名になった。この種は、のちにアウストラロピテクス・ボイセイとあらためて名づけられている。

この場所から遠くないところでルイスの息子ジョナサンが、もっと大きな頭蓋骨の断片を見つけた。頭蓋容積は、アウストラロピテクス属の平均が五〇〇cc、現生人類が一四〇〇ccであるのに対して、およそ六五〇ccだった。このヒト科生物は、私たち自身の属の一員だとジョナサンは結論づけた。のちに、この判断に疑問を投げかける専門家も現れた。アウストラロピテクスとホモの境界線は、はっきりしていたためしがないからだ。それはともかく、ジョナサンはこれをホモ・ハビリスと名づけた。これは、私たち自身の属の一員と推定された最初の種だった。このヒト科生物は、アウストラロピテクス属より頻繁に、また上手にまっすぐ立って歩き、もっと脳が大きく、ヒトに似ていた。

一九七四年、エチオピアのグレート・リフト・ヴァレーのハダール村周辺でドナルド・ジョハンソンが化石を探していたところ、ほぼ完全なヒト科の頭蓋骨、それも年代の点で並ぶもののない化石を発見した。それは三二〇万年前のものだった。ジョハンソンがかかわっていたプロジェクトで、一九七三年から七五年までの二年間に、ヒト科の化石が合計二五〇点見つかり、新しい種にアウストラロピテクス・アファレンシスという名がつけられた（アフリカのこの地域に居住するアファール人にちなんで）。これらや、さらに南で発見された化石の年代は三〇〇万年前から三八〇万年前にまで及んでいる。こうした化石を残したヒト科生物は、一〇〇万年近くにわたって存在した間に、解剖学的にごくわずかしか変化しなかったことが明らかになり、環境にきわめてうまく適応していたことが証明された。

ジョハンソンが見つけたほぼ完全な頭蓋骨は、女性のものと判定された。これが発見されたとき、発掘現場のテントのテープデッキがビートルズの〈ルーシー・イン・ザ・スカイ・ウィズ・ダイヤモンズ〉をがんがん鳴り響かせていて、ジョハンソンと同僚たちは、この頭蓋骨につける名前をそこからとることにした。「ルーシー」は世界中の関心を集めており、疑いなくかつて見つかった中でもっとも有名な化石だ。

ジョハンソンはルーシーのことをこう述べている。「首から上はチンパンジー、腰から下は人間」さらに、「サルらしい特徴があるにもかかわらず、ルーシーとその仲間は最初の進化上の人類の目印があった。歩いたのだ。アフリカの環境に見事に適応して、さらに一〇〇万年間歩きつづけた」。

一九七八年、メアリー・リーキーのチームが、仰天するような発見を成し遂げた。三五〇万年前にさかのぼるとされる火山灰の広がる原野にある、タンザニアのオルドゥヴァイ渓谷からあまり遠くないラエトリというところで、メアリーは足跡を見つけたのだ。それらを残したヒト科生物が去ってまもなく、足跡は灰におおわれたのである。これは、アウストラロピテクス・アファレンシスがまっすぐ立って歩いたという決定的に重要な証拠になった。ラエトリの足跡は、こんな昔に生きたヒト科生物が二足歩行をしたという他に類を見ない直接的な証拠となっている。これが発見されるまで、二足歩行には、骨の化石から推測される骨格の構造に基づいた間接的な証拠しかなかったのだ。

一九八四年、ケニアのグレート・リフト・ヴァレーにあるトゥルカナ湖の近くで、アラン・ウォーカーとリチャード・リーキーのチームが、アフリカのホモ・エレクトゥスを代表する化石「ナリオコトメ・ボーイ」を発見した。こうして、北京原人が属する種であるホモ・エレクトゥスがアフリカでも発見された。人類学者のなかには、この化石は別個の種ホモ・エルガステルと認定されるべきだと考える人もいる。ホモ・エルガステルは、一九七五年に下顎骨が一個見つかった種につけられた名前だ。しかしナリオコトメ・ボーイの発見者たちは、この子供のヒト科生物は、ジャワ原人および北京原人と同じ種、つまり、長生きした種であるホモ・エレクトゥスに属していたと考えた。

二〇〇六年四月一三日、雑誌《ネイチャー》が、人類の進化に関する最新の発見の一つについて伝えた。カリフォルニア大学バークレー校のティム・ホワイト率いる国際チームが、およそ四一〇万年前にさかのぼるとされる化石をエチオピアのアワシュ川中流の渓谷で発見したというのだ。化石は、解剖学的構造の点で、一九九二年にアワシュ川中流域でホワイトによって発見され、およそ四四〇万年前のものとされるアルディピテクス・ラミドゥス（*Ardipithecus ramidus*、最初の地上に棲むサル）と、それよりのちの、ルーシーが属する種アウストラロピテクス・アファレンシスの中間にくる霊長類のものだと言われた。新たに発見された遺物は、アウストラロピテクス・アナメンシスの遺物として知られているもっとも古いものだ。メアリー・リーキーによって初めて発見され、四二〇万年前から三九〇万年前のものとされた種である。

こうした発見は、アウストラロピテクス・アファレンシスの直接の祖先であるという仮説を裏づけるように思われた。初期のアルディピテクスは、のちの種より類人猿に似ていて脳が小さかったが、やはりまっすぐ立って歩いた。

二〇〇六年、《ネイチャー》に、エチオピアのディキタからの報告が発表された。ゼレセナイ・アレムセゲド率いる調査チームが、三三〇万年前にさかのぼる、ルーシーと同じアウストラロピテクス・アファレンシスに属する三歳くらいの女の子の、頭蓋骨を含む骨の化石を発見したというのだ。「母」より一〇万年前に生きたのに「ルーシーの赤ちゃん」というあだ名をつけられたこの子供の骨から、私たちは進化について新たなことを学んだ。その骨格は、かなりの部分が保存されていたので、科学者はこの種がまっすぐ立って歩いたことを確認することができた。しかしルーシーの赤ちゃんは、前脚が木登りに用いられた明確な形跡を示していた。したがって、移動に関するかぎり、この種は人類と類人猿の中間にいた。そして同じく二〇〇六年に、コーカサス（カフカス）地方にあるグルジア共和国のドマニシにおいて、過去数年の間に成し遂げられてきたホモ・エレクトゥスの発見について、G・フィリップ・ライトマイアと同僚たちが報告をおこなった。化石はアフリカのホモ・ハビリスのものに似ていたが、ホモ・エレクトゥスのものと判定され、この種がいたことがわかっている範囲が、ヨーロッパの外れにまで広がった。

その前年、それよりずっと以前に生きたヒト科生物についての研究が発表された。二〇〇一年にチャドで発見されたヒト科生物を扱ったものだ。サヘラントロプス・チャデンシスは、ヒトの祖先の化石としては最初にアフリカ大陸の中央北部で見つかった。チャドの化石は、およそ七〇〇万年前にさかのぼるとされている。これは直立二足歩行動物で、その古さは、二足歩行がこんなに遠い昔にすでに存在していたことを示している。科学者は、このヒト科生物が出現したのは、ヒトの系統がチンパンジーの系統と枝分かれしたあとまもなくのことだろうという結論を出した。

やはりヒトとチンパンジーの共通の祖先に近いヒト科生物として、六〇〇万年前のオロリン・トゥゲネンシスがいる。二〇〇〇年に、ブリジット・スニューとマーティン・ピックフォード率いるフランスのチームによって発見され、「ミレニアム・マン（千年紀の人間）」という、似つかわしいニックネームをつけられた。この生物は二足歩行動物だったと発見者たちは考えている。それどころか、その大腿骨の分析結果から、アウストラロピテクスよりもさらに直立歩行に適応していたと主張している。

このように新たな発見が成し遂げられるなかで、北京原人は人類の進化の物語でどんな役割を演じているのだろう。フランツ・ワイデンライヒは「多地域進化説」を強力に提唱した。この見方によれば、北京原人がアジアで局地的に連続的進化を遂げたことによって、ホモ・サピエンスが生まれた。この仮説によれば、中国人は北京原人の子孫だということになる。周口店から出た化石から、ホモ・エレクトゥスが少なくとも二六万年にわたって（六七万年前から四一万年前まで）ここで生きていたことがわかっている。ことによると、この結果から（あるいは、こうした正確な年代はのちに導き出されたので、同様の結果から）ワイデンライヒは、進化について、少なくとも中国での進化についてはこのような見方に傾いたのかもしれない。

多地域進化説によると、ジャワ原人からオーストラリアの先住民《アボリジニー》が生まれた。ホモ・エレクトゥスの中から出現したハイデルベルク人（ホモ・ハイデルベルゲンシス）が、現生ヨーロッパ人になった。アフリカのホモ・エレクトゥス（あるいはホモ・エルガステル）が現生アフリカ人に進化した。これ

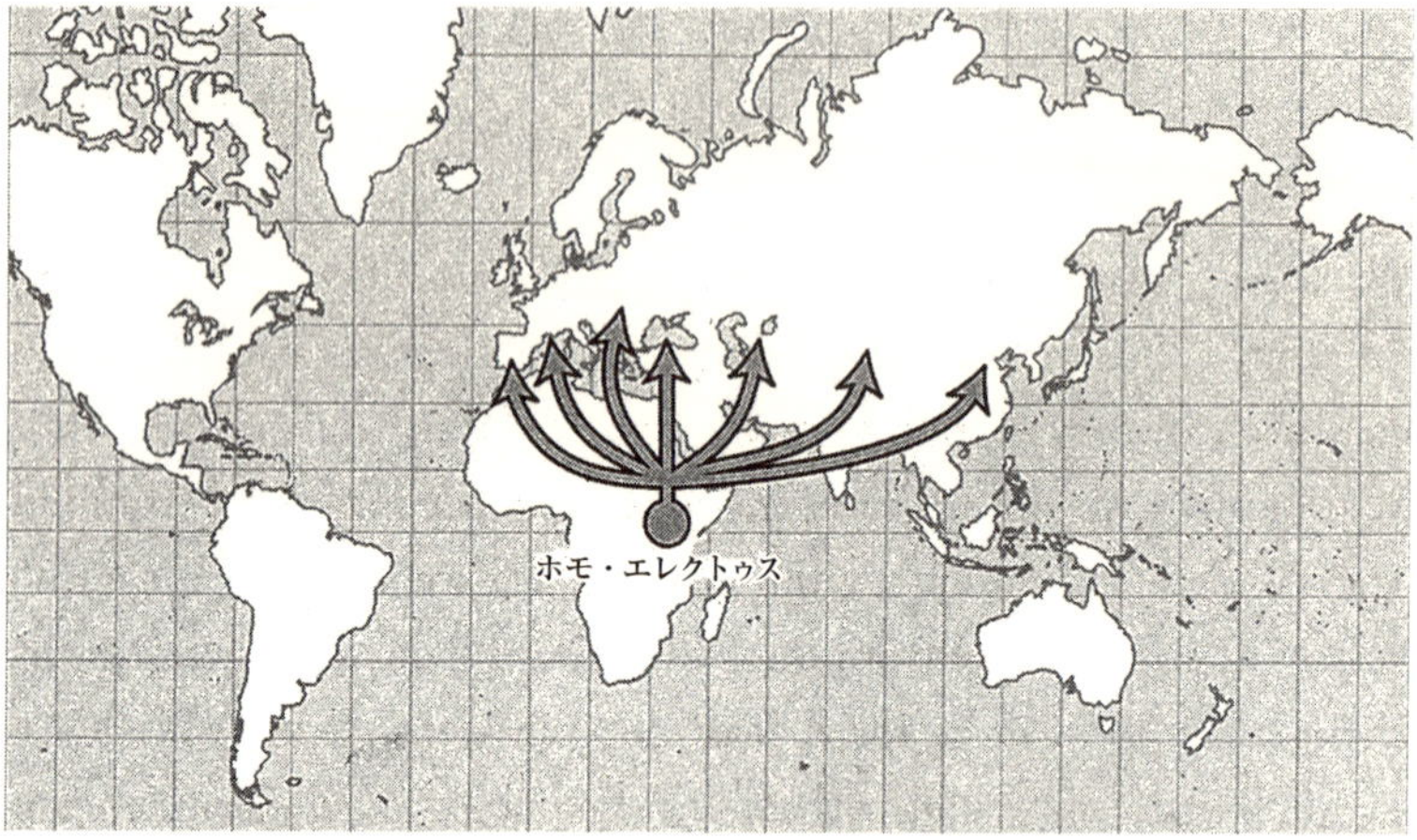

多地域進化説。ホモ・エレクトゥスはアフリカからヨーロッパとアジアに移住し、各地でホモ・サピエンスに進化する。

まで多地域進化説は枝つき燭台《しょくだい》にたとえられてきた。幹の部分がアフリカにあり、枝がそこから出てヨーロッパやアジアにのびている枝つき燭台を想像すればいい。ホモ・エレクトゥスは、およそ一〇〇万年前にアフリカを出て、こうした枝をたどって旧世界の各地域に入った。それぞれの枝の先端、それぞれの「ろうそく」でホモ・エレクトゥスが（時には中間的な種をへて）別々にホモ・サピエンスの異なる人種に進化したとされる。

人類の進化についての本格的な理論はすべて、はじまりはアフリカにあったとしている。だから問題は実は、私たち人類はいつアフリカを出たのかということになる。多地域進化説によれば早くにこの大陸を出て、それからヨーロッパとアジアのさまざまな場所で同時並行的にホモ・サピエンスに進化したという。しかし、人類の進化についての現代の見方は別の説を支持する傾向にある。それは「アウト・オブ・アフリカ説（出アフリカ説）」と呼ばれるものだ。この説によれば、ホモ・エレクトゥスが私たちのおおもとの祖先である。

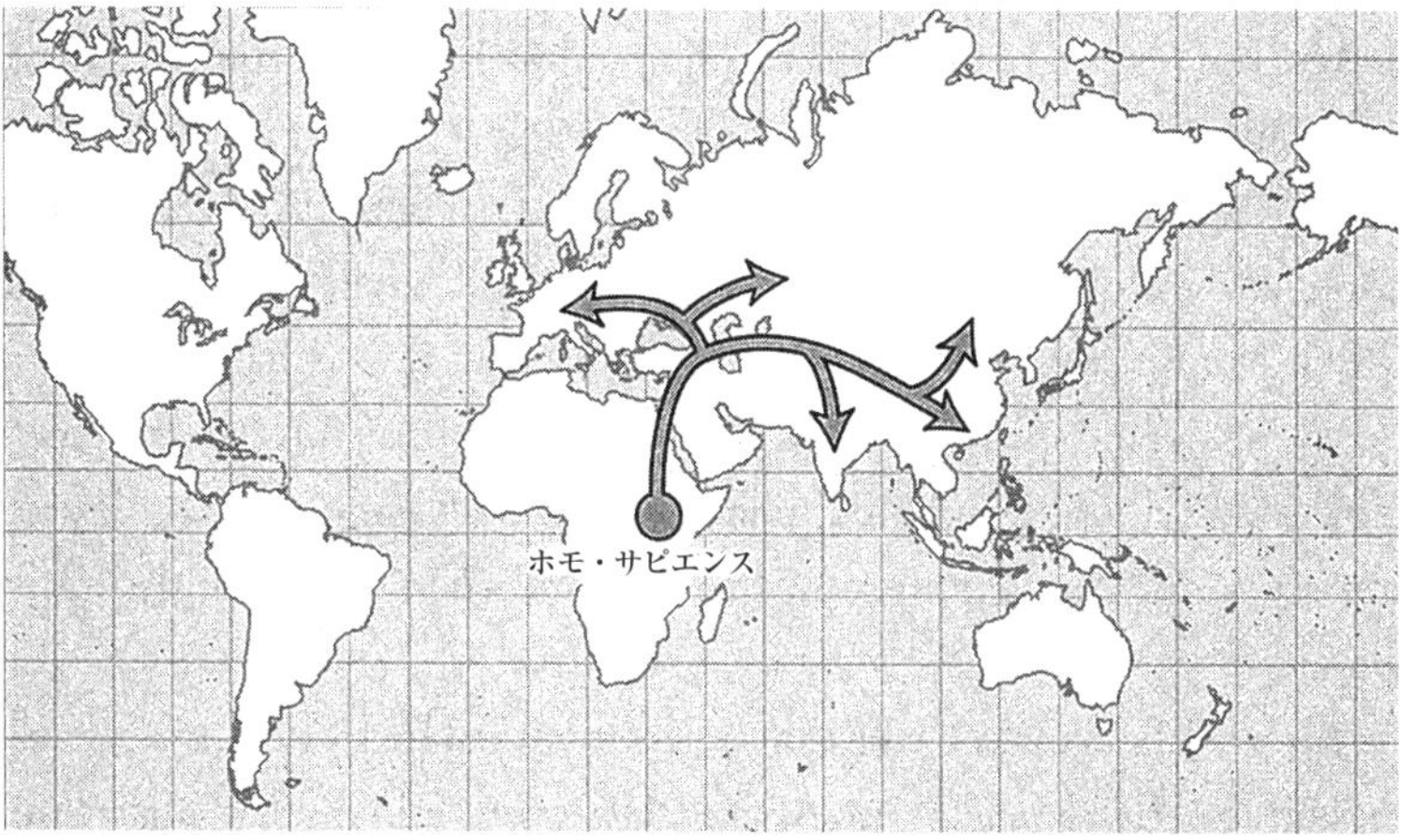

アウト・オブ・アフリカ説。ホモ・サピエンスはアフリカで出現し、ヨーロッパとアジアに移住して、すでにそこに定着していたほかのヒト科生物に取って代わる。

アフリカに住んでいたホモ・エレクトゥス（ホモ・エルガステル）がホモ・サピエンスに進化し、この解剖学的現生人類が中東に、さらにそこからヨーロッパとアジアに移り住んだというのだ。

　したがって、アウト・オブ・アフリカ説によれば、現生人類はアフリカを遅い時期に出てから、以前アフリカを出てすでに旧世界に存在していた自分より古いホモ・エレクトゥスの集団（およびその子孫）に取って代わったのだ。この意味でこの説は「アウト・オブ・アフリカ・アゲイン説」（再・出アフリカ説）と呼んでもいい。

　一九九六年、カール・スウィッシャーらが《サイエンス》に論文を発表し、その中で、ジャワで見つかったホモ・エレクトゥスの化石の一部はわずか三万年前から五万年前という最近のものだとした。こうした年代が正しければ、問題の時期には地球上に人類の種が三つも同時に住んでいたことになる。アジアにホモ・エレクトゥス（北京原人と同じ種だが、周口店で見つかったものよりはずっと新しい集団）、ヨーロッパと中東にネアンデルタール人、アフリカとヨーロッパと中東に現生人類。それにしてもホモ・エレクトゥスは、それだけ長くつづくほど種として安定していたのなら、なぜ三万年前に突然姿を消してしまったのか。ヨーロッパのネアンデルタール人が、解剖学的現生人類に取って代わられてしまったのと同じように、最後に残ったアジアのホモ・エレクトゥスの集団は、現生人類に取って代わられてしまったのだろうか。

人類学で最大の問いは、私たちはいつヒトになったのかということかもしれない。いつ私たちは、ものを感じ、意識をもち、シンボルによる思考と、それにともなうあらゆるもの——言語、芸術、文学、数学、科学、哲学、文化、経済活動の能力を備えた生き物に進化したのだろうか。

人類文明のはじまりである、私たちの意識のいわゆる「アハ（わかった！）」体験の瞬間は、ヨーロッパでおよそ三万年前に起こったらしい。私たちの祖先はアフリカにいたが、私たちのシンボルによる思考はヨーロッパの洞窟ではじまった。一〇〇〇世代前に、一人のクロマニョン人が洞窟の壁に動物の表象と、何を意味するのか今も謎のままであるシンボルを描いたときのことだ（ヨーロッパの外でも見つかっているロックアートなどの装飾も、シンボルによる思考の結果と解釈できることに注意すべきである）。

ドイツのある銀行の貴重品保管室に、見事に彫られた小彫像のコレクションが収められている。ウマとマンモス、ヒトのような像だ。これら三万二〇〇〇年前にさかのぼる彫像は、一九三〇年代の初めごろにドイツ南西部のフォーゲルヘルト洞窟で発見された。そのなかに、とくに興味深いものが一点ある。それは、マンモスの象牙を彫ってつくった長さ六センチほどのウマの像で、印とたいへん長い期間にわたって扱われた証拠が表面に見られる。この像や同様の遺物は、シンボルによる思考が存

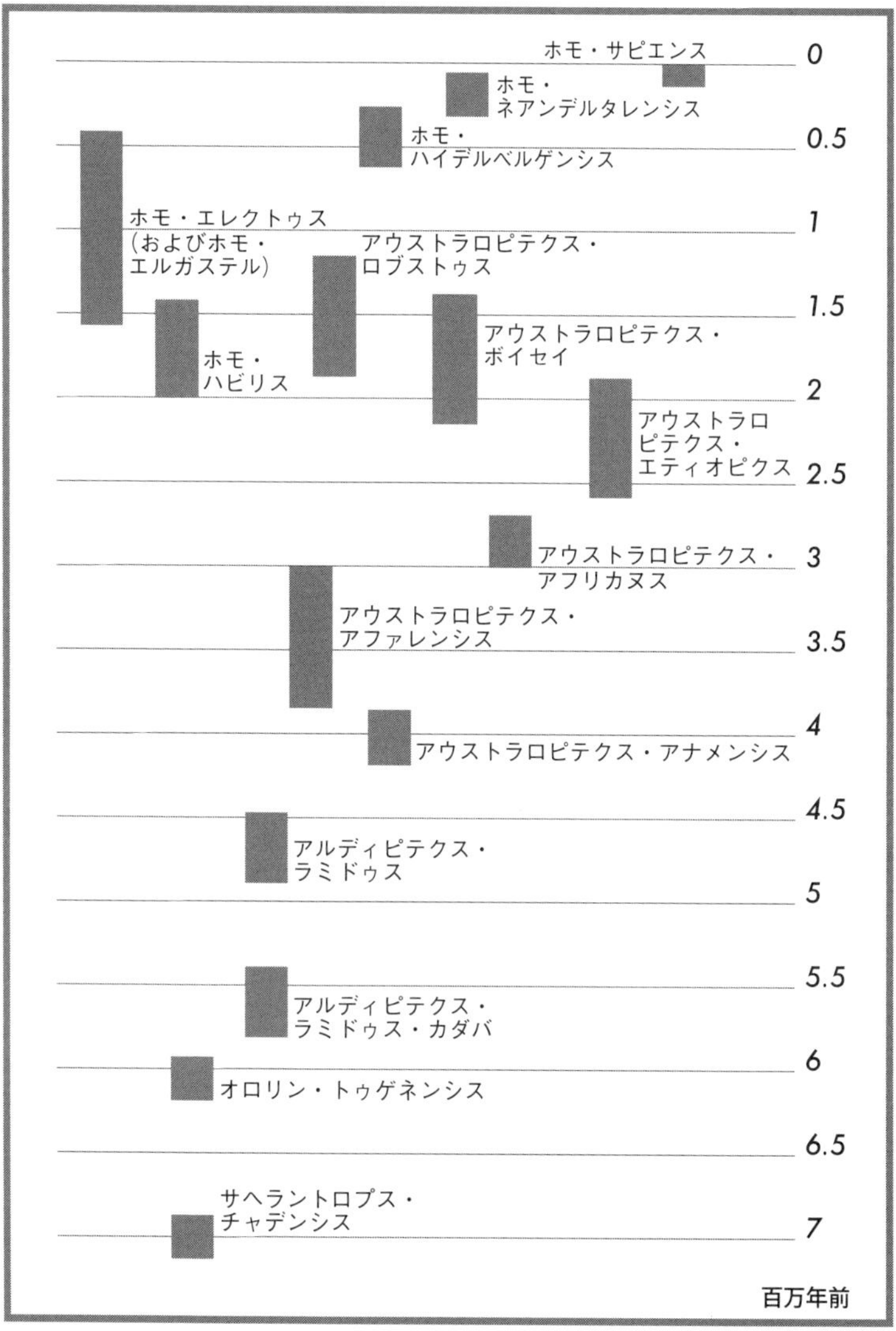

化石が発見されているさまざまな絶滅したヒト科生物と現生人類の年代。

在したことを意味し、このようなものを扱った集団のメンバー間で必要だった意思疎通をおこなうには、言語を用いなければならなかったと科学者は考えている。

リチャード・リーキーは、アフリカでホモ・ハビリスが未熟な形の言語を話していたと考えた。アウストラロピテクス属には何らかの形の言語的コミュニケーションがあったとさえ予想した。リーキーによれば、ホモ・エレクトゥスは言語をつくりだし、単語を増やし、ことによるとセンテンス構造を発達させていたかもしれない。そして三万年前から現代の言語の根っこになるものが発生したという。米国自然史博物館のイアン・タッターソルなどの人類学者は、ネアンデルタール人も初期のヒト科生物も言語をもっていなかったと考えている。言語などのシンボルによる思考は、ホモ・サピエンスとともに初めて現れ、その時期はおよそ三万年前、ヨーロッパに洞窟芸術が現れた時期と一致していると、こうした研究者は言う。

これらを芸術、そしてシンボルによる思考の表現と見なせば、ネアンデルタール人がつくった貝殻の首飾りからは、何らかの人間らしい思考があったことが窺える。《サイエンス》二〇〇六年六月二三日号に載ったある論文は、イスラエルのスフール洞窟で掘り出され、一〇万年前のものとされる、穴を開けられたいくつかの貝殻と、アルジェリアのウエド・ジェッバーナで見つかり、九万年前のものとされる同様に穴を開けられた同じ種類の貝殻について報告している。こうした貝殻が本当に太古のネックレスなら、シンボルによる思考は壮麗なヨーロッパの洞窟芸術より前に発生したのかもしれない。周口店で調査にあたった体験について書いた賈蘭坡《チャランポー》と黄慰文《ファンウェイウエン》によれば、ここで見つかった貝殻は首飾りに使われたかもしれないという。この解釈が正しければ、ホモ・エレクトゥスは、考える人間と呼ばれる資格もあるかもしれない。そして、周口店の洞窟の中で火を囲んで座りながら、さまざまなことを語ったのかもしれない。

第18章　北京原人はどうなったのか？

第二次世界大戦後、古人類学の分野で多くの発見が成し遂げられてきたにもかかわらず、世の中の人々は北京原人を忘れていない。近年、中国と西洋世界の間のコミュニケーションに前ほど妨げがなくなったことが、姿を消して久しい化石の捜索を再開する助けとなっている。

しかし、不幸なことに第二次世界大戦終結六〇周年の年には、中国と日本の間の国民的な怒りと相互不信がぶり返し、両国の外交関係が悪化した。北京原人の化石を効果的に探すには両国の間で情報をやりとりすることが不可欠なのに、これではそれがむずかしくなってしまう。北京原人の遺物の運命について、中国が公式に調査をおこなうことが二〇〇五年九月に発表されたが、このような事情があるため、これは中国で入手できる情報だけに基づいておこなわれている。

北京原人の化石の運命についてはこの何十年かの間に数多くの説が提出されている。そのなかには出版されたものもあれば、口づてに広まったものもあるが、間違いなく、割り引いて考えていいものが一つある。それは、北京原人の化石を収めた木枠箱を米国に運ぶ船が、日本軍に攻撃され、海に沈んでしまったというものだ。容器が別の船に積み込まれて沈んだのでないかぎり、この説が間違っていることはわかっている。記録から、そもそもプレジデント・ハリソン号が港にたどりつかなかったことが確かだからだ。この船は、マニラから中国に向かっていたときに日本の戦艦に追跡されて、揚子江の河口近くで座礁してしまったのだ。

一説によると、北京原人の化石はまだ中国に隠されているという。だれが隠しているのかについては、この何年かの間に新聞記事でさまざまなことが示唆されてきた。ハリー・シャピロは裴文中《ペイウエンチヨン》の言葉を引用している。北京原人の化石が姿を消したあとほどなく、消えた化石に似た骨が中国の海岸で見つかり、別の船に積み込まれるところだったという(だが、それらは、北京原人の化石ではないことがのちに証明された)。裴《ペイ》は、そのあと日本側がもう北京原人の化石を見つけることに興味をいだいていないことに注目し、日本側は港で骨を見つけ、日本に運んだのだという説を唱えた。

東京で米国陸軍に雇われていた地質学者フランク・ウィットモア二世の話にも、同じ考えが反映されている。ウィットモアは日本の降伏から二カ月後の一九四五年一一月八日、ハーヴァード大学教授のティリー・エディンガーに手紙を書いている。そして、東京帝国大学のコレクションの中から、北京原人の化石をデイヴィッドソン・ブラックによる記録とともに発見したと主張し、化石を北京協和医学院に送る手配をしているところだと述べた。そして二週間後には、見つかったものについて、もっと正確なことをエディンガーあての手紙に書いている。ハリー・シャピロによると、ウィットモアによる記述は北京原人ではなく、北京協和医学院に残されていたもっと小さな収集物に当てはまった。日本側がそんな小さな化石まで持ち去ったという事実を見れば、中国側と米国側が北京原人そのものの運命を心配したのは正しかったのだとシャピロは述べている。

また、化石を入れた木枠箱は、米国行きの船に乗る海兵隊を中国の海岸まで運ぶ列車に積み込まれたという報告もいくつかある。そうした報告によると、日本軍が列車を止め、海兵隊員を逮捕し、北京原人の骨を入れた木枠箱は姿を消したというのだ。一説によると、日本人たちは興味深いものは何もないと思い込んで、木枠箱を開けもせず、荒らされた列車から放り出してしまったという。したがって化石は失われてしまったが、まだ中国のどこかで見つかるかもしれないというのだ。またある説によれば、日本人たちは箱を列車から持ち出して日本に送ったという。

裴《ペイ》の見方では、北京原人の化石は日本に渡って、今もそこに保管されているという。また、北京原人の化石は、日本が降伏したあと米軍によって取り戻されたが、中国に送り返されないで米国に持っていかれ、今は米国に隠されていると考える人たちもいる。

さらに一説によれば、海兵隊を運ぶ列車が日本軍に止められたとき、中国国民党軍がこの地域にいた。そして国民党軍は木枠箱を入手し、蔣介石が軍隊を引き連れて中国本土から逃げ出したときに、ほかの戦利品とともに台湾に移送したというのだ。

それから、米国自然史博物館を訪れたイギリス人古生物学者D・M・ワトソンにまつわる興味深い話を、ハリー・シャピロが語っている。当時、まだ人類学の研究員の職に就いていたフランツ・ワイデンライヒが、戦争がはじまったときにニューヨークにもってきていた北京原人の化石の模型をワトソンに見せた。ワトソンはイギリスに帰ると、米国で何を目にしたかを、それが模型であることを強調しながら学生たちに話した。シャピロによれば、そのときの学生の一人で、共産主義に傾いているとうわさされていたドイツ人が、のちに中国を訪れたとき、誤解をするか、わざと事実を隠すかして、中国共産党の当局者に、ワトソンが何を見たかを語った。すると、中国は米国に公式に苦情を述べ、北京原人の化石は実はニューヨークにあるという新聞報道がなされた。そのなかには《ニューヨーク・タイムズ》の記事が含まれ、これに対して、その主張を否定するシャピロの手紙が公表された。

二〇〇六年二月、私は米国自然史博物館で講演をし、この機会を利用して、この博物館の人類学のキュレーターであるイアン・タッターソルを訪ねた。タッターソルは、デスクの向こうにある引き出しを開け、フランツ・ワイデンライヒが博物館にもってきた北京原人の化石模型を見せてくれた。私は、その質の高さに驚異の念を覚えた。古生物学の訓練を受けていない人なら、これらを本物の化石と思うかもしれないと感じた。

ハリー・シャピロとクレア・タシジャンは、膨大な時間を費やして、北京原人がどうなったのかを調べ、おのおの、この謎について本を書いている。この謎を解こうとシャピロが意気込んでいることが一九七〇年代初めに広く知られるようになると、大勢の人間がシャピロに接触し、この一件の手がかりについて報道がなされた。一九七一年四月、シャピロはウィリアム・フォーリー博士の代理人から連絡を受けた。フォーリーは、米国と日本が戦争をはじめたときに中国から撤退する分遣隊で軍務に就いていた海兵隊の職業軍人だった。そして、盗んだ化石を隠していると中国側から間違って非難されていることに気づき、シャピロに力を貸すことに関心を持っているというのだった。

二人は会い、フォーリーは一九四一年に天津北東の秦皇島《チンホワンタオ》のキャンプ・ホーカムに駐留していたと語った。海兵隊員一七人からなる医療部隊の責任者だった。政治情勢が悪化するなかで、海兵隊をプレジデント・ハリソン号に乗せてフィリピンに撤退させる決定が下された。そのころ、兵舎用小型トランクが二つ、キャンプ・ホーカムに運ばれた。フォーリーの名前が記され、私物と記された札がついていた。そしてフォーリーは、分遣隊が出発するまで大事にするよう言われた。そして、出発が予定されていた一二月八日がきた。それはハワイ時間で一二月七日、パールハーバーへの攻撃がおこなわれた直後だった。日本兵がただちにキャンプ・ホーカムの海兵隊を取り囲み、海兵隊員は抵抗を試みようとしていた。海兵隊員が武器に殺到していたときに、最高司令部から、降伏するよう命じる連絡がきた。数ではるかにまさっている日本軍に対して自衛できる望みはないというのだった。

海兵隊は、例の二つのトランクを含む持ち物をもって、天津に設けられた臨時の捕虜収容所に連れて行かれた。フォーリーは幹部将校だったので、日本軍からいくらか自由を与えられ、北京に行って一週間ほど好きなように動き回ることを許された。そして、木枠箱ではなくガラスのビンに詰められた北京原人の頭蓋骨を目にしたとフォーリーはシャピロに語った。これは、包装作業についてのクレア・タシジャンによる報告との最初の矛盾点だった。

フォーリーが語るには、捕虜収容所に戻るとトランクを開け、中身を保護するために、ともに天津にあるスイス倉庫とパストゥール研究所に分配した。ここで、トランクが四つあったとフォーリーが主張したのも、シャピロが気づいた矛盾点だった。一つのトランクがフォーリーのもとに残り、彼は、これにとりわけ重要な遺物が入っていると考えていた。

それから四年を戦争捕虜として過ごし、捕虜収容所から捕虜収容所へと三度移された。四カ所すべてで、日本人にトランクを開けられないようにすることができたとフォーリーは語った。この主張はシャピロには信じがたかった。フォーリーは、一九四五年に解放される直前にトランクと離れ離れになり、これを目にすることは二度となかったという。

戦争が終わったときに中国から帰った米国の人員、とくに、真珠湾攻撃前からここに駐留していた海兵隊員が、見つからない化石について何か情報をもっているかもしれない。そして、骨の一部をもっているかもしれないという可能性にシャピロは興味をそそられた。そして、中国側に、姿を消した宝を取り戻そうと米国でおこなわれている努力を知ってほしいと思った。両国の関係は改善に向かっており、それからまもない一九七二年二月、ニクソン大統領が歴史的な訪中をおこなうことになる。

シャピロが自分のおこなった北京原人の化石の探索について述べた論文が、自然史博物館の雑誌に載った。ニクソンによる公式訪問に先立ち、国家安全保障担当顧問ヘンリー・キッシンジャーのおともをして中国に行く補佐官の一人に、シャピロは、中国の当局者に渡すべき論文の写しをもたせた。

シャピロの論文と、北京原人の探索は広く伝えられた。《ニューヨーク・タイムズ》などの新聞にも記事が載った。フォーリー博士から得た手がかりに基づいて、中国の古生物学者たちが調査をするようシャピロは望んでいた。だが、だれからも連絡はこなかった。

米国では、この問題への関心がつづき、シャピロはさまざまな人々から多くの手紙を受け取った。手紙をよこした一人にシカゴのビジネスマン、クリストファー・ジェイナスがいた。北京原人が姿を消したことに興味を引かれ、調査に乗り出すことにしたというのだった。ジェイナスは、役に立つ情報をくれた人には見返りを与えると言って、戦争中に中国に駐留していた米国人たちから手がかりを募る広告を新聞に出していた。

ジェイナスはある女性から連絡を受けた。亡くなった夫が中国で海兵隊の軍務に就いており、死ぬ前に、きわめて貴重なものだと言って、骨が入った箱を自分に託したというのだ。この骨のコレクションについての情報が明らかになったら、彼女は危険にさらされるかもしれないと夫から警告を受けたという。

その女性は明らかにおびえていたが、報奨金をほしがってもいた。実際、広告で提示された額よりずっと多くをほしがったのだ。ジェイナスとその女性は、いつ、どこで会うかについて電話で長々と話しあった末に、ある日のある時刻にエンパイア・ステート・ビルのいちばん上で会うことにした。当日は、決めてあった合図でお互いを確認した。その女性は、平たい頭蓋骨が一つ、そのほかの骨がいくつか入った箱の写真をジェイナスに見せた。ところが——何といってもそこはエンパイア・ステート・ビルのてっぺんだったのだ——観光客がカメラを掲げて景色を写真に撮ろうとするのを目にすると、女性は突然恐怖に駆られ、エレベーターまで走っていき、姿を消してしまった。

ジェイナスは、次に何をすべきかをシャピロに相談した。二人は、《タイムズ》に広告を載せるべきだと判断した。その女性がエンパイア・ステート・ビルのてっぺんを選んだのは、ニューヨークかその近くに住んでいるからだろうと見当をつけたのだ。果たして何週間かのち、ジェイナスはその女性から電話をもらった。そこで、ハリー・シャピロに骨を鑑定してもらうよう説得した。

長い交渉の末、ジェイナスは骨の写真をその女性からもらい、シャピロに渡した。骨のおおかたは新しく、少なくとも北京原人のものではないように見えたが、写真に写っている頭蓋骨は「シナントロプス属」らしく見えたとシャピロは語っている。のちに、シカゴで開かれた国際的な人類学の集まりにジェイナスがその写真をもっていった。そこでハーヴァード大学教授のウィリアム・ハウエルが、写真に写っている頭蓋骨を、ワイデンライヒのリストに載っている頭蓋骨Ⅺ号と見てもいいように思うと言った。また、箱に入っている唯一の頭蓋骨はホモ・エレクトゥスのものかもしれず、失われた北京原人の骨に含まれていたものかもしれないと、慎重にではあるが楽観的に見る人類学者もいた。

しかし、その女性との交渉は失敗し、相手の足跡は途絶えた。この逃げ腰の人物、あるいはそのほかの、姿を消した化石について情報をもっている人の居場所を特定しようと、シャピロはキャンプ・ホーカムから撤退した海兵隊員だった夫に先立たれて、ニューヨークに住んでいる人の身元を片端から調べた。そして、そのような条件に当てはまる女性を一人発見し、その女性を見つけるためにFBIの協力を得た。一九七三年一月、FBIは、キャンプ・ホーカムの海兵隊員だった夫に先立たれてニューヨーク周辺に住んでいるただ一人の女性の身元を突き止めた。場所はニュージャージーだった。ところが、その人はあの謎の女性ではなかった。FBIは捜査をつづけたが成果はなかった。

姿を消した北京原人の化石の謎について書いた本で、クリストファー・ジェイナスは、この奇妙なエピソードについてさらに語っている。ジェイナスが「エンパイア・ステート・ビルディング・レディー」と呼ぶこの女性の足跡が途絶えたあと、ハリソン・セングと名乗り、この女性の弁護士だと主張する男性がジェイナスに連絡してきた。そしてジェイナスに五〇万ドルを要求した（のちに金額を七五万ドルにつり上げた）。また、依頼人が骨をもっていたからといって、中華人民共和国政府は、不正を働いたと依頼人を非難しはしないという中国側の覚書を要求した。ジェイナスは、求められた法的な約束を中国にさせることができず、セングとの話し合いは、もの別れに終わった。

ジェイナスは、一九七〇年代のかなりの部分を、北京原人を探すのに費やしたと語っている。姿を消した化石についての手がかりを探して中国、台湾、香港に旅行した。中国国民党は、北京原人の化石を米国に避難させよという命令を出したあと、多くの美術品やそのほか多くの宝物を台湾にもっていった。その事実があるにもかかわらず、姿を消した化石がここにある見込みは少ないとジェイナスは確信するようになった。

また、やはりジェイナスが追ったものに、化石が入った木枠箱はソビエト連邦に運ばれたという説がある。ジェイナスは一九七三年にニューヨークで、ロシア系米国人のアレクシス・ペトロフという男と会った。ペトロフが言うには、戦争中は上海に住んでいて高校で生物学を教えており、北京原人について知っていることがあるという。化石はロシアの船に積み込まれてヤルタに運ばれたというのだ。だが、この主張を裏づける証拠がなく、誤りだろうとジェイナスは考えた。

このようなわけで、北京原人の運命について年来唱えられてきた数多くの説のなかで、妥当なものは少ししか残らない。一つは、キャンプ・ホーカムの海兵隊員かその家族が、今も少なくとも化石の一部をもっているというものだ。それらは、中国が占領されていた長期間、そして海兵隊員が捕虜収容所に閉じ込められていた間、日本側から隠されていたのだろう。そして二つ目の説はジェイナスが追跡できなかったものだが、化石は日本に隠されているというものだ。

そして三つ目の説によれば、化石は日本兵が中国の農民たちに売ってしまい、農民たちが粉にして民間治療薬にしてしまったという。つまり「龍骨」は結局、中国で通常の目的のために利用されて終わったというわけだ。日本の当局は北京原人の化石に関心をいだいていたが、現場の兵士は化石探しに気づいていなかったのかもしれない。一部の米国海兵隊員によれば、日本兵が関心をいだいたのは、略奪や盗みをはたらくことだけだった。日本兵は、収容所か列車かどこかで木枠箱を見つけたら、中身を放り捨てるか、中国の農民に売ろうとしただろう。

ジェイナスによれば、テイヤール・ド・シャルダンは、北京原人の化石は、誤ってか故意にか、黄海に捨てられてしまったのかもしれないと言っていたという。テイヤールは天津をよく知っていたので、北京原人の化石が天津に残されていたら、テイヤールが一役買って見つかっていたかもしれない。

一九八一年二月二六日、《ニューヨーク・タイムズ》は、クリストファー・ジェイナスが三七件に及ぶ詐欺で六四万ドルを集めたとして起訴されたと伝えた。失われた北京原人を探すためと称して、個人的に使うために集めたというのだ。このことで、ジェイナスとその仕事に暗い影が投げかけられ、私的な資金を用いて失われた宝のありかを特定しようとする、必ずしも純粋な気持ちからとは言えない試みが終わった。

しかし、望みがすべてついえたわけではなかった。一九八〇年の秋、依然として北京原人の遺物について手に入る情報は何でも見つけようと決意していたハリー・シャピロは、娘とともに中国に旅した。そして中国の研究者たちとともに天津のパストゥール研究所とスイス倉庫、すなわち北京原人の化石が保管されていたかもしれない場所を訪れたが、失われた木枠箱やその中身の痕跡は何も見つからなかった。それからシャピロは、キャンプ・ホーカムの跡地に足を運んだ。北京原人の遺物を探すべき場所は、かつての米国海兵隊兵舎のビルディング6にあった地下室の木の床の下だと教えられていた。シャピロは、戦前にこの建物を写した写真をもってきていて、すぐに正確な位置が特定できた。

シャピロは、地元当局の助けを借りて敷地を詳細に調べた。ところが、古い兵舎はその四年前の一九七六年に地震で崩壊していたことを知った。そのあと公衆衛生のための学校として建て直されていたのだ。シャピロと中国人研究者たちは何も見つけることができなかった。

一九八〇年三月、シャピロが中国を訪れる前に、賈蘭坡《チャランポー》が中国に駐在するスイス大使と会っていた。大使は考古学に興味をもっていて、どうやら、北京原人の探索についていろいろ知っているらしかった。そして、中国側は、この謎についての情報源として元海兵隊員ウィリアム・フォーリーの居所を特定するのがいいのではないかと大使は語った。フォーリーの友人が賈《チャ》に言うには、天津で医師として仕事をしていたフォーリーは、

船で米国に帰ることになっていた（一九四一年のことにちがいない）。このとき、友人であり隣人だったピエール・テイヤール・ド・シャルダンが、日本軍の前進を恐れて、有名な化石が入った容器を家に隠してくれるよう頼んできた。ドクター・フォーリーは、自分のものとともに容器を船に載せることができないうちに、何もかも家に残して急いで逃げなければならなくなり、家はその直後に日本軍の兵士たちに占拠された。ドクター・フォーリーは、化石が入った貴重な容器を目にした最後の人間はこの日本人たちだと言い、容器は、家が日本人たちによって完全に空っぽにされたとき、略奪品として日本に送られたのではないかと見当をつけている。そしてさらに、容器は――これらを運ぶ船が沈められたのでなければ――日本に到着したと推測している。

この証言は、フォーリーがシャピロに語ったことと矛盾していた。フォーリーは連絡を受け、失われた化石を探す手助けをしに中国にきてくれるよう乞われたが、政治的な理由で行けなかった。そこ

で中国の捜査官たちが、戦争中にフォーリーが住んでいた家を見つけ、中に入ってなくなった容器を捜した。何も見つからなかった。

北京原人の探索はつづいた。二〇〇〇年二月、《光明日報》をはじめとする中国のメディアが伝えたところによると、一九四五年一月に頭蓋骨を目にしたと、日本の元武官のナカダという人物が証言した。今では、日本が満州に打ち立てた傀儡《かいらい》政府の高官だった義理の父がもっていた北京原人コレクションの一部だったと考えているという。のちに、日本軍が降伏して中国を撤退したあと、日本の義父の家で同じ頭蓋骨を目にしたとナカダは主張していた。この話については、それしかわかっていない。

また、北京の米国大使館の元職員二人の証言も、中国当局に情報をもたらした。二人は一九四一年に木枠箱を目にしたと証言した。北京原人の化石がそれに入っており、大使館の裏に埋められようとしていたと今では考えていると、この米国人たちは言うのだった。彼らが述べた場所を中国の捜査官たちが見つけた。そこは今では自動車修理場の床になっていた。だが捜査官たちは、この床を掘り返して木枠箱を捜しはしなかった。

二〇〇五年九月、中国政府は、なくなった化石のありかを特定するためなら努力を惜しまず、あらゆる情報を追うと宣言した。驚くべきことに当局者たちは、北京原人の化石が米国にもロシアにも台湾にもない、そして海の底にさえないと考えていると述べた。むしろ中国と日本のどちらかにあると予想しているというのだった。政府の首席捜査官が二〇〇六年に述べているところによると、前年の七月に捜査委員会が設置されるより前に、周口店のユネスコ世界遺産センターに送られていた情報二一件に加えて、信用できる情報が六三件、捜査委員会に寄せられていた。これらは、日本で北京原人の頭蓋骨を目撃したという話から、なくなった化石について何かを知っていると思われる――

歳だと主張する人を含む――人々の名前にまで及んでいた。今日まで、重要な価値のあるものは何も浮かび上がってきていない。なくなった化石を日本で見つけようという努力が真剣になされているという報告がないことに目を向けるべきだ。

テイヤール自身も、一九四一年に日本側によって尋問されている。北京原人の骨のありかについて何か知っているかもしれないと思われたのだ。一〇年後、一九五〇年代に友人あての手紙にこう書いている。

有名な頭蓋は日本に隠されているのだろうか。無知な略奪者によって破壊されてしまったのではないか。それとも北京のどこかの庭園に埋まっているのだろうか。ことによると、いつの日か、一〇〇万年前と同じ新鮮さで北京のどこかの中庭から回収されるのだろうか。

ほかの関係者全員と同じくテイヤールも、発見と分析に自分が懸命に取り組んだ化石が失われたことに非常に心を乱された。失われた遺物は、テイヤールが一生をかけて取り組んだ科学上の仕事における具体的な成果の大きな部分をなしていた。人類の進化についてのテイヤールの哲学と、永久につづく私たちの起源探しのシンボルだった。

北京原人に対してピエール・テイヤール・ド・シャルダンがおこなった仕事は、私たちが今なお科学と信仰の共通の基盤を目指すことができることを示している。それは、失われた北京原人の化石がいつの日か見つかるかもしれないという望みと似通っているかもしれない。北京原人の化石が取り戻されなくても科学は前進し、宇宙と、その中に私たちが占める位置についての知識は拡大しつづけて

テイヤール・ド・シャルダン。1950年、ニューヨークで（Teilhard de Chardin collections, Georgetown University）。

いる。アフリカの平原にあったささやかな起源から、アジアのホモ・エレクトゥスを経てヨーロッパのネアンデルタール人、そしてクロマニョン人にまでいたる私たちの種の物語はますます深く探究され、その細部は絶えず一つまた一つと明らかにされている。

テイヤールが全面的に進化論を受け入れたことは、ダーウィンの理論が永続的なものであることを証明している。敬虔なイエズス会士がついに揺らぐことなくこの理論を擁護しつづけたという事実は、生命の本性と、地球上で私たちが経験することを説明する力を、この理論がどれだけ備えているかを明白に物語っている。

テイヤールの死後に出版された『人間の未来』の冒頭で、テイヤールはガリレオを踏まえ、科学、宗教、哲学についての見解を述べている。

ある日、一人の人間が事物の見かけをものともせず、自然の力は星そのものと同じく、不変で軌道に固定されてなどおらず、これらが私たちのまわりで静かにとっている配置は、巨大な潮流を描いていることに気づいた——そして、地球といういかだの上で安らかにまどろむ人類に向かって叫ぶ最初の声が響きわたった。「われわれは動いているのだ！　前に向かって動いているのだ！」対立は、その日にさかのぼるのだ。

テイヤールは、科学と信仰を組み合わせようとする私たちの努力がもつ含意の重みと深みを理解していた。自分がはじめた仕事、つまり、科学を信仰と結びつけ、科学者、信仰をもつ人々、一般の人人を問わず、すべての人に進化論を受け入れてもらうという仕事を成し遂げることが、どれほどむずかしいかを知っていた。科学と信仰それぞれの道が長く険しいことを知っていた。そして、自分一人ではすべての人を一つの目的地に連れて行くことはできないということを理解していた。ほかの人間が、この大切な運動に貢献しなければならないのだ。晩年、テイヤールはこう書いている。

私が果たすべき使命があったとすれば、それを成し遂げることができたかどうかは、ほかの人々がどこまで私を超えて行くかによってのみ判断することができるのだ。

謝　辞

二〇〇五年の夏に、中国への四度目の旅をしようとしていた妹のイラナ・アクゼルが、いっしょにくるよう勧めてくれたことをありがたく思っている。この本を書くことを思いついたのは、北京を訪れていた間のことだった。また今は亡き父E・L・アクゼルにも同じく感謝している。父がピエール・テイヤール・ド・シャルダンの書いたものに初めて触れさせてくれ、そのおかげで三〇年後に、この本を書くことを思いついたのだ。

人類の進化、古人類学、科学と信仰の関係をたどるうえで多数の研究者、学者、宗教の専門家が親切に手を差し伸べてくれた。アイオワ大学人類学科のラッセル・L・ショホーン教授、北京の古脊椎動物・古人類研究所の董為《トンウェイ》教授、ニューヨークの米国自然史博物館における人類学のキュレーターであるイアン・タッターソル博士、先史考古学のマッカーディー記念講座教授にしてハーヴァード大学の旧石器考古学のキュレーターであるオフェル・バル・ヨセフ教授、ハーヴァード大学人類学科のデイヴィッド・ピルビーム教授、イエズス会士でもある、ジョージタウン大学神学科のトーマス・キング神父。なお、進化、科学、宗教についてこの本で述べられている見解は、必ずしもこの方々の見解を反映していないことを言い添えておかなければならない。

また、ハーヴァード大学のワイドナー図書館とボストン大学のミューガー図書館の司書のみなさんには、多くの貴重な資料を利用させていただき、感謝している。テイヤールの生涯に関係する多くの文書と写真の宝庫である、パリのテイヤール・ド・シャルダン財団の理事およびスタッフのみなさんと、同じくパリのフランス国立図書館《ビブリオテーク・ナシオナール・ド・フランス》のスタッフのみなさんには、調査を手伝っていただき、感謝している。それから、ローマにあるイエズス会の研究所図書館とローマ文書館の管理者の方々に謝意を表す。ジョージタウン大学のテイヤール・ド・シャルダン・コレクションの管理者の方々には、写真を何枚か利用させていただき、お礼を申し上げる。ボストン大学の哲学・歴史学センターと所長のアルフレッド・タウバー教授には、センターに研究員として身を置かせていただき、またオウエン・ギングリッジ教授とハーヴァード大学歴史学科には、客員研究員の地位を与えていただき、恩義を受けている。

そして、私のエージェントであり、この本を書くうえで支援し、指導し、多くのアイディアを出してくれたボストンのニーリム＆ウィリアムズのジョン・テイラー（「アイク」）ウィリアムズにだれよりも感謝している。また同じくニーリム＆ウィリアムズのブレトニー・ブルームには、単なる思いつきを実行可能なプロジェクトに変えようと疲れ知らずの努力をし、また、多くの時間をかけて本の企画提案に取り組んでもらい、心からお礼を申し上げる。そして、ホープ・デネキャンプにも、情熱をもって助力をいただき、感謝の言葉を捧げる。

さらにリヴァーヘッド・ブックスの発行者ジェフリー・クロスキーには、いろいろな提案と励ましをいただき、お礼を申し上げる。ジェイク・モリシーは、作家が望みうる飛びぬけて最高の編集者だ。この本のためにいろいろやってもらい、お礼の言葉を述べたい。ジェイクと仕事をするのはいつも楽しい。アナ・ジャーディンには、その比類なき原稿整理力で原稿を著しくよくしていただき、お世話になった。また、やはり力を貸してくれたセーラ・ボウリンと、原書の装幀の仕事をしてくれたセーラ・ウォルシュにも、お礼を申し上げる。

そして最後に、多くの提案を出し、いろいろな写真を撮ってくれ、賢い助言をしてくれた妻のデブラに感謝の言葉を述べておく。

付録1

以下の表は、ハーヴァード大学のオフェル・バル・ヨセフ教授が作成したもので、旧石器時代のさまざまな文化とそのおおよその年代を示している。

地質時代			西ヨーロッパ	アフリカ	西アジア	東アジア	オーストラリア
11,500	旧石器時代	旧石器時代後期 35,000 - 45,000	マドレーヌ文化 ソリュートレ文化 グラヴェット文化 オーリニャック文化 シャテルペロン文化 40,000	石器時代後期 (ナイル渓谷) 45,000	45,000	周口店上洞	
更新世		旧石器時代中期 250,000	ムスティエ文化	石器時代中期	ムスティエ文化		人類の到来 50,000
1,600,000 鮮新世		旧石器時代前期 2,500,000	アシュール文化複合 500,000	アシュール文化複合 1,700,000 オルドゥヴァイ文化	アシュール文化複合 1,400,000 石核・剥片石器文化	周口店第3層 周口店第10層 600,000 石核・剥片石器文化	

付録2　放射性炭素などの科学的年代測定法

一九四六年に米国の化学者ウィラード・リビーが論文を発表し、生きている有機体は、放射性をもつ種類の炭素を含んでいるかもしれないと示唆した。そして一年後、アーネスト・アンダーソンら同僚たちとともに《サイエンス》に論文を発表し、生体の中にある放射性炭素の検出法について述べた。

生体は一生を通して炭素を吸収しつづける。この炭素の中に、わずかな割合で炭素一四《カーボン・フォーティーン》がある（「普通の」炭素は炭素一二。質量数一三の同位体もあり、計算の中でこれを考えに入れて修正がおこなわれる）。炭素一四は大気の上層で、太陽からの放射が窒素原子に衝撃を与えることで絶えず形づくられている。生き物は環境と均衡を保っているので、放射性炭素の割合は生き物の体内にある炭素も環境中のものと同じだ。ところが、有機体が死ぬと、その中にある放射性炭素は崩壊し、死んだ有機体の中にある炭素に放射性炭素が占める割合は下がる。炭素一四の半減期が（五五六八年±三〇年とリビーは想定したが）五七三〇年だと知っていれば、有機体が死んで、炭素一四を吸収するのをやめてから、どれだけの時が過ぎたかを見積もることができる。

放射性炭素年代測定法は改良されてきており、その精度は、信頼性の高い年代測定法に照らして調整されてきた。そのような測定法の一つが年輪年代法だ。木は年ごとに年輪が一つ増える。年代を特定するのに、正確さでこれにまさるものはない。放射性炭素年代測定法は、およそ五万年前までの年代をうまく測定でき、ネアンデルタール人や解剖学的現生人類の遺跡のなかに、これによって年代を特定できるものがある。それより前の年代については、同様の放射性年代測定法が生きている有機体ではなく、岩石に適用されて用いられる。こうした手法にはウランやカリウム・アルゴンが利用される。

訳者あとがき

カトリックの修道会であるイエズス会が設立した上智大学は、イエズス会士であった科学者ピエール・テイヤール・ド・シャルダンを記念したテイヤール・ド・シャルダン奨学金を設けている。毎年、特定のテーマを示して募集した論文のなかから選んだ優れた作品に与えるものだ。しかし生前のテイヤール・ド・シャルダンとイエズス会、またカトリック教会との関係は、しあわせなものではなかった。

ダン・ブラウンのベストセラー小説を映画化した『天使と悪魔』では、ガリレオのころのヨーロッパで、この世がどのようにして生まれたのかについて、カトリック教会の立場と異なる結論に達し、教会によってむごたらしいやり方で弾圧された科学者たちの思想を受け継ぐ秘密結社が、その数百年後に教会への復讐に乗り出す。教会の立場に背く考えを唱えた者が抑圧されたのは事実だ。地動説を撤回しないジョルダーノ・ブルーノがローマで火あぶりになった一六世紀から時がたち、いつしか、この世界について教会と異なる見方を公《おおやけ》にしたというだけで命を奪われるということはなくなったが、二〇世紀になっても、カトリックの聖職者がそのような見方を述べた本を出すことは、ままならなかった。二〇世紀の世界で教会の立場と科学の立場との対立に苦しみつづけた人に、この本の主人公ピエール・テイヤール・ド・シャルダンがいた。

　古生物学者、地質学者、そして神秘思想家としてのテイヤールの思想は、さまざまな学者に示唆を与え、感銘を与えている。第二次世界大戦中の北京で書かれた代表的著作『現象としての人間』は、キリスト教的進化論を提唱した本として名高い。哲学者市井三郎は著書『歴史の進歩とはなにか』で、「自分の内奥の価値観にしたがう立論を」おこなうために、「《既知の科学的知識と矛盾しない》といったたぐいのレトリック」が、最高の知的技量と、尊敬すべき「人間的善意とによって駆使されている実例は、テイヤール・ド・シャルダン」の思想であり、とくに、その著書『現象としての人間』にそれが見られると述べている。また、一九九〇年代、まさにパソコンとインターネットの急速な普及がはじまろうとしていたころ、生物物理学者グレゴリー・ストックは、コンピューターを結ぶ通信ネットワークで世界がおおわれた今、人類文明全体が一個の地球的な超有機体になろうとしていると論じ、この発想の先駆けとして、テイヤールが唱えた「精神圏」の考えを挙げた。

　イエズス会発祥の地でありながら、近代に入って反宗教思想の一大中心地となり、また、ダーウィンの思想に先立って進化論を生んだフランス。この国に生まれたテイヤールは、あつい信仰心をもつイエズス会修道士にして進化論者となる。そして、科学者としての能力ゆえに、キリスト教に批判的な科学者からも敬意をもって扱われた。しかし進化論は、今も一部のキリスト教徒からの抵抗と闘っているが、当時、カトリック教会から拒絶されていた。テイヤールは、教会を科学と和解させることによってキリスト教と教会を救おうと志していたのだが、一部の聖職者からは、敬虔なキリスト教徒の仮面をかぶって教会に入り込んだ、反キリスト教勢力の手先のように見なされた。

　そして、ついに危険人物として、ヨーロッパを遠く離れた地に、いわば島流しになる。そして、その地で、人類の進化の研究で重要な発見物の調査にかかわることになるのだ。

第一次世界大戦の戦場で、対立する人間集団の間で生じる暴力の究極の形である戦争のむごい現実を看護兵として目の当たりにしたテイヤールは、中国で、人類の連帯の象徴とも言える、国際科学者チームによる調査プロジェクトに参加することになる。北京に近いところにある洞窟の調査だ。一九二九年にここで、ヒトに似た生物の頭蓋骨が発見されることになる。そして、この頭蓋骨の主は、進化の上で、直立歩行をした類人猿と、われわれ現生人類の間にくるものとして知られるようになる。

自然科学や数学について数々の本を書いてきた著者アクゼルは、この本でヒトという生物、現生人類が自らを生み出した人類の進化の歩みを少しずつ明らかにしてきた歴史の流れの中で、テイヤール・ド・シャルダンと北京原人の出会いと別れを描く。

テイヤールの人生の物語の舞台は、ヨーロッパ文化の中心パリから、中央アジアの砂漠を貫くシルクロードまで、世界各地に移っていく。大ヒットした冒険映画シリーズの主人公インディ・ジョーンズのように、西洋文明を遠く離れた異国の荒野で、時に銃弾をかいくぐりながらテイヤールは調査と冒険の旅を繰り返す。そして、そのように歳月を過ごすなかで、教会から自らの思想を理解してもらえぬ苦しみにユーモアをもって耐えしのびながら思索をつづけた。

テイヤールの生涯は、人は、忠誠の対象から自分の考えを拒絶されたまま、どれほど忠誠を保ちつづけられるものなのかを示す一つの実例となっている。その劇的な人生の物語には驚異の念を覚えずにはいられないし、それを最後までたどりおえたとき、感慨にふけらずにはいられないだろう。

二〇一〇年五月

ただならぬ知性と人間性

ノンフィクション作家
佐野眞一

いまや歴史的名著という評価が完全に定まった『現象としての人間』の著者のテイヤール・ド・シャルダンがこれほど魅力的人間だったとは、本書を読むまでまったく知らなかった。

『現象としての人間』の主張を一言で要約すれば、生命の発生以前から現代にいたるまでの地球全体の進化の足どりを、科学と宗教の観点から総合的にたどるというものである。テイヤール・ド・シャルダンは、同書のプロローグでこう高らかに宣言している。

〈人間は、長い間信じられてきたように、宇宙の静止した中心〔つまり進化の動きにかかわりをもたない宇宙の中心〕ではなく、進化の軸であり、その矢印の先端であると考える方が、もっとすばらしいことであろう〉

（『テイヤール・ド・シャルダン著作集1　現象としての人間』〔美田稔訳、みすず書房、一九六九年〕）

このスケールの大きな、まさに宇宙的考え方に、ただならぬ知性と人間性を感じていたが、これほど波瀾に満ちた人生を歩んできた人物だとは思わなかった。

そもそもテイヤール・ド・シャルダンという人物の〝思想的立ち位置〟からして矛盾に満ちている。そしてその矛盾は、ノンフィクション作家、とりわけ評伝作家を名乗る者なら、必ずや執筆意欲をそそられる原動力となっている。

本書の著者のアミール・D・アクゼルは、アインシュタインや、ルネ・デカルトなどの大科学者、大思想家を扱った評伝を多数手がけているアメリカの数理学者である。

宗教と科学の間に横たわる深淵な問題を生涯のテーマとして追い続けたテイヤール・ド・シャルダンの人生に興味を持ったのは当然の帰結だったろう。

またアクゼルには、フェルマーの最終定理の謎をテーマにした『天才数学者たちが挑んだ最大の難問』や『「無限」に魅入られた天才数学者たち』など、理数系の難問に題材をとったベストセラーもある。

本書でもリンネから始まる近代科学史の流れや、ダーウィンの進化論がキリスト教世界に与えた衝撃と余波が、誰にもわかるように手ぎわよくまとめられている。テイヤール・ド・シャルダンの生涯を扱う著者としては、まずは最適の人物を得たと言っていいだろう。

アクゼルは、ダーウィンが十九世紀に提唱した進化論を、二十世紀に宇宙的スケールにまで拡大したのがテイヤールだったと述べている。その上で、こうつづけている。

〈進化が個体から社会、さらに種、あるいは、いくつかの種の集まりへと――さらには、一個の巨大有機体として見た地球全体にまで――広がるかもしれないという考えは、二〇世紀に取り上げられることになる。それをおこなうのがピエール・テイヤール・ド・シャルダンだ。テイヤールは、ダーウィンが述べた進化の発想を地球全体に広げ、さらに高い霊的な領域にまで押し上げ

た。そしてダーウィンと同じく強く批判され、自分の考えを述べたことと引き換えに高い代償を払うことになる〉（五二〜五三頁）

テイヤール・ド・シャルダンは、一八八一年五月一日、フランス中部のオーヴェルニュ地方に生まれた。十一人兄弟という子だくさんの四番目だった。

日本で言えば明治十四年にあたるこの年、パナマ運河の開削工事が始まり、世界的バレリーナのアンナ・パヴロワや魯迅が生まれた。その一方、世界的作曲家のムソルグスキーやドストエフスキーが没している。

オーヴェルニュ地方は火山が多く、良質な地下水が豊富なことで知られる。日本でもおなじみのミネラルウォーターのボルヴィックは、この地方で採取されたものである。

テイヤールが、少年時代から地質学や古生物学に興味をもったのは、こうした環境で育ったためだった。起伏に富んだ地形をもつこの土地は、古くから「地質学者の楽園」と呼ばれていた。

テイヤール家は、何百年にもわたってオーヴェルニュ地方の丘陵にあるシャトーで暮らす大富豪だった。この屋敷で何不自由なく育ったテイヤールは、幼少の頃から自然に親しみ、昆虫、植物、鉱石の採集に夢中になった。

オーヴェルニュ地方の豊かな自然とともに、テイヤールに決定的な影響を与えたのは、母のドルノワだった。彼女は信仰心に篤く、毎朝夜明け前に目覚め、数キロ歩いてミサに出席した。

この敬虔な母のもと、テイヤールは幼い頃から宗教教育を受けた。そして、一八九三年、十一歳でイエズス会の神学校に入学した。五年間の在学中、成績はいつも一番だった。

イエズス会は反宗教改革の尖兵として戦闘的なまでの海外布教活動で知られるカトリック団体であ

る。日本への布教者としては、フランシスコ・ザビエルが有名である。

ここに、科学者にして宗教家というテイヤールのユニークなポジションが芽生えた。アクゼルは、この時代のテイヤールについて次のように述べている。

〈ピエール・テイヤール・ド・シャルダンは、子供の時からすでに、驚くほどの科学の才能を示し、信仰にも同じくらい熱心だった。独特な取り合わせの資質と興味の持ち主で、父に勧められた分野と、母に勧められた分野、科学と宗教のどちらにも向いていた。（中略）
テイヤールは、この学校でいわば苦行僧となり、毎日夜明けに自主的に起きて、しばしば凍えるような寒さの中で聖堂に座り、ほかの生徒が目覚める前に宗教的な著作物を読んだ。そして、同様の習慣を、一生、どこにいても守りつづけることになる。アジアの砂漠でも、先史時代の洞窟でも、荒海を行く船の上でも〉（八七頁）

テイヤールが魅力的なのは、彼が生涯を通じて行動の人だったという点である。彼は研究室で顕微鏡を覗き込む学究タイプの研究者でもなければ、教会で内輪だけのミサをする人見知りな司祭でもなかった。この評伝の魅力も、まさにそこにある。

彼はフランスの自動車王シトロエンが企画した中央アジア探検隊にも率先して加わっている。黒い司祭服を着た神父が、自動車会社の冒険旅行に加わったなどという話はこれまで聞いたことがあるだろうか。

第一次世界大戦が始まると、担架兵として従軍し、砲火にさらされながら負傷者の手当をした。それは司祭として直接的な戦闘への参加を禁じられていたからだった。しかし、後方にいて戦闘に参加しないことは、彼の心に大きな傷を残した。

テイヤールは自ら願い出て、激しい戦闘がつづく前方戦線に移っている。この英雄的行為に対して、テイヤールは軍から勲章を授けられた。

第一次世界大戦は、敬虔な宗教家にして、地質学者、古生物学者でもあるテイヤールの内面に、さらに複雑な陰翳を与えた。

しかし、本書の最大の読みどころは、イエズス会が忌避するダーウィンの進化論を信奉するどころか、さらにその思想的深化を目指して思索をこらすテイヤールを、イエズス会が遠ざけ、これに対してテイヤールが一度も挫けることなく、宗教と科学に生きつづける意志を貫くところである。

次の記述はテイヤールの思想の核心部分を鋭くついて、本書の白眉といってよい。

〈テイヤールの科学と信仰の受け入れ方は深くて、完全なものだった。この二つの矛盾するように見える要素が果たした役割は、成人してからずっとベッドのわきに置いていた二つの像に象徴されていた。一つはキリスト、もう一つはガリレオだ。ほかの人々は、そこに対立があると見たかもしれないが、テイヤールにとっては、科学と信仰を調和させることに、いささかの困難もなかった。テイヤールは、自分を取り巻く自然界を調査することと、神をあがめることをともに日常的におこないながら育ったので、その頭の中では科学と信仰は一体だった。テイヤールにとって聖書の物語の多くが比喩であり、地球の本当の歴史は岩や鉱物や化石に書かれていた〉（九〇頁）

この宗教家にして、一級の地質学者であり古生物学者でもあった人物は、まさに地球の地層や発掘された原人の骨に、比喩としての聖書を読みとっていたのである。何と壮大な話ではないか。

これが本書のタイトルの『神父と頭蓋骨』の意味である。テイヤールはイエズス会からヨーロッパを追放されるたび、中国を拠点として様々な辺境を歩いて、おびただしい数の学術調査を行なっている。そのなかには、北京原人の発見で世界的な注目を集めた周口店の発掘も含まれている。

テイヤールの魅力的な人柄が伝わってくるのは、こうした旅行中、彼が実に多彩な人間たちと交遊し、友達になっていることである。そこには、パリ社交界を騒がせた蒙古の姫君もいれば、「紅海の海賊」と恐れられた男もいる。

こうした登場人物の妙が、本書をややもすると退屈になりがちな学術解説書になることを防ぎ、冒険活劇調の物語に、そう言って悪ければ、一級のエンターテインメント・ノンフィクションにさせている。

著者の目配りはきいていて、テイヤールをめぐるラブロマンスについてもぬかりがない。女性彫刻家ルシール・スワンとの淡い恋の行方については読んでからのお楽しみと言っておくが、これほど才能があり、しかも信仰と科学を矛盾なく生きた強靭な精神の持ち主に女性がひきつけられないわけがない。

本書の写真にもあるように、テイヤール・ド・シャルダンは、映画俳優にならなかった方がおかしなくらい渋い二枚目である。

テイヤールはルシールに相当量の手紙を書いているが、いずれも聖職者ゆえに、彼女への真情告白はしていない。そこがまどろっこしいところだと言えば言えるが、テイヤールの人間的悩みはこの手紙に最も色濃く表れている。

私はルシール・スワンとの深い内面の葛藤をにじませる手紙のやりとりを読みながら、もしこの作品を映画化するなら、テイヤールにはゲーリー・クーパー、女性彫刻家スワンにはキャサリン・ヘップバーンが適役だな、などと勝手な妄想にふけったものである。

これは私の持論だが、読みながらキャスティングが浮かぶ本は絶対人にお勧めできる本である。本を読むだけで、すでに登場人物が頭の中で動き出しているからである。

テイヤールは人生の幕切れも波瀾の生涯にふさわしくドラマチックだった。彼は一九五五年四月十日の復活祭の日、ニューヨークで亡くなった。七十四年の生涯だった。

復活祭とはキリストが生き返ったことを記念する祭りで、イースターとも呼ばれる。テイヤールがキリストの物語を生涯の思想的テーマとしたことを思えば、キリストが生き返った日にテイヤールが死んだことは、まことに意味深である。

そぼ降る雨のなか催された質素なミサに集まったのは、わずか十人たらずの会葬者だけだった。埋葬には親しい人間は誰一人立ち会わなかった。

そのテイヤールが、彼の主著の『現象としての人間』のように爆発現象を起こし、人々の関心を呼びさましたのは、死の三日後だった。フランスの新聞、ル・モンドは、「いまやテイヤール神父について安心して確信をもって、彼が宗教的天才であり、また世紀の最も偉大なキリスト教的思想家の一人であったということが許された」と全世界に報じた。

そしてこの年の終わりには、彼の存命中には出版が許されなかった『現象としての人間』が、長年の封印を破ってついに出版された。つまりテイヤールはキリストと同じように死んで復活し、世界デビューしたのである。

本書『神父と頭蓋骨』を読む者は、アインシュタインやダーウィンにも比肩できる思想的営為と絶賛されたテイヤール・ド・シャルダンという卓越した思想家の生涯と精神の軌跡から、汲めども尽きない源泉がこんこんと湧き出してくるのを実感できるはずである。

これは、読む者にカラ元気ではない、掛け値なしに本物のエネルギーを注入する本である。それだけではない。読み終わったあと、読者は自分の中にいるテイヤール・ド・シャルダンをきっと発見することにもなるだろう。

参考文献

Aczel, Amir D. *God's Equation: Einstein, Relativity, and the Expanding Universe.* New York: Four Walls Eight Windows, 1999.『相対論がもたらした時空の奇妙な幾何学：アインシュタインと膨張する宇宙』林一訳　早川書房（ハヤカワ文庫ＮＦ）2007

Aczel, Amir D. "Improved Radiocarbon Age Estimation Using the Bootstrap." *Radiocarbon* 37 (1995), pp. 845-849.

Aczel, Amir D. *Pendulum: Léon Foucault and the Triumph of Science.* NewYork: Atria Books, 2003.『フーコーの振り子：科学を勝利に導いた世紀の大発見』水谷淳訳　早川書房　2005

Aiello, Leslie, and Christopher Dean. *An Introduction to Human Evolutionary Anatomy.* San Diego: Academic Press, 1990.

Alemseged, Zeresenay, et al. "A Juvenile Early Hominin Skeleton from Dikika, Ethiopia." *Nature* 443 (September 21, 2006), pp. 296-301.

Andersson, J. Gunnar. *Children of the Yellow Earth: Studies in Prehistoric China.* Translated by E. Classen. Cambridge, MA: MIT Press, 1973.『黄土地帯：先史中国の自然科学とその文化』（完訳）松崎寿和訳　六興出版　1987

Arensburg, B., et al. "A Middle Paleolithic Human Hyoid Bone." *Nature* 338 (1989), pp. 758-760.

Arnould, Jacques. *Teilhard de Chardin.* Paris: Perrin, 2005.

Arsuaga, Juan Luis. *The Neanderthal's Necklace:In Search of the First Thinkers.* New York: FourWalls EightWindows, 2002.『ネアンデルタール人の首飾り』藤野邦夫訳　岩城正夫監修　新評論　2008

Auduin-Dubreuil, Louis. *Sur la Route de la Soie.* Paris: Plon, 1935.

Bar-Yosef, Ofer. "On the Nature of Transitions: The Middle to Upper Paleolithic and the Neolithic Revolution." *Cambridge Archaeological Journal* 8 (1998), pp. 141-163.

Bar-Yosef, Ofer. " The Role of Western Asia in Modern Human Origins." *Philosophical Transactions of the Royal Society* B 337 (1992), pp. 193-200.

Bar-Yosef, Ofer, and Jane Callander. "Dorothy Annie Elizabeth Garrod (1892-1968)." In Getzel M. Cohen and Martha Sharp Joukowsky, eds., *Breaking Ground: Pioneering Women Archaeologists.* Ann Arbor: University of Michigan Press, 2004.

Barbour, George. *In the Field with Teilhard de Chardin.* New York: Herder and Herder,1965.

Behe, Michael J. *Darwin's Black Box: The Biochemical Challenge to Evolution.* New York: Free Press, 1996.

Bergson, Henri. *Creative Evolution.* Translated by Arthur Mitchell. New York: Henry Holt, 1911.『創造的進化』松浪信三郎、高橋允昭訳〔「世界の大思想 第36巻　ベルグソン」〕河出書房新社　2005

Berra,Tim M. *Evolution and the Myth of Creationism.* Stanford, CA: Stanford University Press, 1990.

Binford, L. R. *Bones:Ancient Men and Modern Myths.* NewYork: Academic Press, 1981.

Boaz, Noel T., and Russell L. Ciochon. *Dragon Bone Hill: An Ice-Age Saga of Homo erectus.* NewYork: Oxford University Press, 2004.『北京原人物語』林大訳　青土社　2005

Boule, Marcellin, and Henri Vallois. *Fossil Men: A Textbook of Human Palaeontology.* London:Thames & Hudson, 1957.

Bowler, Peter J. *Theories of Human Evolution: A Century of Debate,* 1844-1944. Baltimore: Johns Hopkins University Press, 1986.

Bowman, Sheridan. *Radiocarbon Dating: Interpreting the Past.* Berkeley: University of California Press, 1990.『年代測定』北川浩之訳　学藝書林（大英博物館双書）1998

Brain, C. K. *The Hunters or the Hunted? An Introduction to African Cave Taphonomy*. Chicago: University of Chicago Press, 1981.

Bramble, Dennis M., and Daniel E. Lieberman. "Endurance Running and the Evolution of *Homo*." *Nature* 432 (November 18, 2004), pp. 345-351.

Brunet, Michel, et al. "New Material of the Earliest Hominid from the Upper Miocene of Chad." *Nature* 434 (April 7, 2005), pp. 752-755.

Callander, Jane, and Ofer Bar-Yosef. "Saving Mount Carmel Caves: A Cautionary Tale for Archaeology in Our Times." *Palestine Exploration Quarterly 132* (2000), pp. 94-111.

Chang, Kwang-chin. *The Archaeology of Ancient China.* New Haven, CT: Yale University Press, 1968.『考古学よりみた中国古代』量博満訳　雄山閣出版　1980

Cherry, Michael. "Genetics to Unlock Secrets of Our African Past," *Nature* 422 (April 3, 2003), p. 460.

Conroy, Glenn C. *Primate Evolution*. NewYork: W.W. Norton, 1990.

Corte, Nicolas. *Pierre Teilhard de Chardin: His Life and Spirit.* Translated by Martin Jarrett-Kerr. NewYork: Macmillan, 1960.

Crespy, Georges. *From Science to Theology: An Essay on Teilhard de Chardin.* Translated by George H. Shriver. NewYork: Abingdon Press, 1968.

Cuénot, Claude. *Ce QueTeilhard A Vraiment Dit.* Paris: Stock, 1972.

Cuénot, Claude. *Science and Faith in Teilhard de Chardin.* Tiptree, England: Anchor, 1967.

Cuénot, Claude. *Teilhard de Chardin.* Paris: Plon, 1958.『ある未来の座標:テイヤール・ド・シャルダン』周郷博、伊藤晃訳　春秋社　1970

Cuénot, Claude. *Teilhard de Chardin: A Biographical Study.* Translated by Vincent Colimore. London: Burns & Oates, 1965.『テイヤールの生涯』〔「テイヤール・ド・シャルダン著作集」第10巻〕グロータース、美田稔訳　みすず書房　1975

Currie, Pete. "Muscling In on Hominid Evolution." *Nature* 428 (March 25, 2004), pp. 373-374.

Dalton, Rex. "Anthropologists WalkTall After Unearthing Hominid." *Nature* 434 (March l0, 2005), p.126.

Dart, Raymond A., with Dennis Craig. *Adventures with the Missing Link.* Philadelphia: Institutes Press, 1959.『ミッシング・リンクの謎：人類の起源をさぐる』山口敏訳　みすず書房　1995

Darwin, Charles. *The Descent of Man* (*The Descent of Man, and Selection in Relation to Sex,* 1871). London: Gibson Square, 2003.『人間の進化と性淘汰』〔「ダーウィン著作集」1・2〕長谷川眞理子訳　文一総合出版　1999－2000

Darwin, Charles. *The Origin of Species* (*On the Origin of Species by Means of Natural Selection,* 1859). NewYork: Barnes & Noble, 2004.『種の起原』八杉竜一訳　岩波文庫　2009ほか

Darwin, Charles. *The Voyage of the Beagle* (1839). NewYork: Dover, 2002.『ビーグル号航海記』島地威雄訳　岩波文庫　1959

Dawkins, Richard. *TheAncestor'sTale.* NewYork: Houghton Mifflin, 2004.『祖先の物語：ドーキンスの生命史』垂水雄二訳　小学館　2006

Dawkins, Richard. *River Out of Eden.* London: Weidenfeld & Nicolson, 1995.『遺伝の川』垂水雄二訳　草思社　1995

Dawkins, Richard. *The Selfish Gene.* 2nd ed. Oxford: Oxford University Press, 1989.『利己的な遺伝子』（増補新装版）日高敏隆ほか訳　紀伊國屋書店　2006

Day, Michael H. *Guide to Fossil Man.* 4th edition. Chicago: University of Chicago Press, 1986.

de la Héronnière, Edith. *Teilhard de Chardin: Une Mystique de la Traverse.* Paris: Albin Michel, 2003.

de Lubac, Henri. *La Pensée Religieuse du Père Pierre Teilhard de Chardin.* Paris: Aubier, 1962.

de Terra, Helmut. *Mes Voyages avec Teilhard de Chardin.* Paris: Seuil, 1965.

Diamond, Jared. *The Third Chimpanzee:The Evolution and Future of the Human Animal.* NewYork: HarperCollins, 1992.『人間はどこまでチンパンジーか：人類進化の栄光と翳り』長谷川眞理子、長谷川寿一訳　新曜社　1993

Dobzhansky, Theodosius. *Evolution, Genetics, and Man.* New York: John Wiley & Sons, 1955.『遺伝と人間』杉野義信、杉野奈保野訳　岩波書店　1973

Dobzhansky,Theodosius. *Genetics and the Origin of Species.* NewYork: Columbia University Press, 1937.『遺伝学と種の起原』駒井卓、高橋隆平

訳　培風館　1953
Dobzhansky, Theodosius. *Mankind Evolving: The Evolution of the Human Species*. New Haven, CT:Yale University Press, 1962.
d'Ouince, René. *Un Prophète en Procès: Teilhard de Chardin et l'Église de Son Temps*. Paris: Aubier-Montaigne, 1970.
Dumiak, Michael. "The Neanderthal Code." *Archaeology*, November/December 2006, pp. 22-25.
Eldredge, Niles. *Time Frames:The Rethinking of Darwinian Evolution and the Theory of Punctuated Equilibria*. NewYork: Simon & Schuster, 1985.
Eldredge, Niles, and Joel Cracraft. *Philogenetic Patterns and the Evolutionary Process*. NewYork: Columbia University Press, 1980.『系統発生パターンと進化プロセス：比較生物学の方法と理論』篠原明彦ほか訳　蒼樹書房　1989
Finlayson, Clive. *Neanderthals and Modern Humans: An Ecological and Evolutionary Perspective*. NewYork: Cambridge University Press, 2004.
Fisher, Ronald A. *The Genetical Theory of Natural Selection*. Oxford, England: Oxford University Press, 1930.
Fleagle, John G. *PrimateAdaptation & Evolution*. San Diego: Academic Press, 1988.
Foley, Robert. *Another Unique Species*. Harlow, England: Longman, 1987.
Frere, John. "An Account of Flint Weapons Discovered at Hoxne in Suffolk." *Archaeologia* 13 (1800), pp. 204-205.
Gibbons, Ann. *The First Human*. NewYork: Doubleday, 2006.『最初のヒト』河井信和訳　新書館　2007
Goldberg, Paul, et al. "Site Formation Processes at Zhoukoudian, China." *Journal of Human Evolution* 41 (2001), pp. 483-530.
Gould, Stephen Jay. *Ever Since Darwin: Reflections in Natural History*. NewYork: W. W. Norton, 1977.『ダーウィン以来：進化論への招待』浦本昌紀、寺田鴻訳　早川書房（ハヤカワ文庫ＮＦ）1995
Gould, Stephen Jay. *The Structure of EvolutionaryTheory*. Cambridge, MA: Harvard University Press, 2002.
Grandclément, Daniel. *L'Incroyable Henry de Monfreid*. Paris: Grasset, 1998.

Gribbin, John, and Jeremy Cherfas. *The First Chimpanzee: In Search of Human Origins*. London: Penguin, 2001.

Grine, Frederick E., ed. *Evolutionary History of the "Robust" Australopithecines.* New York: Aldine de Gruyter, 1988.

Grün, Rainer, et al. "ESR Analysis of Teeth from the Palaeoanthropological Site of Zhoukoudian, China." *Journal of Human Evolution* 32 (1997), pp. 83-91.

Hood, Dora. *Davidson Black: A Biography.* Toronto: University of Toronto Press, 1964.

Huxley, Leonard. *The Life and Letters of Thomas Henry Huxley.* NewYork: D. Appleton, 1901.

Huxley, Thomas Henry. *Man's Place in Nature* (1863). Ann Arbor: University of Michigan Press, 1959.『自然における人間の位置』〔「世界大思想全集」36に収録〕八杉竜一、小野寺好之訳　河出書房　1955ほか

Isaac, Glynn L., and Elizabeth R. McCown, eds. *Human Origins: Louis Leakey and the East African Evidence.* Menlo Park, CA: W. A. Benjamin, 1976.

Janus, Christopher G., with William Brashler. *The Search for Peking Man.* New York: Macmillan, 1975.

Jepsen, Glenn L., Ernst Mayr, and George Gaylord Simpson, eds. *Genetics, Paleontology, and Evolution*. Princeton, NJ: Princeton University Press,1949.

Jerison, Harry J. *Evolution of the Brain and Intelligence.* NewYork: Academic Press, 1973.

Jia, Lanpo. *Early Man in China.* Beijing: Foreign Languages Press, 1980.

Jia, Lanpo, and Weiwen Huang. *The Story of Peking Man: From Archaeology to Mystery.*Translated byYin Zhinqui. NewYork: Oxford University Press,1990.

Johanson, Donald C., and Maitland A. Edey. *Lucy: The Beginnings of Humankind.* NewYork: Simon & Schuster, 1981.『ルーシー：謎の女性と人類の進化』渡辺毅訳　どうぶつ社（自然誌選書）1986

Johanson, Donald C., and Blake Edgar. *From Lucy to Language.* NewYork:

Simon & Schuster, 1996.
Johanson, Donald, Lenora Johanson, and Blake Edgar. *Ancestors: In Search of Human Origins.* NewYork: Villard, 1994.
Johanson, Donald, and James Shreeve. *Lucy's Child: The Discovery of a Human Ancestor.* NewYork: William Morrow, 1982.『ルーシーの子供たち：謎の初期人類、ホモ・ハビリスの発見』堀内静子訳　早川書房　1993
Joint Expedition of the British School of Archaeology in Jerusalem and the American School of Prehistoric Research (1929-1934). *The Stone Age of Mount Carmel.* Oxford: Clarendon Press,1937.
Jones, Steve, Robert Martin, and David Pilbeam, eds. *The Cambridge Encyclopedia of Human Evolution.* Cambridge, England: Cambridge University Press, 1992.
Kennedy, G. E. *Paleoanthropology*. NewYork: McGraw-Hill,1980.
King, Thomas M. *Teilhard's Mass: Approaches to "The Mass on theWorld."* NewYork: Paulist Press, 2005.
King,Thomas M. *Teilhard's Mysticism of Knowing.* NewYork: Seabury, 1981.
King,Thomas M., and Mary Wood Gilbert, eds., *The Letters of Teilhard de Chardin and Lucile Swan.* Washington, DC: Georgetown University Press, 1993.
King,Thomas M., and James F. Salomon, eds. *Teilhard and the Unity of Knowledge.* NewYork: Paulist Press,1983.
King, Ursula. *Spirit of Fire:The Life andVision of Teilhard de Chardin.* Maryknoll, NY: Orbis Books, 1996.
Klein, Jan, and Naoyuki Takahata. *Where Do We Come From: The Molecular Evidence for Human Descent.* NewYork: Springer, 2002.
Klein, Richard G. *The Human Career: Human Biological and Cultural Origins.* Chicago: University of Chicago Press,1989.
Klein, Richard, with Blake Edgar. *The Dawn of Human Culture.* NewYork: John Wiley & Sons, 2002.『５万年前に人類に何が起きたか：意識のビッグバン』鈴木淑美訳　新書館　2004
Koenigswald, G. H. R. von. *Meeting Prehistoric Man.* London: Thames &

Hudson, 1956.

Landau, Misia. *Narratives of Human Evolution.* New Haven, CT:Yale University Press, 1991.

Lane, David H. *The Phenomenon of Teilhard: Prophet for a NewAge.* Macon, GA: Mercer University Press, 1996.

Le Fèvre, Georges. *La Croisière Jaune: Expédition Citroën Centre-Asie.* Paris: Plon, 1933.『中央アジア自動車横断』野沢協、宮前勝利訳　白水社　1981

Leakey, Louis S. B. *By the Evidence: Memoirs, 1932-1951.* New York: Harcourt Brace Jovanovich, 1974.

Leakey, Louis S. B. *White African.* London: Hodder & Stoughton, 1937.

Leakey, M. D. *Olduvai Gorge,* vol. 3. Cambridge, England: Cambridge University Press, 1971.

Leakey, M. D., and J. M. Harris, eds. *Laetoli:A Pliocene Site in Northern Tanzania.* Oxford, England: Clarendon Press, 1987.

Leakey, Richard E. *The Making of Mankind.* London: Sphere Books, 1982.『人類の起源』岩本光雄訳　今西錦司監修　講談社　1985

Leakey, Richard E. *The Origin of Humankind.* NewYork: Basic Books, 1994.『ヒトはいつから人間になったか』馬場悠男訳　草思社　1996

Leakey, Richard E., and Roger Lewin. *Origins Reconsidered.* NewYork: Doubleday, 1992.

Leakey, Richard E., and Roger Lewin. *People of the Lake: Mankind and Its Beginnings.* NewYork: Doubleday, 1978.『ヒトはどうして人間になったか』寺田和夫訳　岩波書店　1981

Lenski, G. *Ecological-Evolutionary Theory: Principles and Applications.* Boulder, CO: Paradigm, 2005.

Leroy, Pierre. *Lettres Familières de Pierre Teilhard de Chardin Mon Ami: Les Dernières Années (1948-1955).* Paris: Le Centurion, 1976.

Levy, Leonard W., ed. *The World's Most Famous Trial: State of Tennessee v.John Thomas Scopes.* NewYork: Da Capo, 1971.

Lewin, Roger. *Bones of Contention: Controversies in the Search for Human Origins.* NewYork: Simon & Schuster, 1987.

Lieberman, Philip. *The Biology and Evolution of Language*. Cambridge, MA: Harvard University Press, 1984.

Lukas, Mary, and Ellen Lukas. *Teilhard*. NewYork: Doubleday, 1977.

Mayr, Ernst. *The Growth of Biological Thought: Diversity, Evolution, and Inheritance*. Cambridge, MA: Belknap Press, 1982.

Mayr, Ernst. *Systematics and the Origin of Species, from the Viewpoint of a Zoologist*. NewYork: Columbia University Press, 1942.

McCown, Theodore D., and Kenneth A. R. Kennedy, eds. *Climbing Man's FamilyTree: A Collection of Major Writings on Human Phylogeny, 1699 to 1971*. Englewood Cliffs, NJ: Prentice-Hall, 1972.

McKee, Jeffrey K. *The Riddled Chain: Chance, Coincidence, and Chaos in Human Evolution*. New Brunswick, NJ: Rutgers University Press, 2000.

Megarry, Tim. *Society in Prehistory: The Origins of Human Culture*. New York: New York University Press, 1995.

Mellars, Paul. *The Emergence of Modern Humans*. Ithaca, NY: Cornell University Press, 1990.

Mellars, Paul. *The Neanderthal Legacy:An Archaeological Perspective of Western Europe*. Princeton, NJ: Princeton University Press, 1996.

Mellars, Paul. "A New Radiocarbon Revolution and the Dispersal of Modern Humans in Eurasia." *Nature* 439 (February 23, 2006), pp. 931-935.

Mellars, Paul, and Kathleen Gibson, eds. *Modelling the Early Human Mind*. Exeter, England: Short Run Press, 1996.

Mithen, Steven. *After the Ice:A Global Human History 20,000-5,000* B.C. London: Weidenfeld & Nicolson, 2003.

Nemeck, Francis Kelly. *Teilhard de Chardin et Jean de la Croix*. Montreal: Bellarmin, 1975.

Nitecki, Matthew H., and Doris V. Nitecki, eds. *Origins of Anatomically Modern Humans*. NewYork: Plenum Press, 1994.

O'Connor, Catherine R. *Woman and Cosmos: The Feminine in the Thought of Pierre Teilhard de Chardin*. Englewood Cliffs, NJ: Prentice-Hall, 1971.

Otte, Daniel, and John A. Endler, eds. *Speciation and Its Consequences*.

Sunderland, MA: Sinauer, 1989.
Pei, Wenzhong, et al. "A Preliminary Report on the Late Paleolithic Cave of Choukoutien." *Bulletin of the Geological Society of China* 13 (1934), pp. 327-358.
Pfeiffer, John E. *The Emergence of Man*. NewYork: Harper & Row, 1972.
Pilbeam, David. *TheAscent of Man:An Introduction to Human Evolution.* NewYork: Macmillan, 1972
Pinker, Steven. *How the Mind Works.* NewYork: W. W. Norton, 1997.『心の仕組み:人間関係にどう関わるか』椋田直子、山下篤子訳　日本放送出版協会 2003
Pinker, Steven. *The Language Instinct: How the Mind Creates Language.* NewYork: William Morrow, 1994.『言語を生みだす本能』椋田直子訳、日本放送出版協会　1995
Piveteau, Jean. *Le PèreTeilhard de Chardin, Savant.* Paris: Fayard, 1964.
Portmann, Adolf. *A Zoologist Looks at Humankind.* Translated by Judith Schaefer. NewYork: Columbia University Press, 1990.
Reader, John. *Man on Earth.* London: Collins, 1988.
Reader, John. *Missing Links: The Hunt for Earliest Man. Boston:* Little, Brown, 1981.
Regal, Brian. *Human Evolution: A Guide to the Debates.* Santa Barbara, CA: ABC-CLIO, 2004.
Rideau, Émile. *La Pensée du Père Teilhard de Chardin.* Paris: Seuil, 1965.
Rightmire, G. Philip, et al. "Anatomical Descriptions, Comparative Studies and Evolutionary Significance of the Hominid Skulls from Dmanisi, Republic of Georgia." *Journal of Human Evolution* 50 (2006), pp. 115-141.
Rivière, Claude. *En Chine avec Teilhard (1938-1944).* Paris: Seuil, 1968.
Roberts, Noel K. *From Piltdown Man to Point Omega:The EvolutionaryTheory of Teilhard de Chardin.* NewYork: Lang, 2000.
Rohde, Douglas L.T., Steve Olson, and Joseph T. Chang. "Modelling the Recent Common Ancestry of All Living Humans." *Nature* 431 (September 30, 2004), pp. 562-569.

Schick, Kathy D., and Nicholas Toth. *Making Silent Stones Speak: Human Evolution and the Dawn of Technology.* NewYork: Simon & Schuster, 1993.

Schwartz, Jeffrey H. *The Red Ape: Orangutans and Human Origins.* Cambridge, MA: Westview, 2005.『オランウータンと人類の起源』渡辺毅訳　河出書房新社　1989

Schwartz, Jeffrey H., and Ian Tattersall. "*What Constitutes Homo erectus?*" *Acta Anthropologica Sinica,* suppl. to vol. 19 (2000), pp. 21-25.

Scopes, John T., and James Presley. *Center of the Storm: Memoirs of John T. Scopes.* NewYork: Holt, Rinehart andWinston, 1967.

Shapiro, Harry L. *Peking Man.* NewYork: Simon & Schuster, 1974.

Shipman, Pat. *The Man Who Found the Missing Link: Eugène Dubois and His Lifelong Quest to Prove Darwin Right.* NewYork: Simon & Schuster, 2001.

Shreeve, James. *The Neandertal Enigma: Solving the Mystery of Modern Human Origins.* NewYork: William Morrow, 1995.『ネアンデルタールの謎』名谷一郎訳 角川書店　1996

Sigmon, Becky A., and Jerome S. Cybulski, eds. *Homo erectus: Papers in Honor of Davidson Black.* Toronto: University of Toronto Press, 1981.

Smith, Fred H., and Frank Spencer, eds. *The Origins of Modern Humans: A World Survey of the Fossil Evidence.* NewYork: Alan R. Liss, 1984.

Speaight, Robert. *The Life of Teilhard de Chardin.* NewYork: Harper & Row, 1967.

Stringer, Christopher, and Clive Gamble. *In Search of the Neanderthals: Solving the Puzzle of Human Origins.* NewYork:Thames & Hudson, 1993.『ネアンデルタール人とは誰か』河合信和訳　朝日新聞社（朝日選書）1997

Stringer, Christopher, and Robin McKie. *African Exodus: The Origins of Modern Humanity.* NewYork: Henry Holt, 1997.『出アフリカ記　人類の起源』河合信和訳　岩波書店　2001

Swisher, Carl C., III, Garniss H. Curtis, and Roger Lewin. *Java Man.* NewYork: Scribner, 2000.

Swisher, Carl C., III, et al., " Latest *Homo erectus* of Java." *Science* 274 (1996), pp. 1870-1874.

Tattersall, Ian. *Becoming Human: Evolution and Human Uniqueness.* NewYork: Harcourt, 1998.『サルと人の進化論:なぜサルは人にならないか』秋岡史訳 原書房 1999

Tattersall, Ian. *The Fossil Trail: How We Know What We Think We Know About Human Evolution.* NewYork: Oxford University Press, 1995.『化石から知るヒトの進化』河合信和訳 三田出版会 1998

Tattersall, Ian. *The Human Odyssey: Four MillionYears of Human Evolution.* NewYork: Prentice-Hall, 1993.

Tattersall, Ian. *The Monkey in the Mirror: Essays on the Science of What Makes Us Human.* NewYork: Harcourt, 2002.

Tattersall, Ian, E. Delson, and J. A. Van Couvering, eds. *Encyclopedia of Human Evolution and Prehistory.* NewYork: Garland, 1988.

Tattersall, Ian, and G. Sawyer. "The Skull of '*Sinanthropus*' from Zhoukoudian, China: A New Reconstruction." *Journal of Human Evolution* 31 (1996), pp. 311-314.

Teilhard de Chardin, Pierre. *Early Man in China,* Peking (Beijing): Institute of Geobiology, 1941.

Teilhard de Chardin, Pierre. *The Future of Man.* Translated by Norman Denny. NewYork: Doubleday, 2004.『人間の未来』〔「テイヤール・ド・シャルダン著作集」第７巻〕伊藤晃、渡辺義愛訳　みすず書房　1968

Teilhard de Chardin, Pierre. *Genèse d'une Pensée: Lettres (1914-1919).* Paris: Grasset, 1961.『ある思想の誕生』〔「テイヤール・ド・シャルダン著作集」第８巻〕山崎庸一郎訳　みすず書房　1969

Teilhard de Chardin, Pierre. *Images et Paroles.* Paris: Seuil, 1966.

Teilhard de Chardin, Pierre. *Journal,* vol. 1 (August 26, 1915-January 4,1919). Paris: Fayard, 1975.

Teilhard de Chardin, Pierre. *Letters to Léontine Zanta.* Translated by Bernard Wall. NewYork: Harper & Row, 1968.『レオンティーヌ・ザンタへの手紙』美田稔訳　アポロン社　1972

Teilhard de Chardin, Pierre. *Letters from a Traveller.* Edited and translated (from *Lettres de Voyage* [1923-1955]) by René Hague et al., with

introductions by Julian Huxley and Pierre Leroy. London: Collins, 1962.
Teilhard de Chardin, Pierre. *Letters to Two Friends, 1926-1952.* NewYork: New American Library, 1967.
Teilhard de Chardin, Pierre. *Lettres à l'Abbé Gaudefroy et l'Abbé* Breuil. Paris: Rocher, 1988.
Teilhard de Chardin, Pierre. *Lettres d'Égypte (1905-1908)*. Paris: Aubier-Montaigne, 1963.
Teilhard de Chardin, Pierre. *Lettres Intimes à Auguste Valensin, Bruno de Solages, Henri de Lubac,André Ravier.* Paris: Aubier-Montaigne, 1974.
Teilhard de Chardin, Pierre. *Lettres à Jeanne Mortier.* Paris: Seuil, 1984.
Teilhard de Chardin, Pierre. *Lettres de Voyage (1923-1955).* Edited by Claude Aragonnès. Paris: Maspero, 1982.『旅の手紙』〔「テイヤール・ド・シャルダン著作集」第４巻〕宇佐見英治、美田稔訳　みすず書房　1970
Teilhard de Chardin, Pierre. *Notes de Retraites (1919-1954).* Paris: Seuil, 2003.
Teilhard de Chardin, Pierre. *Nouvelles Lettres de Voyage (1939-1955).* Paris: Grasset, 1957.
Teilhard de Chardin, Pierre. *Oeuvres,* 13 vols. Paris: Seui1, 1955-1976.
Teilhard de Chardin, Pierre. *Le Phénomène Humain.* Paris: Seuil, 1955.『現象としての人間』〔「テイヤール・ド・シャルダン著作集」第１巻〕美田稔訳　みすず書房　1969
Teilhard de Chardin, Pierre. *Teilhard de Chardin en Chine: Correspondance Inédite (1923-1940).* Edited by AmélieVialet and Arnaud Hurel. Aix-en-Provence: Edisud, 2004.
Teilhard de Chardin, Pierre. *Writings in Time of War.* Translated (from *Écrits du Temps de la Guerre [1916-1919]*, Paris: Grasset, 1965) by René Hague. New York: Harper & Row, 1967.
Teilhard de Chardin, Pierre, and Jean Boussac. *Lettres de Guerre Inédites.* Paris: OEIL,1986.
Teilhard de Chardin, Pierre, and C. C. Young. "Preliminary Report on the Choukoutien Fossiliferous Deposit." *Bulletin of the Geological Society of China* 8 (1929), pp.173-202.

Theunissen, Bert. *Eugène Dubois and the Ape-Man from Java: The History of the First "Missing Link" and Its Discoverer.* Dordrecht: Kluwer Academic, 1989.

Thorp, Holden. "Evolution's Bottom Line." *The NewYork Times,* May 12, 2006, p. A27.

Tobias, Phillip V. *Dart, Taung, and the Missing Link.* Johannesburg: Witwatersrand University Press, 1984.

Tobias, Phillip V. *Olduvai Gorge,* vol. 4. Cambridge, England: Cambridge University Press, 1991.

Tompkins, Jerry R., ed. *D-Day at Dayton: Reflections on the Scopes Trial.* Baton Rouge: Louisiana State University Press, 1965.

Trinkaus, Erik. *The Shanidar Neandertals.* NewYork: Academic Press, 1983.

Trinkaus, Erik, ed. *The Emergence of Modern Humans: Biocultural Adaptations in the Late Pleistocene.* Cambridge, England: Cambridge University Press, 1989.

Trinkaus, Erik, and Pat Shipman. *The Neandertals: Changing the Image of Mankind.* NewYork: Alfred A. Knopf, 1993.『ネアンデルタール人』中島健訳　青土社　1998

Vanhaeren, Marian, et al., "Middle Paleolithic Shell Beads from Israel and Algeria." *Science* 312, no. 5781 (June 23, 2006), p.1785.

Wade, Nicholas. *Before the Dawn: Recovering the Lost History of Our Ancestors.* New York: Penguin, 2006.『5万年前：このとき人類の壮大な旅が始まった』沼尻由起子訳　安田喜憲監修　イースト・プレス　2007

Walker, Alan, and Richard Leakey, eds. *The Nariokotome* Homo erectus *Skeleton.* Cambridge, MA: Harvard University Press, 1993.

Walker, Alan, and Pat Shipman. *The Wisdom of the Bones.* New York: Alfred A. Knopf, 1996.『人類進化の空白を探る』河合信和訳　朝日新聞社　2000

Wang, Dominique. *À Pékin avec Teilhard de Chardin (1939-1946).* Paris: Laffont, 1981.

Washburn, S. L., and P. C. Jay. *Perspectives on Human Evolution.* NewYork: Holt, Rinehart and Winston, 1968.

Washburn, S. L., and Elizabeth R. McCown, eds. *Human Evolution: Biosocial Perspectives.* Menlo Park, CA: Benjamin Cummings,1978.

Weidenreich, Franz. *Apes, Giants, and Man.* Chicago: University of Chicago Press, 1946.

Weidenreich, Franz. "The Skull of *Sinanthropus pekinensis*: A Comparative Study on a Primitive Hominid Skull." *Palaeontologia Sinica,* new series D, No. 10 (1943), pp. 1-289.

Weiner, Steven, et al. "Evidence for the Use of Fire at Zhoukoudian." *Acta Anthropologica Sinica* 19 (2000), pp. 218-223.

White, Tim D., et al. "Assa Issie, Aramis and the Origin of *Australopithecus.*" *Nature* 440 (April 13, 2006), pp. 883-889.

White, Tim D., et al. "*Australopithecus ramidus,* a New Species of Early Hominid from Aramis, Ethiopia." *Nature* 371 (September 22,1994), pp. 306-312.

Williams, George C. *Adaptation and Natural Selection: A Critique of Some Current Evolutionary Thought.* Princeton, NJ: Princeton University Press, 1966.

Williams, George C. *Sex and Evolution.* Princeton, NJ: Princeton University Press, 1975.

Wilson, Edward O. *The Diversity of Life.* Cambridge, MA: Harvard University Press, 1992.『生命の多様性』大貫昌子、牧野俊一訳　岩波書店（岩波現代文庫）2004

Zhu, R. X. "New Evidence on the Earliest Human Presence at High Northern Latitudes in Northeast Asia." *Nature* 431 (September 30, 2004), pp. 559-562.

Zollikofer, Christoph P. E., et al. "Virtual Cranial Reconstruction of *Sahelanthropus tchadensis.*" *Nature* 434 (Apri17, 2005), pp. 755-756.

（禁転載）

アミール・D・アクセルの世界

アミール・D・アクゼル Amir D. Aczel

統計学者にして、世界的に評価の高い科学ノンフィクション作家。父は地中海クルーズ船の船長で、1950〜60年にかけて、ハイファ、マルセイユ、バルセロナ、ヴェニスなど地中海各地を巡る。アミールは生後間もない頃から父親の船に乗せられ、船の乗組員やバーテンダーらに世話されて育った。船上での見聞を通して外国語や科学、歴史への興味をはぐくむ。仏、伊など7カ国語に堪能。寄港地としてモナコのモンテカルロをしばしば訪れ、カジノに繰り出した大人たちから聞く話に刺激されて、確率とギャンブルを扱う数学に関心をもつ。なお、ハンガリー系の父方の家系に数学者が多いことも、この道に進むきっかけになったという。

カリフォルニア大学バークレー校にて数学を専攻し、オレゴン大学で統計学の博士号を取得。各地の大学で数学や科学史を教えるかたわら、数理科学や科学者の伝記を織り交ぜたノンフィクション作品を精力的に執筆している。科学のテーマに、人間的な興味を盛り込んで描く手法に定評がある。フェルマーの最終定理解決までのドラマを活写した『天才数学者たちが挑んだ最大の難問』は、22カ国語に翻訳されるベストセラーになった。そのほか、『相対論がもたらした時空の奇妙な幾何学』（以上、ハヤカワ・ノンフィクション文庫）、『デカルトの暗号手稿』『フーコーの振り子』『量子のからみあう宇宙』『「無限」に魅入られた天才数学者たち』（以上、早川書房刊）など著書多数。《ニューヨーク・タイムズ》《サイエンティフィック・アメリカン》などへの寄稿、CBS、CNNなどのTV、ラジオへの出演も多い。2005-07年には、ハーヴァード大学科学史講座の客員研究員を務めた。
著者公式サイト：http://amirdaczel.com/

なお、下記のサイトからは、本書『神父と頭蓋骨』について、著者が取材のこぼれ話などを語るラジオ・インタビューを聞くことができる（英語）。
http://www.sciencefriday.com/program/archives/200712074

326

●日本語で読めるアクゼルの本（カッコ内は日本での刊行年）

デカルトの暗号手稿（水谷淳訳、早川書房、2006年）

数学者としても天才的だった哲学者デカルトが遺した、暗号で記された手稿のはらむ謎とは。それを解読した万能の天才ライプニッツが見たものは？　混沌たる科学史上の知られざるエピソードを描く。

フーコーの振り子——科学を勝利に導いた世紀の大実験
（水谷淳訳、早川書房、2005年）

実験室の天井からぶら下がる巨大な振り子。この振り子を用いて、フーコーは地球の自転を一目瞭然に証明した。その結果がもたらした科学の完全な勝利とは何だったのか？　華麗なるフランス史を背景につづる科学史解説。

量子のからみあう宇宙——天才物理学者を悩ませた素粒子の奔放な振る舞い（水谷淳訳、早川書房、2004年）

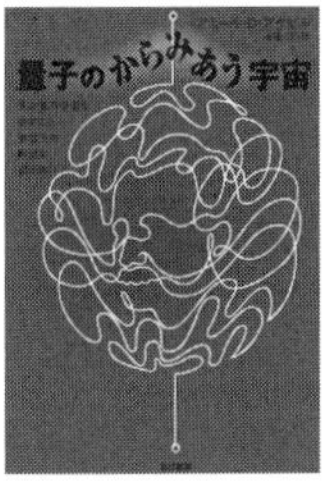

量子テレポーテーションや量子コンピュータなどの先端技術を可能にし、アインシュタインが生涯認めなかった「量子のからみあい」現象とは？　「もつれあう」天才物理学者たちの人間模様を映しつつ活写する。

相対論がもたらした時空の奇妙な幾何学——アインシュタインと膨張する宇宙』（林一訳、早川書房、2002年／ハヤカワ文庫NF、2007年）

アインシュタインが模索した一般相対論は、第一次大戦中にプリンシペ島で行われた皆既日蝕観察で実証される。物理と数学が絡みあう不思議の世界を描きつくす傑作。

「無限」に魅入られた天才数学者たち

（青木薫訳、早川書房、2002年）

ギリシャ以来数学者の畏怖の的だった「無限」概念。それに初めて正面から向き合ったカントール、ゲーデルの採った戦略とは？　その結果、なぜ彼らは心を病まねばならなかったのか？

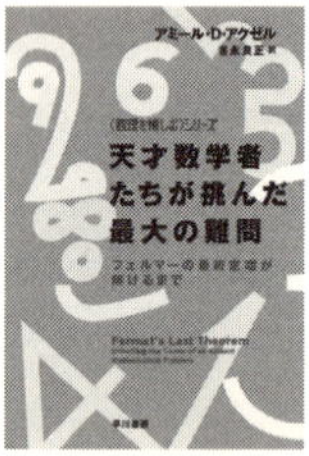

天才数学者たちが挑んだ最大の難問——フェルマーの最終定理が解けるまで

（吉永良正訳、早川書房、1999年／ハヤカワ文庫NF、2003年）

17世紀に発見された「フェルマーの定理」は、300年のあいだ数学者たちを魅了し、鼓舞し、絶望へと追いこむことになる難問だった——。古今東西の天才数学者たちが演ずるドラマを巧みに織り込んだ数学ノンフィクション。

『ウラニウム戦争 核開発を競った科学者たち』(久保儀明訳、青土社、2009年)

『ブルバキとグロタンディーク』（水谷淳訳、日経ＢＰ社、2007年）

『ビジネス統計学』（上・下）（J・ソウンデルパンディアンとの共著、鈴木一功ほか訳、ダイヤモンド社、2007年）

『偶然の確率』（高橋早苗訳、アーティストハウスパブリッシャーズ、2005年）

『羅針盤の謎——世界を変えた偉大な発明とその壮大な歴史』（鈴木主税訳、アーティストハウスパブリッシャーズ、2004年）

『地球外生命体——存在の確率』（アミーア・D・アクゼル名義、加藤洋子訳、原書房、1999年）

（以上、著者公式サイトなどを基に構成。早川書房編集部編）

神父《しんぷ》と頭蓋骨《ずがいこつ》
北京原人を発見した「異端者」と進化論の発展
2010年6月20日　初版印刷
2010年6月25日　初版発行
*
著　者　アミール・D・アクゼル
訳　者　林《はやし》　大《まさる》
発行者　早　川　浩
*
印刷所　精文堂印刷株式会社
製本所　大口製本印刷株式会社
*
発行所　株式会社　早川書房
東京都千代田区神田多町2－2
電話　03-3252-3111（大代表）
振替　00160-3-47799
http://www.hayakawa-online.co.jp
定価はカバーに表示してあります
ISBN978-4-15-209139-0　C0040
Printed and bound in Japan